# 计量地理学

## 方法与应用

主　编　陈端吕　陈哲夫

副主编　彭保发　陈晚清

　　　　熊建新　赵　迪

南京大学出版社

**图书在版编目(CIP)数据**

计量地理学方法与应用 / 陈端吕,陈哲夫主编. —2 版.
—南京:南京大学出版社,2018.12
ISBN 978-7-305-21268-0

Ⅰ.①计… Ⅱ.①陈… ②陈… Ⅲ.①计量地理学
Ⅳ.①P91

中国版本图书馆 CIP 数据核字(2018)第 265756 号

出版发行 南京大学出版社
社　　址 南京市汉口路 22 号　　邮编 210093
出 版 人 金鑫荣

**书　　名 计量地理学方法与应用**
主　　编 陈端吕　陈哲夫
责任编辑 揭维光　吴　汀　　编辑热线 025-83686531

照　　排 南京理工大学资产经营有限公司
印　　刷 南京人民印刷厂有限责任公司 6
开　　本 787×1092　1/16　印张 14.25　字数 338 千
版　　次 2018 年 12 月第 2 版　2018 年 12 月第 1 次印刷
ISBN 978-7-305-21268-0
定　　价 36.00 元

网　　址:http://www.njupco.com
官方微博:http://weibo.com/njupco
官方微信号:njupress
销售咨询热线:(025)83594756

---

# 第二版前言

现代信息社会重视数据分析与信息处理能力，使得从事人与地理环境关系研究的地理学专业人才，不仅要求具有扎实的地理学理论基础，还要具备运用现代分析方法与技术，包括分析问题的基本方法和计算机应用能力。由于计量地理学具有系统的观点、数学的方法、计算机的工具等特点，所以，计量地理学的开设为地理专业的学生掌握地理环境综合分析能力创造了条件。计量地理学原则上要求学生在掌握其他专业基础课的前提下，进一步掌握计量地理学的基本原理和研究方法，培养学生运用方法综合分析解决地理问题的能力。同时，计量地理学是一门教学难度较大的课程，如何提高教学效果是一个挑战性的课题。我国从20世纪70年代末以来，在地理学界全面开展了计量地理学的理论与应用的研究，在地理专业人才培养方案的课程体系与课程设置中，重视计量地理学课程的教学改革，并取得了显著的成效，相继出版了一批计量地理学教材，新的教学方法、教学手段不断应用到课程教学，并在不断的探索之中。

在计量地理学的教学过程中，学生反映数学基础知识严重不足，造成课程中的一些数学概念无法充分理解与掌握，所使用的分析软件版本更新快，分析软件落后于实践，极易造成学生的接受度、关注度和兴趣度的持续下降，从而大大降低课程教学的质量与效果。虽然现代数学方法和先进数据分析手段的发展之快，计算和信息技术的日新月异，应用软件的操作变得简单易行，但如何理解计算机输出的结果，则成为计量地理学教学的重点和难点。因此，《计量地理学方法与应用》(第一版)出版后，一直在摸索如何使教材内容更加适应现代计算技术的变化，更加突出作为数据分析的学科性质和应用特点，始终是本书编著者一直思考的问题，也是本次进行修订的根本动因。在本次修订中，我们主要在以下几个方面进行了改动：第一，重视理论与方法步骤的结合，增加了更多具体的案例分析，以案例分析的形式出现，一方面可以帮助读者迅速掌握重要、抽象的知识要点，体现软件的应用功能；第二，把方法的讲解与软件操作训练结合起来，更加详细与具体化，通过数据或实验模拟，不仅可以将抽象难懂的概念变得直观易懂，而且使读者自然而然地熟悉操作过程；第三，由于分析软件版本的更新快，对相关实践操作内容进行了更新。

在本书的修订过程中，得到了湖南文理学院专业转型建设项目、湖南省普通高校“十三五”专业综合改革试点（湖南文理学院地理科学）项目、湖南省哲学社会科学基金项目（17JD62）的资助，得到了南京大学出版社的支持，在此一并表示我们衷心的感谢。

编　者
2018 年 9 月

目　录

# 第一章 绪 论

## 第一节 计量地理学的形成与发展

计量地理学是应用数学的方法和电子计算机技术研究地理学方法论的科学，是地理学与数学、计算机科学的交叉科学，可概括为地理学的思想、系统的观点、数学的方法、计算机的工具。它是随着生产发展的需要和科学技术的进步而产生和发展起来的。

### 一、计量地理学的形成

1. 形成的阶段——现代地理学阶段

地理学的发展经历了三个阶段。第一个阶段为古代地理学阶段，主要以地理知识的记载为主，是农牧业社会的产物，在该阶段没有形成一个学科体系。第二个阶段为近代地理学阶段，主要对地理现象进行条理归纳，并对其间的关系作解释性的描述，是工商业社会的产物。在该阶段形成了三种主要学派，即人地关系学派、区域学派和景观学派。人地关系学派由洪堡(Alexander Von Humboldt)和李特尔(Karl Ritter)创建，由李希霍芬(F. Richthofen)继承和发展。区域学派由赫特纳(A. Hettner)首创，哈特向(R. Hartshorne)继承和发展。景观学派由施吕特尔(O. Schlüter)提出，帕萨格(S. Passarge)、苏尔(C. O. Sauer)等阐发。第三个阶段为现代地理学阶段，主要是把地理环境及其与人类活动的相互关系看作统一整体，采用定性和定量相结合的方法，解释地理现象的内在机制并预测未来演变，是信息社会的产物。

20世纪40年代，区域学派在人地关系学派日趋落后、景观学派的理论体系尚未成熟时兴起。其主要观点是：地理学的研究对象是区域，研究目标是描述和解释地球表面区域的差异性；在地理学中不存在法则，地理学只能以区域为单元进行类型研究；专论地理学是地理学研究的起点，区域地理学是地理学研究的终点；区域地理的样板包括区域内的地质、地形、气候、水文、动植物与人类各要素及其相互关系。

20世纪50年代，区域学派的观点开始受到质疑，一些学者对其提出批评：对于区域的描述冗长、乏味、没有生气；对于许多区域的划分，特别是大区域的划分，都是很幼稚的、不成熟的、不科学的，区域研究当属于小范围的研究。早在1952年，哈格斯兰特(Hagerstrand)就开始了模式的研究，他开创了“波浪模式”。这是他为研究某一问题，采用一些物理学上的公式而创立的。1953年德籍旅美地理学家舍弗尔(F. K. Schaefer)发表的题为《地理学中的例外论》的文章对区域学派提出了尖锐的批评。

自20世纪60年代，地理学发展进入了现代地理学时期。现代地理学是现代科学技术革命的产物，并随着科学技术的进步而发展，其标志是地理数量方法、理论地理学的诞生和计算机制图、地理信息系统、卫星等应用的出现。现代地理学强调地理的统一性、理论化、数量化、行为化和生态化。1960年以后，地理学家们逐渐采纳了模式研究方法。1967年英国的哈格特(Haggett)和乔利(Chorley)出版了《地理的模式》一书，它系统地介绍了模式研究在地理学上的应用。随着模式研究和定量化的迅速发展，理论地理学也跟着出现。它的代表作是1962年邦奇(W. Bunge)出版的《理论地理》。1968年有关理论地理学的文章也在美国地理学会刊物《现代地理学》上出现。由于地理学的研究方法有所改进，使得地理学本身和内容也起了变化。

现代地理学的发展，在方法论上有了更准确的分析和预测，改变了以前只注重描述及主观性较大的预测。有了新的研究方法，使地理学与其他学科，如与统计学、经济学、社会学等的关系日益密切，这样形成了计量地理学。这种以数学统计为工具来分析空间关系的系统学科，是地理学的一大进步。

2. 形成的标志——计量运动

在现代地理学发展史上形成的计量地理学，最早追溯到20世纪50年代的"计量运动"。而计量运动的兴起，源于对区域学派观点的质疑。20世纪50年代开始，一些学者对区域学派观点提出批评，拉开了现代地理学发展史上计量运动的帷幕。

(1) 计量运动的萌芽

德籍旅美地理学家舍弗尔(F. K. Schaefer)的《地理学中的例外论》抨击了哈特向的地域独特主义观点，即"例外主义"观点，认为地理学应该是解释现象，而不应该是罗列现象。解释现象必须有法则，应该把地理现象看成是法则的实例。地理学的目的应该与其他科学有相似之处，即都是追求、探索法则。

舍弗尔等人对区域学派的批评与否定，拉开了现代地理学发展史上的计量运动的帷幕。

计量运动是在美国掀起的将数学、物理学、社会学、经济学的理论引入地理学，开展地理学定量化研究的一股热潮。

计量运动主要是由美国地理学家发起的，形成了三大学派。

衣阿华的经济派，代表人物是舍弗尔、麦卡尔蒂。该派受杜能、廖什、克里斯泰勒等区位论学者影响很深，极力倡导建立地理学法则，着重探讨经济区位现象间的相互内在联系及其组合类型。

威斯康星的统计派，代表人物是威弗尔、罗宾逊、东坎和仇佐里，以经典著作《统计地理学》为代表作，主要特征是发展和应用统计分析方法。

普林斯顿的社会物理学派，代表人物是司徒瓦特(J. Q. Stewart)。该派把物理学原理应用于社会现象的研究之中，发展了理论地理学中的引力模型、位势模型、空间相互作用模式。

(2) 计量运动的飞速发展

由于计量运动的飞速发展，从世界范围来形成的几个流派。

华盛顿大学派(加里森及领导的华盛顿小组)：20世纪50年代，加里森(William L. Garrison)及其领导的华盛顿小组首次把地理学的理论和方法建立在定量的基础上，编定了第一本《计量地理学》教材，率先在华盛顿大学举办了地理计量方法研讨班，培养了大批现代地理学名家。加里森及领导的华盛顿小组是计量运动的主要贡献者。

英国R.J.乔利和P.哈格特为首的剑桥大学派:继华盛顿小组后而兴起,以理论造诣高深而著称。

瑞典T.哈格斯特朗为首的隆德大学派:此派40年代已开始空间扩散的探讨,60年代后又开展了时—空地理学工作,均卓有成效。瑞典学者哈格斯特朗曾为地理计量方法研讨班授课,组织美国和瑞典地理学家与克里斯塔勒会面,交流学术思想。

(3) 计量运动中涌现的学术组织和刊物

1964年国际地理学联合会(IGU)设立了地理计量学方法委员会。

1967年英国地理学会设立了地理教学采用模型和计量技术委员会。

1968年日本成立了计量地理学研究委员会,1973年又改称理论、计量地理学委员会。

1963年英国出版了《地理学计量资料杂志》,1969年美国出版了《地理分析——国际理论地理学》杂志。

(4) 计量运动的评价

就广义的计量地理学而言,计量运动是失败的,因为地理学的基础理论并未真正地建立起来;但就狭义的计量地理学而言,计量运动却取得了成功,因为数据处理技术和统计分析方法的确被有效地引入地理研究过程。其实,早在1963年即计量运动中期,伯顿(Burton)就曾指出地理学的计量革命已经结束,因为地理学中的数量表达和统计分析能力的重要性业已被普遍认同;地理学在地理学定量方法委员会(CQMG)成立之际就已经站在理论革命的门槛上,地理学家需要更为深入地运用统计-数学工具发展一套有特色的理论和空间分析模型。数学地理研究一般可以为地理学留下某种模型或原理,但统计地理研究则未必能够留下任何理论印记。

著名地理学家约翰斯顿认为,"计量革命"的特点和要旨在于:① 关注科学严谨。传统区域地理学的缺点在于以"区域描述"为中心,而对以假定—推理为基础的、追求解释和预测并发现一般规律的科学严谨性不够重视,新地理学则强调科学方法。② 重视数量工具。在数据和信息分析方面,新地理学采用统计、数学模型以及计算机等工具,试图用它们使研究更加科学化或标准化。③ 聚焦空间秩序。除了发现空间分布和作用的法则和模式,地理学家应该从对空间的"水平秩序"转向"垂直的(土地与社会之间的)内部关系"。④ 渴望实际应用。像其他追求更科学方法的社会科学那样,地理学应该提升它在空间分析上的专业水准,才能受到城镇规划等应用领域研究者的欢迎。美国华人地理学家马润潮先生也指出,Schaefer和他的这篇论文引发的计量革命"最主要的意义并不在于它将计量方法带进了地理学,而在于它是一场大型、猛烈及影响深远的思想革命"。

## 二、计量地理学在国际上的发展

自20世纪50年代末期的计量运动以来,计量地理学的发展经历了四个阶段。

### 1. 初期阶段(20世纪50年代末—60年代末)

该阶段主要把统计学方法引入地理学领域。在地理学研究领域,构造一系列统计量来定量地描述地理要素的分布特征,比较普遍地应用各种概率分布函数、平均值、方差、标准差、变异系数等统计特征参数以及简单的两要素间的一元线性回归分析方法。在这一阶段的数学方法相对浅易，但是统计学方法使长期使用定性分析方法进行描述和解释地理现象的地理学出现了一个质的飞跃。许多过去无法准确确定的概念，如分布中心、区域形状、地理要素分布的集中和离散程度等都有了定量指标，许多地理要素之间的相关关系也可以定量地表示了。在这一时期的主要著作有：东坎和仇佐里合著的《统计地理学》(1961)、加里森和马布里合著的《计量地理学》(1967)、金(L. J. King)著的《地理学统计分析》(1969)等。

2. 中期阶段(20 世纪 60 年代末—70 年代末)

该阶段是多元统计分析方法和电子计算机技术在地理学研究中的广泛应用时期。地理系统的多因素、复杂结构和动态等特征，使相对复杂的问题无法手工计算来解决。在这一时期由于计算机技术的发展，使过去用手算很难完成的复杂计算问题，运用计算机很快就可以得出结果。许多地理学家以电子计算机技术为手段，运用多元统计方法使许多复杂问题得到了相当满意的解决。

3. 成熟阶段(20 世纪 70 年代末—80 年代末)

该阶段地理学中数学方法的发展与现代系统科学紧密地结合起来，不但包括了概率论与数理统计方法，还包括了运筹学中的规划方法、决策方法、网络分析方法，以及数学物理方法、模糊数学方法、分维几何学方法、非线性分析方法等，而且也包括了计量经济学中的投入产出分析方法等。更值得一提的是，在这一阶段，系统理论、系统分析方法、系统优化方法、系统调控方法等被引进了地理学研究领域。系统科学原理和方法的引入，促进了地理学向着具有更加严密的理论结构和现代化方法的方向发展，从而使以发展地理学方法论为己任的现代地理学中的数学方法更加明显地具有系统科学的性质与理论性的色彩。

4. 新兴发展阶段(20 世纪 90 年代以后)

按照英国著名地理学家、里兹大学教授 S. 奥彭肖(S. Openshaw)的提法，20 世纪 90 年代初，传统意义上的计量地理学开始进入计算地理学(Geocomputational Geography)时代。GPS、RS、GIS 技术在获取大容量、整体性地理数据信息中的成功应用，实现了以超级计算机为基础的一系列高性能计算新方法；“整体”、“大容量”资料所表征的地理问题，在人文、经济、城市地理学的相关研究中得到深入与发展；成功引入了神经网络模型(neural network)、遗传算法模型(genetic programming)、细胞自动模型(cellar automata)、模式参数随机取样模型(random sampling of model parameter)、模糊逻辑模型(fuzzy logic)，并改进了地理加权回归(geographically weighted regression)等高性能计算所依赖的计算方法与理论模型。地理计算学的发展，将对地理科学的理论和模型研究产生深远影响。地理信息系统技术的成熟，为计量地理学提供了先进的技术手段。

在计量地理学中，综合运用了多种数学方法，建立了一系列的分析、模拟、预测、规划、决策、调控等模型系统。这些模型系统在以前运用单个计算程序或单个计算机程序的支持时应用性不广，而如今 GIS 构造了空间分析模型和应用分析模型，提供了数据库系统、模型库系统，使这些模型系统有了较广的应用且技术成熟。

## 三、计量地理学在中国的发展

1. 初步萌芽阶段(20 世纪 50 年代末期)

20 世纪 50 年代末，一些大学开设运筹学课程，《地理学报》等刊物上开始出现运用有关数学方法研究地理问题的论文。但是，由于“文化大革命”的干扰，该方面的研究被迫中断。

2. 正式起步阶段(20 世纪 70 年代末、80 年代初)

20 世纪 70 年代末、80 年代初，计量地理学正式起步。1980 年 1 月，全国地理学会第四次代表大会上对计量地理学作了专门介绍。1980 年 5 月，“计量地理学”被列为全国综合大学地理系和高等师范大学地理系的专业课。1980 年 9 月举办了由全国高等院校部分教师和地理研究工作者参加的“计量地理学——数学在地学研究中的应用”讨论班，中国地理学会于 1983 年召开数量地理研讨会。1980 年 11 月，我国部分地理工作者在南京成立了计量地理学研究会，开展计量地理学研究和学术交流。1982 年 10 月华东师范大学地理系出版了《计量地理论文专辑》，发表了高等院校和有关单位的研究论文，正式出版了教材《计量地理学概论》(林炳耀编)和《计量地理学基础》(张超、杨秉赓编)。

3. 蓬勃发展阶段(20 世纪 80 年代后期以后)

数学方法在中国地理学中的应用起步晚，但起点高，一开始就进入了多元统计分析阶段，且线性规划、目标规划、网络分析、随机决策、模糊数学等方法也得到了广泛的应用，这些方法在高校教材、讲义、研究专著以及论文中都屡见不鲜。20 世纪 80 年代后期以来，地理数学方法的应用与系统科学、系统分析方法以及 GIS 技术有机地结合起来。经过 20 年的发展，地理数学方法在中国取得了丰富的研究成果。

# 第二节 计量地理学的研究内容及方法

## 一、计量地理学的研究对象

计量地理学是在地理学领域形成的一门方法论学科，研究对象与地理学研究对象相同，主要包括地理空间与过程、生态、区域的研究。

1. 过程研究

把空间和过程结合起来，强调区位因素分析，通过与相关因素的联系过程，探索地理事物之间规律性的空间关系，研究空间结构模式，预测其变化趋势，并以此为合理安排、布局生产活动提供依据。

所谓空间模式就是现实事物或真实世界的一种简化的模型，通过各种指标的相互关系来显示地域性质和空间关系。如杜能的土地利用模式、土地利用/土地覆盖变化研究(LUCC)、城市社会空间结构研究(功能区、居民出行行为、住宅价格的分布、商业网点的布局)。计量地理学所建立的数学模式，则要求更定量化、更精确地去研究空间过程，从而

(2) 确定组数($n$)与计算组距($h$)

组数是根据样本观测数的多少及组距的大小来确定的,同时也考虑到对资料要求的精确度以及进一步计算是否方便。组数与组距有密切的关系。组数多些,组距相应就变小,组数越多所求得的统计数就越精确,但不便于计算;组数太少,组距就相应增大,虽然计算方便,但所计算的统计数的精确度较差。为了使两方面都能够协调,组数不宜太多或太少。在确定组数和组距时,应考虑样本容量的大小、全距的大小、便于计算、能反映出资料的真实面貌等因素。

组数的确定原则可从三个方面确定,即根据数据分析的要求,体现数据总体的规律,根据经验公式 $n = 1 + 3.32 \lg N$ 计算。

组数确定好后,还需确定组距。组距是指每组内的上下限范围。分组时要求各组的距离相同。组距的大小是由全距和组数所确定的,计算公式为

$$h = R/n(\text{组距取整数})。$$

(3) 确定组限

组限是指每个组变量值的起止界限。每个组有两个组限,一个下限和一个上限。在确定下限时,必须把资料中最小的数值包括在内,因此,下限要比最小值小些。第一组下限为样本数据的最小值减去 1/2 的组距。下限最好要求整化,第一组上限为下限加组距。

组限一般采用上限排外法,或者下限排外法。为了计算方便,组限可取到 10 分位或 5 分位数上。

(4) 计算组中值($m$)

组中值是两个组限(下限和上限)的中间值。在分组时,为了避免第一组中观测数过多,一般第一组的组中值最好接近或等于资料中的最小值。其计算公式为

$$m = (\text{下限} + \text{上限})/2。$$

(5) 统计落入各组频率数

确定好组数和各组上下限后,可按原始资料中各观测数的次序,把各个数值归于各组,一般用"正"字划计法或卡片法来计算各组的观测数次数。全部观测数归组后,即可求出各组的次数,制成一个次数分布表。这种次数分布表不仅便于观察,而且可根据它绘制成次数分布图,计算平均数和标准差等特征数。

**【例 2.1】** 对北京市历年来 1 月份的气温资料进行分析,了解北京市 1 月气温的特点。数据见表 2-5。

**表 2-5　北京市 1951—1970 年 1 月份的气温数据**

| 年份 | 1951 | 1952 | 1953 | 1954 | 1955 | 1956 | 1957 | 1958 | 1959 | 1960 |
|---|---|---|---|---|---|---|---|---|---|---|
| 温度 | −6.8 | −2.7 | −5.9 | −3.4 | −4.7 | −3.8 | −5.3 | −5.0 | −4.3 | −5.7 |
| 年份 | 1961 | 1962 | 1963 | 1964 | 1965 | 1966 | 1967 | 1968 | 1969 | 1970 |
| 温度 | −3.6 | −3.1 | −3.9 | −3.0 | −4.9 | −5.7 | −4.8 | −5.6 | −6.4 | −5.6 |

第一步,计算全距。

$$R = X_{max} - X_{min} = -2.7 - (-6.8) = 4.1。$$

第二步，确定组数。由于数据少，我们主观确定为5。

第三步，计算组距。

$$h = \frac{4.1}{5} = 0.8 \approx 1。$$

第四步，确定组限。第一组数据 $X_{min} = -6.8$，为计算方便下限定为－7，即

$$下限 = -7，$$

$$上限 = 下限值 + 组距 = -7 + 1 = -6。$$

依次计算。

第五步，组中值计算。第一组组中值为

$$m = \frac{上限 + 下限}{2} = \frac{-7 + (-6)}{2} = -6.5。$$

依次计算。

第六步，频数计算。分别数出落在各组的数据个数。

根据以上六步计算可列出频数分布表。

**表 2-6　北京市 1 月气温频数分布表**

| 组号 | 组距 | 区间表示 | 组中距 | 频数 | 频率 | 累计频率 |
|---|---|---|---|---|---|---|
| 1 | －7～－6 | [－7，－6) | －6.5 | 2 | 0.10 | 0.10 |
| 2 | －6～－5 | [－6，－5) | －5.5 | 6 | 0.30 | 0.40 |
| 3 | －5～－4 | [－5，－4) | －4.5 | 5 | 0.25 | 0.55 |
| 4 | －4～－3 | [－4，－3) | －3.5 | 5 | 0.25 | 0.90 |
| 5 | －3～－2 | [－3，－2) | －2.5 | 2 | 0.10 | 1.00 |
| $\sum$ | | | | 20 | 1.00 | |

## 三、频数分布图绘制

频数分布图就是把频数分布资料画成统计图形。频数分布图可以更直观地观察各组变量次数分布的情况，形象地把资料特征表达出来。常用的频数分布图有柱形图、直方图和多边形图。

柱形图适合于表示计数资料的次数分布。作图时，用横坐标表示各组组限、纵坐标表示次数，按各组组距的大小与次数多少分别截取一定的宽度和高度用直线连接起来，构成一个长方形。每个柱形之间隔出一定距离，以区别于下面要介绍的直方图。

直方图适合于表示计量资料的次数分布。其作图方法与柱形图相似，以横坐标表示组，纵坐标表示次数，截取一定距离代表组限大小和次数多少。各组之间一般没有距离，前一组上限与后一组下限可合并公用。

多边形图也称折线图，也是表示计量资料次数分布的一种方法。作折线图时，以横坐标表示各组组中值、纵坐标表示次数。在各组组中值的垂线上，按该组次数应占高度标记一个点，把相邻的点用直线段顺次连接起来，即成多边形图。

**软件运算指导 2.1——利用 Excel 绘制直方图**

可利用 Excel 中的“直方图”分析工具进行计算。

1. 在 Excel 主菜单中选择“工具数据分析”菜单项，弹出“数据分析”对话框，选取“直方图”选项，确定后弹出“直方图”对话框。

2. 在“输入区域”的文本框中输入待分析数据区域的单元格引用。该引用必须由两个或两个以上按列或行排列的相邻数据区域组成。

3. “接受区域(可选)”用来输入接受区域的单元格引用，该区域包含一组可选的用来定义接受区域的边界值。这些值应按升序排列。如不选则软件将在最大值与最小值之间创建一组均匀的接受区间。

4. “标志”复选框用来确定是否包含输入区域的第一行或第一列中的标志项。

5. “输出选项”包含三个内容，主要是指结果输出的位置。

“输入区域”文本框用来输入对输出表左上角的单元格的引用。

“新工作表组”指结果表为一新工作表。

“新工作簿”指结果表为一新工作簿。

6. “柏拉图”：选中此项，可以在输出表中同时按降序排列频数数据；如果不选，Excel 将只按升序来排列数据，即省略输出表中最右边的三列数据。

7. “累积百分率”：选中此项，可以在输出表中添加一列累积百分比数值，并同时在直方图表中添加累积百分比折线；如果不选此项，则会省略累积百分比。

8. “图表输出”：选中此项，可以在输出表中同时生成一个嵌入式直方图表。

## 第三节　地理数据分布特征

通过对地理数据的统计、加工整理，可以得出频数分布图表。虽然得出了频数分布的大致情况，但还不能确切地表示出地理数据的分布性质和在数量上的特征，因而需要进一步定量地表示出其特征值。

从数量上表示频数分布，就是要度量分布的位置(集中趋势)、分布的离散度(离散程度)、分布的不对称度(或偏度)和分布的峰度(或尖度)。在一般情况下，只要知道分布的中心位置和离散程度的大小，整个频数分布就算基本清楚了。在特殊情况下，才需考虑分布的偏度和尖度。

分布特征从四个方面体现，即位置(集中趋势)、离散度(离散程度)、偏度(不对称程度)以及峰度(分布的尖度)。

### 一、分布的集中趋势

集中趋势是指一组数据向某一中心值靠拢的趋势，测度数据的集中趋势就是寻找数据一般水平的代表值或中心值。集中趋势是数据分布的一种特征，它反映了各变量值向中心值集聚的程度。常用的测度数据分布集中趋势的指标有均值、中位数和众数。

1. 平均数

平均数是数据资料的代表值，表示资料中观测数的中心位置，并且可作为数据的代表与另一组数据相比较，以确定二者相差的情况。平均数的种类有算术平均数、加权平均数、几何平均数等。

(1) 算术平均数

在表示频数分布的量中，最常用的是算术平均数。它能反映出同质总体和样本数值的平均水平与一个数列的数值的“集中趋势”。可用下式表达：

$$\bar{x}=\frac{x_1+x_2+\cdots+x_n}{n}=\frac{1}{n}x_i。$$

通过对例 2.1 的计算：

北京 1 月气温平均值为

$$\bar{x}=\frac{(-6.8)+(-2.7)+\cdots+(-5.6)}{20}$$

$$=-4.71(℃)。$$

**软件运算指导 2.2——利用 Excel 的 AVERAGE 函数计算平均数**

1. 打开需计算平均数的文件。

2. 选定需输出平均数的单元格。单击“插入”菜单，选择“函数”选项，Excel 将弹出“粘贴函数”对话框。

3. 在“函数分类”列表中选择“统计”，在“函数名”列表中选均值函数“AVERAGE”，单击“确定”按钮，弹出 AVERAGE 函数对话框。

4. 在“Number 1”区域中输入数据区域后，对话框底部便显示出计算结果。如果对话框中没有计算结果，便说明计算有错误，需要再检查一下。

5. 单击“确定”按钮，计算完成。

(2) 加权平均数

因为 $n$ 个地理数据各含有不同的比重，对平均数的影响各不相同，或者是地理数据出现的频数不同，也就存在影响的大小，因此采用加权平均数表示。

其公式可表达为

$$\bar{x}=\frac{f_1x_1+f_2x_2+\cdots+f_nx_n}{\sum f_i}=\frac{1}{n}\sum_{i=1}^{n}f_ix_i,$$

其中 $n=\sum f_i=f_1+f_2+\cdots+f_n$。

**【例 2.2】** 某区某年度年人口数与人均产粮数。

表 2-7 各地区人均产粮数与人口分布

| 地区名称 | 人均产粮数(kg/人) | 人口数(万人) |
| --- | --- | --- |
| A省 | 209.5 | 1 205 |
| B省 | 543.4 | 6 171 |
| C省 | 455.0 | 3 993 |
| D省 | 431.6 | 5 103 |
| E省 | 317.7 | 2 677 |
| F省 | 452.8 | 3 421 |
| G省 | 398.1 | 7 637 |

$$\text{某区人均产粮数} = \frac{\text{粮食总产量}}{\text{总人口}} = \frac{1\,205 \times 209.5 + \cdots + 7\,637 \times 398.1}{1\,205 + \cdots + 7\,637} = \frac{13\,065\,000}{30\,207} = 432.5\ (\text{kg/人})。$$

(3) 几何平均数

其应用于相邻数据比值接近常数的数据系统中。如在计算平均发展速度或平均增长速度时,应用几何平均数。其公式可表达为

$$\overline{x_g} = \sqrt[n]{x_1 \cdot x_2 \cdot \cdots \cdot x_n}。$$

在此,$x_1, x_2, \cdots, x_n$有这样的规律:$x_2$是以$x_1$为基数、$x_n$是以$x_{n-1}$为基数增加的,$x_1 = \frac{a_{12}}{a_{11}}$,那么$x_2 = \frac{a_{22}}{a_{21}} = \frac{a_{22}}{a_{12}}$。因此计算平均数要采用几何平均数。

几何平均数可通过对数转换为

$$\ln \overline{x}_g = (\ln x_1 + \ln x_2 + \cdots + \ln x_n) = \frac{1}{n}\sum_{i=1}^{n} \ln x_i。$$

**【例 2.3】** 求出我国 1991 年至 1997 年国民年收入平均发展速度。

表 2-8 我国 1991 年至 1997 年国民年收入发展速度

| 年份 | 1991 | 1992 | 1993 | 1994 | 1995 | 1996 | 1997 |
| --- | --- | --- | --- | --- | --- | --- | --- |
| 发展速度 | 4.33 | 4.68 | 5.01 | 5.09 | 6.00 | 6.45 | 7.22 |

我国 1991 年至 1997 年国民年收入平均发展速度:

$$\overline{x_g} = \sqrt[7]{4.33 \times 4.68 \times \cdots \times 7.22} = 5.46。$$

**软件运算指导 2.3——利用 Excel 的 GEOMEAN 函数计算几何平均数**

1. 打开需计算平均数的文件。

2. 选定需输出"几何平均数"的单元格。单击"插入"菜单，选择"函数"选项，Excel 将弹出"粘贴函数"对话框。

3. 在"函数分类"列表中选择"统计"，在"函数名"列表中选均值函数"GEOMEAN"，单击"确定"按钮，弹出 GEOMEAN 函数对话框。

4. 在"Number 1"区域中输入数据区域后，对话框底部便显示出计算结果。如果对话框中没有计算结果，便说明计算有错误，需要再检查一下。

5. 单击"确定"按钮，计算完成。

2. 中位数

中位数也称中央值，是将地理数据按大小顺序排列，位居中间的那个数值。中位数也是一种表示数据集中趋势的指标，在频数分布图上位居正中央，并把面积等分为左右两个部分。在累积频率图上，累积频率在 50%处所对应的特征值即是中位数。当一个数列变量值分布很偏时，以中位数表示它们的集中趋势比算术平均数更合理。

中位数在频数分布图上的特点：① 在频数分布图上位居中央，并等分面积；② 累计频数分布图上，累计频率达 50%处所对应的特征值为中位数。

中位数计算方法：

(1) 在未分组的情况下，地理数据 $n$ 为奇数时，$M_e = x_{\frac{n+1}{2}}$；

地理数据 $n$ 为偶数时，$M_e = \dfrac{x_{\frac{n}{2}} + x_{\frac{n}{2}+1}}{2}$。

(2) 在分组的情况下，则

$$M_e = L + d \times \frac{\frac{1}{2}\sum_{i=1}^{n} f_i - S_{m-1}}{f_m} \quad 或 \quad M_e = U - d \times \frac{\frac{1}{2}\sum_{i=1}^{n} f_i - S_{m+1}}{f_m}。$$

其中 $M_e$ 代表中位数，$L$ 为中位数所在组的下限值，$U$ 为中位数所在组的上限值，$f_m$ 为中位数所在组的频数，$S_{m-1}$ 为中位数所在组以下的累计频数，$S_{m+1}$ 为中位数所在组以上的累计频数，$d$ 为中位数所在组的组距。

分组中位数公式的推导如下：

根据分组数据计算中位数时，要先根据公式 $\frac{1}{2}\sum_{i=1}^{n} f_i$ 确定中位数的位置，并确定中位数所在的组。如果是单项数列，则中位数就取中位数所在组的组值(即标志值)；如果是组距数列，则采用下面的公式计算中位数的近似值：

$$M_e = L + \frac{\sum_{i=1}^{n} f_i - S_{m-1}}{f_m} \times d。$$

式中：$\sum_{i=1}^{n} f_i$ 为数据的个数(总次数)；$L$ 为中位数所在组的下限值；$S_{m-1}$ 为中位数所

在组以前各组的累积频数；$f_m$ 为中位数所在组的频数；$d$ 为中位数所在组的组距。上式中，假定中位数所在组的频数在该组内是均匀分布的。

那么，我们接下来要讨论的是如何求证组距数列中位数的计算公式。假设图 2-2 是某组距数列次数分布图。利用插补法进行比例推算。

图 2-2 中，$A$ 点表示中位数所在组的下限，其值为 $L$；$B$ 点表示中位数所在组的上限；$C$ 点表示中位数所处的位置，其值为 $Me$；$A$ 点到 $B$ 点所夹的距离，也就是中位数所在组的组距，其值为 $i$；$A$ 点到 $C$ 点所夹的距离，就是中位数所在组的下限到中位数位置的距离，其值设为 $X$。我们假定图 2-2 中，$AB$ 区域即整个中位数所在的组内，次数分布是均匀的，依次分布着 $f_m$ 个次数或频数。同样，再假定 $AC$ 区域内，次数分布也是均匀的，且依次分布着 $\frac{\sum f_i}{2}-S_{m-1}$ 个次数或频数，式中的 $\frac{\sum f_i}{2}$ 是中位数所在的位置，$S_{m-1}$ 为中位数所在组以前各组的累积频数。这样，我们可以得到下面的等式：

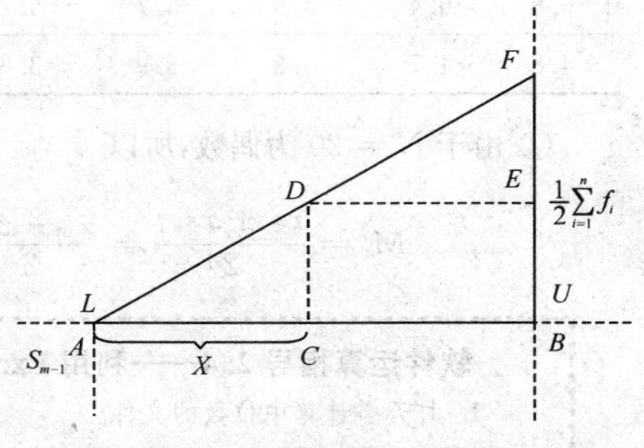


图 2-2　组距数列中位数的分布图

$$\frac{A\text{到}C\text{的距离}}{A\text{到}B\text{的距离}}=\frac{AC\text{区域中的次数分布}}{AB\text{区域中的次数分布}}。$$

即
$$\frac{AC}{AB}=\frac{DC}{FB}$$

将上述假设代入上式，得

$$\frac{x}{d}=\frac{\sum_{i=1}^{n} f_i-S_{m-1}}{f_m}。$$

所以，有
$$x=\frac{\sum_{i=1}^{n} f_i-S_{m-1}}{f_m}\times d。$$

中位数所在的位置是

$$M_e=L+x。$$

将上两式综合，则

$$M_e=L+\frac{\sum_{i=1}^{n} f_i-S_{m-1}}{f_m}\times d。$$

由此得到了证明。

利用未分组的中位数公式和分组的中位数公式进行如下计算。

(1) 当未分组时

① 按大小顺序排列：

表 2-9 表 2-5 的数据排序

| | | | | | | | | | |
|---|---|---|---|---|---|---|---|---|---|
| −6.8 | −6.4 | −5.9 | −5.7 | −5.7 | −5.6 | −5.6 | −5.3 | −5.0 | −4.9 |
| −4.8 | −4.7 | −4.3 | −3.9 | −3.8 | −3.6 | −3.4 | −3.1 | −3.0 | −2.7 |

② 由于 $N = 20$ 为偶数，所以

$$M_e = \frac{x_{\frac{n}{2}} + x_{\frac{n}{2}+1}}{2} = \frac{x_{10} + x_{11}}{2} = \frac{-4.9 + (-4.8)}{2} = 4.85。$$

**软件运算指导 2.4——利用 Excel 的 MEDIAN 函数计算中位数**

1. 打开需计算中位数的文件。

2. 选定需输出中位数的单元格。单击“插入”菜单，选择“函数”选项，Excel 将弹出“粘贴函数”对话框。

3. 在“函数分类”列表中选择“统计”，在“函数名”列表中选均值函数“MEDIAN”，单击“确定”按钮，弹出 MEDIAN 函数对话框。

4. 在“Number 1”区域中输入数据区域后，对话框底部便显示出计算结果。如果对话框中没有计算结果，便说明计算有错误，需要再检查一下。

5. 单击“确定”按钮，计算完成。

(2) 当分组时

针对例 2.1“北京市 1 月气温频数分布表”进行分组的众数计算。由于地理数据 $N = 20$，那么中位数对应在第 10，11 个数的位置上，因此其所在组应为第 3 组。

$$M_e = L + d \times \frac{\frac{1}{2}\sum_{i=1}^{n} f_i - S_{m-1}}{f_m}$$

$$= -5 + 1 \times \frac{\frac{1}{2} \times 10 - 8}{5} = -5 + \frac{2}{5}$$

$$= -4.6。$$

3. 众数

众数($M_0$)：一系列地理数据中出现的次数最多的一个数，在频数分布曲线上的位置居最高点上，用微积分的概念即极值点。

在分组频数表中，频数最大那一组的中心值就是众数。如果数据较多，频数分布完全对称，且只有一个峰，则均值、众数和中位数完全相同；否则不同。

计算方法如下：

$$M_o = L + \frac{\Delta_1}{\Delta_1 + \Delta_2} \times d \quad 或 \quad M_o = U - \frac{\Delta_2}{\Delta_1 + \Delta_2} \times d$$

式中：$M_o$代表众数；$L$ 为众数所在组的下限值；$U$ 为众数所在组的上限值；$\Delta_1$为众数所在组频数与下一组频数之差；$\Delta_2$为众数所在组频数与上一组频数之差；$d$ 为众数所在组的组距。

分组中位数公式的推导如下：

设 $$M_0 = L + X,$$

因为 $$\frac{X}{\Delta_1} = \frac{X+Y}{\Delta_1+\Delta_2},$$

则 $$X = \Delta_1 \cdot \frac{X+Y}{\Delta_1+\Delta_2} = d \cdot \frac{\Delta_1}{\Delta_1+\Delta_2},$$

即 $$M_0 = L + \frac{\Delta_1}{\Delta_2+\Delta_1} \cdot d。$$

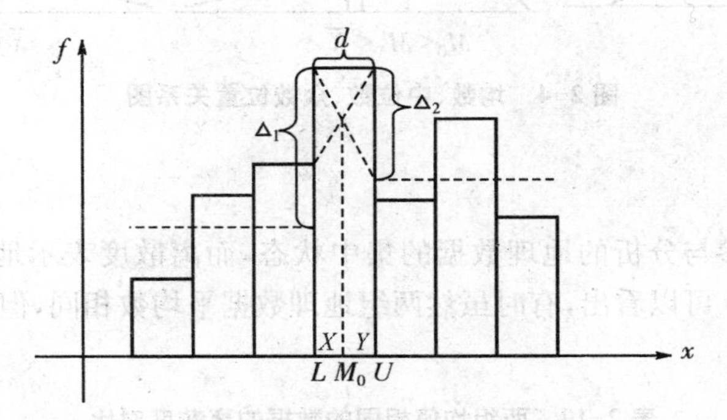


**图 2-3　众数公式几何意义图**

利用表 2-6 中的数据计算北京市 1 月气温特征的众数：

首先确定频数最多的组为第 2 组，则

$$M_0 = -6 + \frac{6-2}{(6-2)+(6-5)} \times 1 = -6 + \frac{4}{5} \times 1 = -5.2。$$

**软件运算指导 2.5——利用 Excel 的 MODE 函数计算众数**

1. 打开需计算众数的文件。

2. 选定需输出众数的单元格。单击“插入”菜单，选择“函数”选项，Excel 将弹出“粘贴函数”对话框。

3. 在“函数分类”列表中选择“统计”，在“函数名”列表中选均值函数“Mode”，单击“确定”按钮，弹出 Mode 函数对话框。

4. 在“Number 1”区域中输入数据区域后，对话框底部便显示出计算结果。如果对话框中没有计算结果，便说明计算有错误，需要再检查一下。

5. 单击“确定”按钮，计算完成。

4. 平均数、中位数、众数的关系

三种平均数都可以表明总体单位的一般水平，用来对一些差异现象进行概括与评价，但是三种平均数也具有不同的特点：

均值是所有的标志值之和除以其观察值的个数，它考虑了所有数值，因而均值的大小受总体中极大极小值的影响，如果总体中有极大值出现，则会使均值偏于分布的右边；如果总体中出现极小值，均值则会偏于分布的左边。

众数是总体中出现次数最多的数值，它只考虑总体中各数值出现频数的多少数值的影响，但当总体中出现多个众数时，众数便极有意义。

中位数只是考虑各单位数值在总体中的顺序变化，它受极端数值的影响不大。

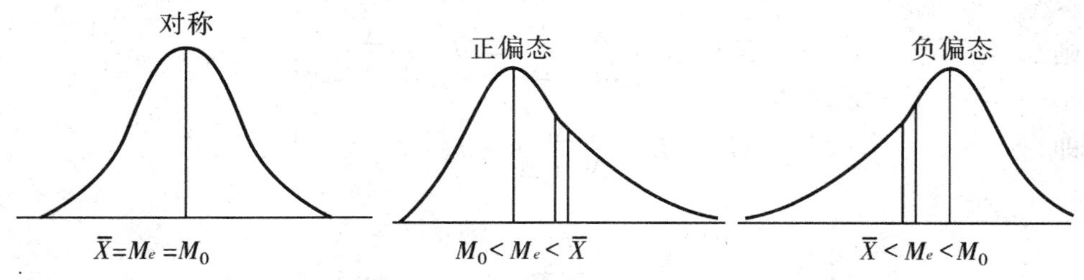


**图 2-4　均数、中位数、众数位置关系图**

## 二、离散度

平均数只表示参与分析的地理数据的集中状态，而离散度表示地理数据的分布（分散）状态。从表 2-10 可以看出，有时虽然两组地理数据平均数相同，但偏离中心的程度却不一样。

**表 2-10　两组均值相同的数据的离散度对比**

| 组 | $\overline{x}$ | $x_i$ | $d_i$ |
|---|---|---|---|
| 1 | 10 | 12　11　10　9　8 | 2　1　0　−1　−2 |
| 2 | 10 | 18　14　10　6　2 | 8　4　0　−4　−8 |

离散程度是指各变量值远离其中心值的趋势，也称离散趋势。离散程度也是数据分布的一种特征，它反映了各变量值远离中心值的程度。数据的离散趋势越大，说明集中趋势代表值的代表性越差；反之，离散趋势越小，集中趋势代表值的代表性就越高。因此，离散程度从另一个方面反映了集中趋势指标的代表性问题。常用的测量数据分布离散程度的指标有：极差、平均差、方差和标准差等，其中方差和标准差最为重要和常用。

1. *离差*

离差是指各个变量与均值之差，表示所有单个数据的偏差。

$$d_i = x_i - \overline{x}$$

平均离差

$$d_m = \frac{\sum_{i=1}^{n} |x_i - \overline{x}|}{n}。$$

2. 离差平方和

离差平方和是指各数据的离差平方后再相加所得的值。

$$\sum_{i=1}^{n}(x_i-\overline{x})^2=\sum_{i=1}^{n}x_i{}^2-\frac{(\sum_{i=1}^{n}x_i)^2}{n}$$

求算离差平方和的目的主要为:① 消除正负偏差的抵消;② 放大数据,使离散程度更清楚。

3. 方差与标准差

方差是指各离差平方和除以数据的个数 $n$,包括总体方差与样本方差。

总体方差　　$\delta^2=\sum_{i=1}^{n}(X_i-\mu)^2/N$,$\mu$ 为总体均值。

样本方差　　$S^2=\sum_{i=1}^{n}(x_i-\overline{x})^2/n$。

由于在数理统计中,我们曾以 $\frac{n}{n-1}s^2$ 作为 $\delta^2$ 的无偏估计值。当数据个数 $n$ 相当大时,可以用($n$—1)代替 $n$,采用修正样本方差,即样本方差除以($n$—1)。

$$S'^2=\frac{\sum_{i=1}^{n}(x_i-\overline{x})^2}{n-1}$$

标准差是指方差的开平方值。

总体标准差　　$\delta=\sqrt{\frac{\sum_{i=1}^{n}(X_i-\mu)^2}{n}}$。

样本标准差　　$s=\sqrt{\frac{\sum_{i=1}^{n}(x_i-\overline{x})^2}{n-1}}=\sqrt{\frac{\sum_{i=1}^{n}x_i{}^2-\frac{(\sum_{i=1}^{n}x_i)^2}{n}}{n-1}}$。

**软件运算指导 2.6——利用 Excel 的 VARP 函数、VAR 函数、STDEVP 函数、STDEV 函数计算总体方差、样本方差、总体标准差、样本标准差**

1. 打开需计算方差、标准差的文件。

2. 选定需输出总体方差的单元格。单击“插入”菜单,选择“函数”选项,Excel 将弹出“粘贴函数”对话框。

3. 在“函数分类”列表中选择“统计”,在“函数名”列表中选均值函数“VARP”,单击“确定”按钮,弹出 VARP 函数对话框。

4. 在“Number 1”区域中输入数据区域后，对话框底部便显示出计算结果。如果对话框中没有计算结果，便说明计算有错误，需要再检查一下。

5. 单击“确定”按钮，计算完成。

6. 仿上述步骤分别利用 VAR 函数、STDEVP 函数、STDEV 函数计算样本方差、总体标准差、样本标准差。

4. 相对离散度(变异系数)

绝对离散度只有在均值$\bar{x}$和单位相同时，才具有可比性。而相对离散度，消除了均值的影响。相对离散度称之为变异系数，又称离差系数、变差系数。

$$c_v = \frac{s}{\bar{x}} = \sqrt{\frac{\sum_{i=1}^{n}(x_i-\bar{x})^2}{n-1}} \cdot \frac{1}{\bar{x}} = \sqrt{\frac{\sum_{i=1}^{n}\left(\frac{x_i}{\bar{x}}-1\right)^2}{n-1}} = \sqrt{\frac{\sum_{i=1}^{n}(k_i-1)^2}{n-1}},$$

其中 $k_i = \frac{x_i}{\bar{x}}$ 称模法系数。

## 三、偏度

偏度又称为歪度、对称度，体现数据系列分布的对称程度。偏度主要用两个特征值表示，即歪度($S_k$)、偏态系数($C_s$)。

1. 歪度($S_k$)

$$S_k = \frac{\bar{x}-M_0}{s}$$

式中：$\bar{x}$为均值；$M_0$为众数；$s$ 为标准差。

其中：$-1<S_k<1$，$S_k=0$，属对称分布；$S_k>0$，属正偏分布；$S_k<0$，属负偏分布。

2. 偏态系数($C_s$)

$$C_s = \frac{\sum_{i=1}^{n}(x_i-\bar{x})^3}{ns^3}$$

$C_s = 0$，属对称分布；

$C_s > 0$，属正偏分布；

$C_s < 0$，属负偏分布。

在数理统计中，$\sum_{i=1}^{n}(x_i-\bar{x})^3$ 称为三阶中心矩函数。

在 Excel 中，偏度公式为

$$\frac{n}{(n-1)(n-2)}\sum_{i=1}^{n}\left(\frac{x_i-\bar{x}}{s}\right)^3$$

**【例 2.4】** 比较平均数相同的三组地理数据的频数分布。

**表 2-11　某统计数的代表值与离散度表**

| 变数 | 频数 | | |
|---|---|---|---|
| | *A* | *B* | *C* |
| 1 | 1 | 1 | |
| 2 | 3 | 4 | |
| 3 | 7 | 8 | 13 |
| 4 | 13 | 13 | 19 |
| 5 | 32 | 22 | 22 |
| 6 | 13 | 19 | 13 |
| 7 | 7 | 13 | 8 |
| 8 | 3 | | 4 |
| 9 | 1 | | 1 |
| $\sum$ | 80 | 80 | 80 |
| $\bar{x}$ | 5 | 5 | 5 |
| $S$ | $\sqrt{2*1}$ | $\sqrt{2*1}$ | $\sqrt{2*1}$ |

表 2-11 绘制的频数分布图完全不同(表示不同的对称度)。

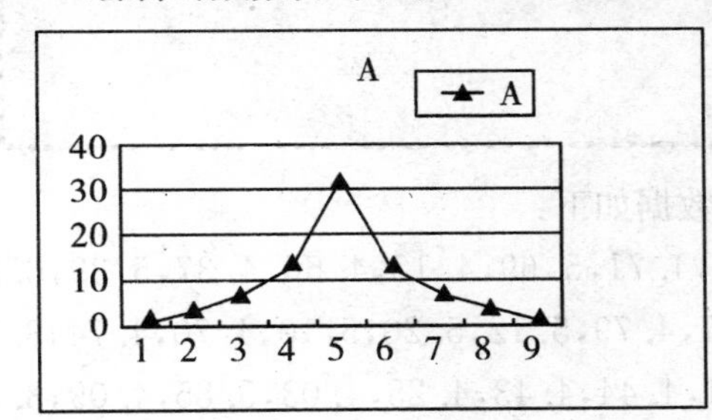


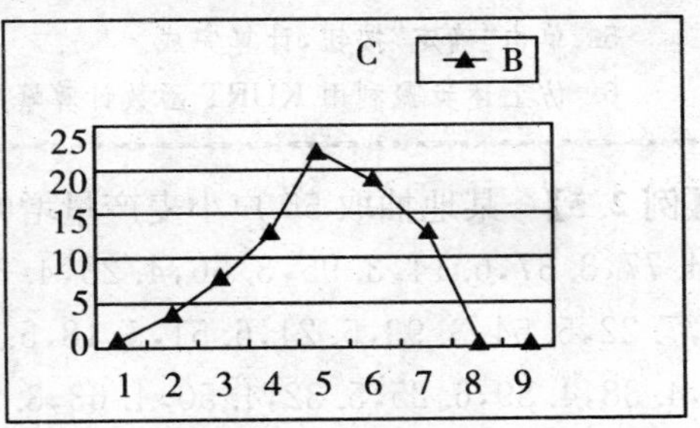


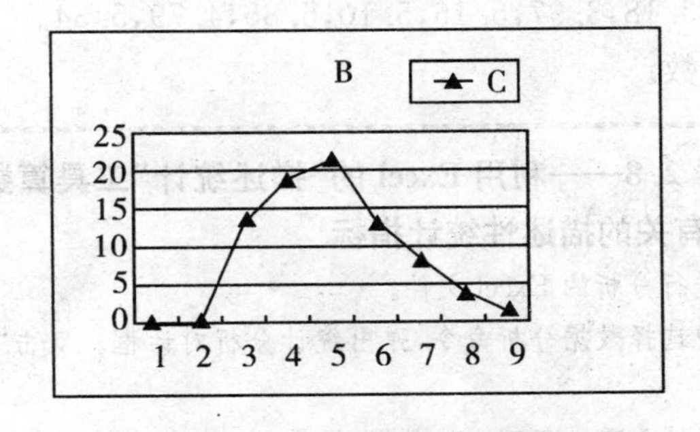


**图 2-5　表 2-11 中三种统计数的频数分布图**

## 四、峰度

峰度又称尖度、峭度,用以表示分布曲线峰度的特征,进一步表达曲线分布峰形的相对高低程度或尖平度。

分组：
$$K=\frac{\sum_{i=1}^{n} f_i(x_i-\overline{x})^4}{\sum_{i=1}^{n} f_i \cdot s^4}-3。$$

不分组：
$$K=\frac{\sum_{i=1}^{n} (x_i-\overline{x})^4}{ns^4}-3。$$

式中：$f_i$为频数；$s$为标准差。

对于峰度值与峰型的关系，$K>0$表示锐峰，$K=0$表示正态，$K<0$表示钝峰。

**软件运算指导 2.7——利用 Excel 的 SKEW、KURT 函数计算偏度和峰度**

1. 打开需计算偏度和峰度的文件。

2. 选定需输出偏度的单元格。单击“插入”菜单，选择“函数”选项，Excel 将弹出“粘贴函数”对话框。

3. 在“函数分类”列表中选择“统计”，在“函数名”列表中选均值函数“SKEW”，单击“确定”按钮，弹出 SKEW 函数对话框。

4. 在“Number 1”区域中输入数据区域后，对话框底部便显示出计算结果。如果对话框中没有计算结果，便说明计算有错误，需要再检查一下。

5. 单击“确定”按钮，计算完成。

6. 仿上述步骤利用 KURT 函数计算峰度。

**【例 2.5】** 某地抽取 55 户小麦产量增幅数据如下：

4.77，3.37，6.14，3.95，3.56，4.23，4.31，4.71，5.69，4.12，4.56，4.37，5.39，6.30，5.21，7.22，5.54，3.93，5.21，6.51，5.18，5.77，4.79，5.12，5.20，5.10，4.70，4.74，3.50，4.69，4.38，4.89，6.25，5.32，4.50，4.63，3.61，4.44，4.43，4.25，4.03，5.85，4.09，3.35，4.08，4.79，5.30，4.97，3.18，3.97，5.16，5.10，5.85，4.79，5.34。

试分析其分布特征数。

**软件运算指导 2.8——利用 Excel 的“描述统计”工具算数据的集中趋势、离中趋势、偏度等有关的描述性统计指标**

1. 打开一个需进行分析的 Excel 文件。

2. 从工具菜单中选择数据分析命令，弹出统计分析对话框。双击“描述统计”项，显示“描述统计”对话框。

3. 在输入区域内输入需进行测定的数据列，这里还包括变量数列的标志名称。由于所选数据范围包括一个标志名称，因此单击“标志位于第一行”复选框。

4. 单击“输出区域”项，并单击旁边的输入框，使其中出现插入符，单击所要输出的单元格，则在输入框中出现输出地址，这是输出结果的左上角起始位置。

5. 为了得到分布特征值的测定结果,必须在输出选项中勾选"汇总统计"。

6. 完成上述步骤后,单击确定。

说明(a)—输出结果解释:

平均(算术平均数)、偏斜度(偏度)、标准误差(抽样平均误差)、区域(全距)、中值(中位数)、最小值(第 $k$ 个最小值)、模式 (众数)、最大值(第 $k$ 个最大值)、标准偏差 (标准差)、求和(标志值总和)、样本方差(方差)、计数(总频数)、峰值 (峰度)。

说明(b)—对话框选项解释:

输入区域:在此输入待分析数据区域的单元格引用。该引用必须由两个或两个以上按列或行组织的相邻数据区域组成。

分组方式:如果需要指出输入区域中的数据是按行还是按列排列,则单击"逐行"或"逐列"。

标志位于第一行:如果输入区域的第一行中包含标志项,则选中该复选框;如果输入区域没有标志项,则不选择,Excel 将在输出表中自动生成数据标志。

输出区域:在此输入对输出表左上角单元格的引用。此工具将为每个数据集产生两列信息,左边一列包含统计标志项,右边一列包含统计值。根据所选择"分组方式"选项的不同,Excel 将为输入表中的每一行或每一列生成一个两列的统计表。

汇总统计:如果需要 Excel 在输出表中生成统计结果,则选中此项。这些统计结果有:均值、标准差、中位数、众数、标准误差、方差、峰值、偏度、全距、最小值、最大值、总和、总个数、第 $k$ 个最大值、第 $k$ 个最小值和置信度。

平均数置信度:如果需要在输出表中的某一行中包含均值的置信度,则选中此项;然后在右侧的编辑框中,输入所要使用的置信度。例如,数值 95%是用来计算在显著性水平为5%时的均值置信度。

第 $k$ 个最大值:如果需要在输出表的某一行中包含每个区域数据的第 $k$ 个最大值,则选中该复选框,然后在右侧的编辑框中输入 $k$ 的数值。如果输入 1,则这一行将包含数据集中的最大数值。

第 $k$ 个最小值:如果需要在输出表的某一行中包含每个区域数据的第 $k$ 个最小值,则选中该复选框,然后在右侧的编辑框中输入 $k$ 的数值。如果输入 1,则这一行将包含数据集中的最小数值。

**软件运算指导 2.9——利用 SPSS 的"频率(Frequencies)"过程计算地理数据的各种描述统计指标、给出变量简单频数分布表、绘制几种变量分布图**

打开 SPSS 数据文件( *. sar),进行一维频数分析的操作步骤如下:

1. 单击"分析(Analyze)"主菜单,选择"描述统计(Descriptive Statistics)"中的"频率(Frequencies)"选择项,打开相应的对话框。

2. 在左侧的源变量框中选择一个或多个变量,单击向右箭头按钮,使其进入"变量(Variable[s])"框中。

3. 根据需要选择此项:

(1) 显示频率表格(Display Frequencies Tables):选择此项将显示频数分布表(如果您只想画图可以不选择此项)。

(2) 统计量(Statistics):选择此项,打开统计量选择对话框。

在对话框中选择输出统计量。可选择的统计量分四组,每组中的统计量可以同时选择。

① 百分位值(Percentile Values):百分位数组。可以选择:

● 四分位数(Quartiles):四分位数,显示25%、50%、75%的百分位数。

● 割点(Cut points for [ ] equal groups):将数据平分为所设定的相等等份,您所选择的数值范围为2—100间的整数。例如,如果您键入了4,那么数据将会被四等分,即计算四分位数值。

● 百分位数(Percentile[s]):由用户定义的百分位数。键入值的范围在0—100之间。键入数值后单击Add按钮。也可以重复此操作过程,键入多个百分位数。如果要剔除有关已存在的百分位数,在百分位数框中选择一个数值单击Remover按钮即可。

② 离散(Dispersion):离差组,可以选择

● 标准差(Std. Deviation)

● 方差(Variance)

● 范围(Range):最大值与最小值之差,又称全距、极差。

● 最小值(Minimum)

● 均数的标准误差(S. E. Mean)

③ 集中趋势(Central Tendency):中心趋势组,可以选择

● 均值(Mean):算术平均数。

● 中位数(Median)。

● 众数(Mode)。

● 合计(Sum):算术和。

④ 分布(Distribution):分布参数组,可以选择

● 偏度(Skewness):非对称分布指数,其标准误差也被显示。

● 峰度(Kurtosis):观测值围绕中心点的扩展程度,其标准误差也被显示。

(3) 图表(Charts):单击Charts按钮开展统计图对话框,在该对话框中对图形的类型及坐标轴等进行设置:

① 图形类型(Chart):此项为单选项。

● 不输出图形(None):这是系统默认状态。

● 条形图(Bar Charts):选择此项要求输出条形图。

● 饼图(Pie Charts):选择此项生成显示饼图。

● 直方图(Histogram):选择此项要求作直方图。此图仅仅适用于数值型变量。如果要输出直方图还可以选择With Normal Curve,表示有正态曲线。

② 图表值(Chart Values):垂直轴表示的统计量。

● 频率(Frequencies):选择此项,垂直轴表示频数。

● 百分比(Percentages):选择此项,垂直轴表示百分比。

关于图形的选择完成后,单击"继续(Continue)"按钮,返回主对话框。

(4) 设置频数表的输出格式。单击Format按钮,打开频数表输出格式对话框。

① 格式(Order by):排序组,该组中选择频数表中变量排列顺序。共4个选择项:

● 按变量值的升值排列(Ascending Values):这是默认的排列方式。

● 按变量值的降序排列(Descending Values)

● 按频数的升序排列(Ascending Counts)

● 按频数的降序排列(Descending Counts)

如果您设置了直方图或百分数，那么频数表示将按变量值升序排列，而忽视您的设置。

② 排除具有多个类别的表(Suppress tables with more than [] categories)：设置控制频数表输出的范围，默认值为10。

4. 提交运行。所有选择完成后，单击“确定(OK)”按钮提交运行，进行频数分布分析。

单击“重置(Reset )”按钮重新设置选项，单击“取消(Cancel)”按钮取消选择设置并关闭对话框，单击“帮助(Help)”按钮可以获得帮助信息，单击“粘贴(Paste)”按钮可以将有关所设定的统计过程以及选择项的语句粘贴到语句窗中。

**软件运算指导 2.10—利用 SPSS 的“描述(descriptives)”过程计算地理数据的各种描述统计指标、给出变量简单频数分布表、绘制几种变量分布图。**

打开保存的 SPSS 数据文件( *. sar)，进行描述分析的操作步骤如下：

1. 单击“分析(Analyze)”主菜单，选择“描述统计(Descriptive Statistics)”中的“描述(descriptives)”选择项，打开相应的对话框。

2. 在左侧的源变量框中选择一个或多个变量，单击向右箭头按钮，使其进入“变量(Variable[s])”框中。

3. 根据需要选择此项：

(1) 选项：选择此项，打开统计量选择对话框。

● 均值(Mean)：算术平均数

● 合计(Sum)：算术和

① 离散(Dispersion)：离差组，可以选择：

● 标准差(Std. Deviation)

● 方差(Variance)

● 范围(Range)：最大值与最小值之差，又称全距、极差。

● 最小值(Minimum)

● 最大值(Maximum)

● 均数的标准误(S. E. mean)

② 分布(Distribution)：分布参数组，可以选择：

● 偏度(Skewness)：非对称分布指数，其标准误也被显示。

● 峰度(Kurtosis)：观测值围绕中心点的扩展程度，其标准误也被显示。

③ 显示顺序

● 变量列表：这是默认的排列方式。

● 字母顺序。

● 按均值的升序排列。

● 按均值的降序排列。

④将标准化得分另存为变量

4. 提交运行。所有选择完成后，单击“确定(OK)”按钮提交运行，进行频数分布分析。

单击“重置(Reset)” 按钮重新设置选项，单击“取消(Cancel)” 按钮取消选择设置并关闭对话框，单击“帮助(Help)”按钮可以获得帮助信息，单击“粘贴(Paste)” 按钮可以将有关所设定的统计过程以及选择项的语句粘贴到语句窗中。

“描述分析(descriptives)”与“频数分析(Frequencies)”的比较：两者在有些功能上有重合，但仔细分析就会发现还是有不同的，如频数分析可以作图、中位数、众数、四分位数、百分位数；这些是描述统计不能的，但描述统计可实现数据标准化。通过“描述分析(descriptives)”来完成的，主要计算变量的描述性统计量如均值、总和、标准差等。还可以计算标准化值等。

## 思考题

1. 简述计量地理学的发展过程与特点。
2. 地理数据有哪些类型？分别在什么情况下应用？
3. 下表为某一地区平均年温降水量表(精确到 cm)。

| 1930—1939 | 111 | 109 | 127 | 119 | 83 | 52 | 74 | 89 | 75 | 102 |
|---|---|---|---|---|---|---|---|---|---|---|
| 1940—1949 | 72 | 86 | 77 | 77 | 82 | 76 | 82 | 96 | 79 | 75 |
| 1950—1959 | 102 | 71 | 75 | 87 | 93 | 75 | 85 | 92 | 69 | 122 |
| 1960—1969 | 104 | 103 | 96 | 74 | 79 | 75 | 71 | 50 | 69 | 81 |
| 1970—1979 | 86 | 78 | 95 | 85 | 75 | 96 | 70 | 77 | 64 | 62 |
| 1980—1989 | 82 | 85 | 70 | 86 | 84 | 85 | 69 | 71 | 94 | 71 |
| 1990—1999 | 102 | 85 | 85 | 72 | 80 | 99 | 74 | 67 | 102 | 66 |
| 2000—2009 | 90 | 80 | 100 | 69 | 108 | 73 | 76 | 73 | 106 | 101 |

(1) 用 5 作组距，做出频数分布直方图和频率分布图。

(2) 计算标准差，计算并比较 1930—1969 年和 1970—2009 年的变异分数。

(3) 计算分组的中位数和众数。

(4) 计算分布曲线的歪度($S_k$)。

4. 简述地理数据分组的主要步骤。

5. 对于某西部地区某山区县的草地面积调查数据，以地块面积作为统计分组标志，计算各组数据的频数、频率，编制成的统计分组表如下所示，试计算中位数、众数、平均值等统计量。

**某县草地面积的统计分组数据**

| 分组序号 | 1 | 2 | 3 | 4 | 5 | 6 | 7 | 8 | 9 | 10 | 11 |
|---|---|---|---|---|---|---|---|---|---|---|---|
| 分组标志($hm^2$) | (0,1] | (1,2] | (2,3] | (3,4] | (4,5] | (5,6] | (6,7] | (7,8] | (8,9] | (9,10] | (10,11) |
| 组中值 | 0.5 | 1.5 | 2.5 | 3.5 | 4.5 | 5.5 | 6.5 | 7.5 | 8.5 | 9.5 | 10.5 |
| 频数(地块个数) | 25 | 96 | 136 | 214 | 253 | 286 | 260 | 203 | 154 | 85 | 24 |

（续表）

| 分组序号 | 1 | 2 | 3 | 4 | 5 | 6 | 7 | 8 | 9 | 10 | 11 |
| --- | --- | --- | --- | --- | --- | --- | --- | --- | --- | --- | --- |
| 向上累计频数 | 25 | 121 | 257 | 471 | 724 | 1 010 | 1 270 | 1 473 | 1 627 | 1 712 | 1 736 |
| 频率(%) | 1.44 | 5.53 | 7.83 | 12.33 | 14.57 | 16.47 | 14.98 | 11.69 | 8.87 | 4.90 | 1.38 |
| 向上累计频率(%) | 1.44 | 6.97 | 14.80 | 27.13 | 41.70 | 58.17 | 73.15 | 84.84 | 93.71 | 98.61 | 100 |

6. 简述使用 Excel 和 SPSS 进行描述性统计的过程，并对下列调查的 20 名男婴的出生体重（克）资料作描述性统计。

2 770，2 915，2 795，2 995，2 860，2 970，3 087，3 126，3 125，4 654，

2 272，3 503，3 418，3 921，2 669，4 218，3 707，2 310，2 573，3 881。

7. 简述利用 Excel 的 GEOMEAN 函数计算几何平均数的步骤。

8. 在某区域的 5 天内每天调查的候鸟数如下。

A 区：120　108　76　184　165

B 区：94　68　113　55　99

试根据以上资料，分别计算 A、B 两区候鸟数的全距和标准差。

9. 为了了解某县人工造林地面积分布，从统计报表上获得下表的资料。

| 分组序号 | 1 | 2 | 3 | 4 | 5 | 6 | 7 | 8 | 9 | 10 |
| --- | --- | --- | --- | --- | --- | --- | --- | --- | --- | --- |
| 分组标志 | (0,1] | (1,2] | (2,3] | (3,4] | (4,5] | (5,6] | (6,7] | (7,8] | (8,9] | (9,10] |
| 组中值 | 0.5 | 1.5 | 2.5 | 3.5 | 4.5 | 5.5 | 6.5 | 7.5 | 8.5 | 9.5 |
| 频数 | 3 | 2 | 5 | 7 | 10 | 8 | 6 | 4 | 4 | 2 |

经过进一步的查找，获得了上述报表中某一数据段的原始数据，通过从小到大排序，第 15 位至 36 位数依次如下：

| | | | | | | | | | | |
| --- | --- | --- | --- | --- | --- | --- | --- | --- | --- | --- |
| 3.41 | 3.50 | 3.85 | 4.12 | 4.20 | 4.27 | 4.30 | 4.52 | 4.55 | 4.71 | 4.73 |
| 4.85 | 5.00 | 5.22 | 5.34 | 5.36 | 5.57 | 5.59 | 5.61 | 5.83 | 5.87 | 6.22 |

请利用分组数据计算的中位数与原始数据得出的中位数是否有差异，并请阐述原因。

# 第三章　地理数据的统计推断

## 第一节　地理数据的常用概率分布

### 一、概率分布

描述统计量虽然可表示分布的特性，但如果能再用其他数值表示分布的形态则可以对分布作更进一步的了解。

在一个试验中，出现了变量 $\xi$，且对于这个变量的取值具有随机性，即取值依赖于试验的结果，这种变量称为随机变量。如考察来自某地理区域的环境污染数据，当某种化学元素的含量超过某一浓度时，我们记 $\xi=1$；不够某一浓度时记为 0。$\xi$ 是一个变量，其值随着试验的结果不同而取值 1 或 0。这样，在一定条件下受随机因素的影响而在试验结果中能取不同数值的量。随机变量既然是描述随机现象的，每次试验的结果，其取值不能事先确定，这是它偶然性的一面。但随机变量的变化是有一定规律的，它可以由随机事件的概率来刻画。

1. 地理数据随机变量

在空间分布和时间序列中表现出来的地理现象是一些随机现象，我们把这些现象数量化，用一个变量来描述，这个变量称地理数据随机变量。

如果随机变量分析能取的值为有限个或可列个，可以按一定次序一一列举出来，这种变量称离散型随机变量。如果随机变量 $x$，其可能取值为某范围内的任何数值，且 $x$ 在其取值范围内的任一区间中取值时，其概率是确定的，则称 $x$ 为连续型随机变量。

概率分布是借助函数、图表的形式，针对某些或一范围内随机变量的可能值求其概率。概率分布有离散型变量的概率分布和连续型变量的概率分布。

2. 地理数据的离散型分布

要了解离散型随机变量 $x$ 的统计规律，就必须知道它的一切可能值 $x_i$ 及取每种可能值的概率 $p_i$。

随机变量可以有不同的取值，即有一定的取值范围，并能确定相应的概率。设随机变量 $\xi$ 所可能取值是 $x_k(k=1,2\cdots)$，而 $p_k(k=1,2\cdots)$ 是 $\xi$ 取值 $x_k$ 时的概率，则

$$p(\xi=x_k)=p_k(k=1,2\cdots),$$

称为离散随机量 $\xi$ 的概率分布。

常用分布列来表示离散型随机变量：

$$\begin{bmatrix} x_1 & x_2 & \cdots & x_n & \cdots \\ p_1 & p_2 & \cdots & p_n & \cdots \end{bmatrix}。$$

显然离散型随机变量的概率分布具有 $p_i \geqslant 0$ 和 $\sum_{i=1}^{n} p_i = 1$ 两个基本性质。

**【例 3.1】** 一承包商对三项工程 $A$、$B$、$C$ 投标，三项工程每项中标的概率为 0.5，0.8，0.2。假若事件独立，求该承包商中标的工程总数的概率分布。

解：设该承包商中标的工程总数为 $\xi$，即随机变量 $\xi$ 的取值为 0、1、2、3，由其独立性可求得：

$p_0 = p(\xi = 0) = p(\overline{A}\overline{B}\overline{C}) = p(1-A)\,p(1-B)\,p(1-C) = (1-0.5)(1-0.8)(1-0.2) = 0.08$，

$p_1 = p(\xi = 1) = p(A\overline{B}\,\overline{C}) + p(\overline{A}B\overline{C}) + p(\overline{A}\,\overline{B}C) = 0.42$，

$p_2 = p(\xi = 2) = p(AB\overline{C}) + p(\overline{A}BC) + p(A\overline{B}C) = 0.42$，

$p_3 = p(\xi = 3) = p(ABC) = 0.08$。

所以 $\xi$ 的概率分布为表 3-1。

**表 3-1　概率分布表**

| $\xi$ | 0 | 1 | 2 | 3 |
|---|---|---|---|---|
| $p(\xi = x_i)$ | 0.08 | 0.42 | 0.42 | 0.08 |

3. 地理数据的连续型分布

连续型随机变量：在地理事物中，有的随机变量 $\xi$，其可能取的值可以是任意实数或连续地充满一个区间，这样的随机变量称连续型随机变量。

连续型随机变量 $\xi$ 的概率构成一条连续曲线 $y = f(x)$，称为概率分布密度函数，简称概率密度，且对任何 $\xi$，$f(x) \geqslant 0$。$F(x) = \int_{-\infty}^{x} f(x)\mathrm{d}x$ 称为分布函数，且 $\int_{-\infty}^{+\infty} f(x)\mathrm{d}x = 1$。

地理学中连续且随机变量最常见的是正态分布。

## 二、常用的理论分布

理论分布最常用的有二项分布、泊松分布、正态分布和伽马分布。

1. 二项分布

(1) 概率函数

$p(\xi = x) = C_n^x p^x q^{n-x}$，其中 $q = 1 - p$，记为 $\xi \sim b(n, p)$。

式中，$n$ 表示试验次数，$p$ 表示在一次试验中结果是成功的概率，$q$ 表示在一次试验中结果是失败的概率。

显然，二项分布是一种离散型随机变量的概率分布。参数 $n$ 称为离散参数，只能取正整

数;$p$ 是连续参数,它能取 0 与 1 之间的任何数值($q$ 由 $p$ 确定,故不是另一个独立参数)。

(2) 随机变量的特征数

$$E(\xi)=np,\sigma^2(\xi)=npq,S_k(\xi)=\frac{1-2p}{\sqrt{npq}},k(\xi)=\frac{1-6pq}{npq}$$

(3) 两个极限分布

① 当 $n$ 充分大,$np$ 非常小时,二项分布以泊松分布作为它的近似分布(应用于 $n\geqslant 50,np<5$ 时)。

② 当 $n$ 充分大,$np$ 与 $nq$ 都不很小时,二项分布以正态分布作为其近似分布。

**【例 3.2】** 在地图上将某区域分成大小相等的正方形,在该区内森林的发生假定为随机现象,亦即每一正方形内有森林的概率相等,并假定任一正方形的特性与其他正方形的特性互为独立,假定任一正方块上有森林的概率 $p$ 为0.7,即无森林之概率 $q=1-p=0.3$。现在假定从 135 个正方块系进行随机选择,能选取森林 92 块的概率为多少?至多选取 92 块的概率(选取 0—92 的所有概率累加)为多少?

**软件运算指导 3.1——利用 Excel 的 BINOMDIST 函数计算二项分布函数**

1. 打开 Excel 的“插入”菜单,选择“函数”选项,打开“粘贴函数”对话框。

2. 在“函数分类”列表中选择“统计”,在“函数名”列表中选择二项分布函数 BINOMDIST,单击“确定”按钮,打开二项分布函数对话框。

3. 把成功次数(Number _ s)、试验次数(Trials)、成功概率(Probability)分别填入各自对话框中,并在“Cumulative”中输入“0”或“1”分别表示概率密度函数和累计分布函数。

4. 按“确定”按钮。

2. 泊松分布

泊松分布是一种可以用来描述和分析随机发生在单位空间或时间里的稀有事件的概率分布。当事件出现的概率很小,而样本数或试验次数很大,即有很小的 $p$ 值和很大的 $n$ 值,这时的二项分布就变成了另外一种特殊的分布,即泊松(Poisson)分布。

(1) 概率函数

$$p(\xi=x)=\frac{\lambda^x e^{-\lambda}}{x!},\text{记作 }\xi\sim p(\lambda)$$

(2) 特征数

$$E(\xi)=\lambda,\sigma^2(\xi)=\lambda,S_k(\xi)=\frac{1}{\sqrt{\lambda}},k(\xi)=\frac{1}{\lambda}$$

**【例 3.3】** 对于例 3.2,假定在荒漠地区,有森林的概率 $p$ 为 0.005。现在假定从 135 个正方块系进行随机选择,能选取森林 5 块的概率为多少?至多选取 5 块的概率(选取 0—5 的所有概率累加)为多少?

在计算之前,首先要算出参数 $\lambda$,也即平均数,$\lambda=np=0.005\times 135=0.675$。

**软件运算指导 3.2——利用 Excel 的 POISSON 函数计算泊松分布函数**

1. 打开 Excel 的“插入”菜单，选择“函数”选项，打开“粘贴函数”对话框。

2. 在“函数分类”列表中选择“统计”，在“函数名”列表中选择泊松分布函数 POISSON，单击“确定”按钮，打开泊松分布函数对话框。

3. 把试验次数($x$)、平均数(Mean)分别填入各自对话框中，并在“Cumulative”中输入“0”或“1”分别表示概率密度函数和累计分布函数。

4. 按“确定”按钮。

3. 正态分布

正态分布是一种很重要的连续型随机变量的概率分布。地理现象中有许多变量是服从或近似服从正态分布的，许多统计分析方法都是以正态分布为基础的。此外，还有不少随机变量的概率分布在一定条件下以正态分布为其极限分布。因此在统计学中，正态分布无论在理论研究上还是实际应用中，均占有重要的地位。

(1) 概率密度函数

$$f(x)=\frac{1}{\delta\sqrt{2\pi}}\mathrm{e}^{-\frac{(x-\mu)^2}{2\delta^2}}，记作\ \xi\sim N(\mu,\delta^2)$$

标准正态分布

$$f(x)=\frac{1}{\sqrt{2\pi}}\mathrm{e}^{-\frac{x^2}{2}}，记作\ \xi\sim N(0,1)$$

(2) 特征数(遵从正态分布的随机变量的特征数)

$E(\xi)=\mu$，其中标准正态分布 $E(\xi)=0$。

$\sigma^2(\xi)=\delta^2$，其中标准正态分布 $\sigma^2(\xi)=1$。

$S_k(\xi)=0$，其中标准正态分布 $S_k(\xi)=0$。

$k(\xi)=0$，其中标准正态分布 $k(\xi)=0$。

(3) 正态分布的分布函数

$$F(x)=\int_{-\infty}^{x}\frac{1}{\delta\sqrt{2\pi}}\mathrm{e}^{-\frac{(x-\mu)^2}{2\delta^2}}\mathrm{d}x$$

即为正态分布概率函数的累计频率曲线。

(4) 正态分布的分布函数的计算

正态分布密度曲线和横轴围成的一个区域，其面积为 1，这实际上表明了“随机变量 $x$ 取值在 $-\infty$ 与 $+\infty$ 之间”是一个必然事件，其概率为 1。若随机变量 $x$ 服从正态分布 $N(\mu,\sigma^2)$，则 $x$ 的取值落在任意区间$[x_1,x_2]$的概率，记作 $P(x_1\leqslant x\leqslant x_2)$，等于图 3-1 中阴影部分曲边梯形面积。即：

$$P(x_1 \leqslant x \leqslant x_2) = \frac{1}{\sigma\sqrt{2\pi}}\int_{x_1}^{x_2} e^{-\frac{(x-\mu)^2}{2\sigma^2}} dx。$$

对上式作变换 $u=(x-\mu)/\sigma$，得 $dx=\sigma du$，故有

$$\begin{aligned}P(x_1 \leqslant u \leqslant x_2) &= \frac{1}{\sigma\sqrt{2\pi}}\int_{x_1}^{x_2} e^{-\frac{(x-\mu)^2}{2\sigma^2}} dx \\ &= \frac{1}{\sigma\sqrt{2\pi}}\int_{(x_1-\mu)/\sigma}^{(x_2-\mu)/\sigma} e^{-\frac{1}{2}u^2}\sigma du \\ &= \frac{1}{\sqrt{2\pi}}\int_{u_1}^{u_2} e^{-\frac{1}{2}u^2} du \\ &= \Phi(u_2) - \Phi(u_1)。\end{aligned}$$

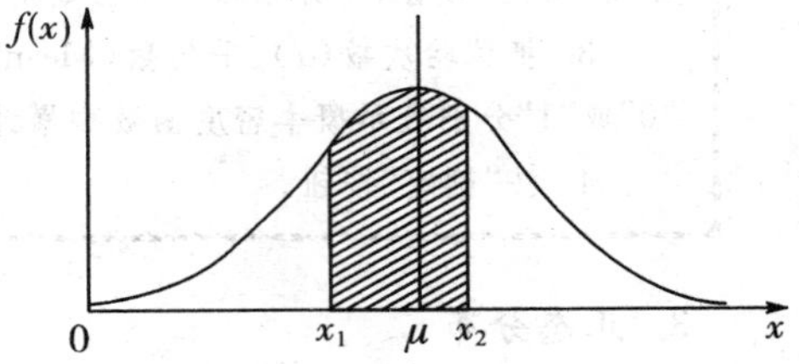

图 3-1　正态分布的概率

其中，$u_1 = \dfrac{x_1-\mu}{\sigma}$，$u_2 = \dfrac{x_2-\mu}{\sigma}$。

这表明服从正态分布 $N(\mu,\sigma^2)$ 的随机变量 $x$ 在 $[x_1, x_2]$ 内取值的概率等于服从标准正态分布的随机变量 $u$ 在 $[(x_1-\mu)/\sigma,\ (x_2-\mu)/\sigma]$ 内取值的概率。因此，计算一般正态分布概率时，只要将区间的上下限作适当变换（标准化），就可用查标准正态分布概率表的方法求得概率了。

**【例 3.4】** 设 $x$ 服从 $\mu=30.26$，$\sigma^2=5.10^2$ 的正态分布，试求 $P(21.64\leqslant x\leqslant 32.98)$。

**解**：令 $u=\dfrac{x-30.26}{5.10}$，则 $u$ 服从标准正态分布，故

$$\begin{aligned}&P(21.64 \leqslant x \leqslant 32.98) \\ &= P\left(\frac{21.64-30.26}{5.10} \leqslant \frac{x-30.26}{5.10} \leqslant \frac{32.98-30.26}{5.10}\right) \\ &= P(-1.69 \leqslant u \leqslant 0.53) \\ &= \Phi(0.53) - \Phi(-1.69) \\ &= 0.7019 - 0.04551 \\ &= 0.6564。\end{aligned}$$

关于一般正态分布，以下几个概率（即随机变量 $x$ 落在 $\mu$ 加减不同倍数 $\sigma$ 区间的概率）是经常用到的。

$$P(\mu-\sigma \leqslant x \leqslant \mu+\sigma) = 0.6826$$

$$P(\mu-2\sigma \leqslant x \leqslant \mu+2\sigma) = 0.9545$$

$$P(\mu-3\sigma \leqslant x \leqslant \mu+3\sigma) = 0.9973$$

$$P(\mu-1.96\sigma \leqslant x \leqslant \mu+1.96\sigma) = 0.95$$

$$P(\mu-2.58\sigma \leqslant x \leqslant \mu+2.58\sigma) = 0.99$$

**【例 3.5】** 某班计量地理考试成绩的平均成绩为 80 分，服从标准差为 8 的正态分布，则成绩在 70 分至 90 分之间的概率是多少？

**软件运算指导 3.3——利用 Excel 的 NORMDIST 函数计算正态分布函数**

1. 打开 Excel 的“插入”菜单，选择“函数”选项，打开“粘贴函数”对话框。

2. 在“函数分类”列表中选择“统计”，在“函数名”列表中选择正态分布函数 NORMDIST，单击“确定”按钮，打开正态分布函数对话框。

3. 把函数分布区间(X)、算术平均(Mean)、标准方差(Standard _ dev)分别填入各自对话框中，并在“Cumulative”中输入“0”或“1”分别表示概率密度函数和累计分布函数。

4. 按“确定”按钮。

4. 伽马分布(Γ—分布)

概率分布密度函数：

$$\rho(x)=\begin{cases}\dfrac{x^{\alpha-1}e^{-x/\beta}}{\beta^{\alpha}\Gamma(x)} & (x>0)\\ 0 & (x\leqslant 0)\end{cases}，记为 \xi\sim\Gamma(\beta,\alpha)。$$

其中，

$$\Gamma(x)=\int_0^{+\infty}x^{\alpha-1}e^{-x}dx,$$

$\alpha>0,\beta>0$，且皆为常数。

分布特征数：平均数 $\mu=\alpha\beta$，方差 $\delta^2=\alpha\beta^2$。

**软件运算指导 3.4——利用 Excel 的 GAMMADIST 函数计算伽马分布函数**

1. 打开 Excel 的“插入”菜单，选择“函数”选项，打开“粘贴函数”对话框。

2. 在“函数分类”列表中选择“统计”，在“函数名”列表中选择伽马分布函数 GAMMADIST，单击“确定”按钮，打开伽马分布函数对话框。

3. 把区间点(X)、$\alpha$ 参数(Alpha)、$\beta$ 参数(Beta)分别填入各自对话框中，并在“Cumulative”中输入“0”或“1”分别表示概率密度函数和累计分布函数。

4. 按“确定”按钮。

# 第二节　抽样与估计

地理系统中地理要素多，系统复杂，一般采用抽样的地理调查方法。

## 一、总体与样本

1. 总体

总体也叫母体，它是所要认识对象的全体，是准备加以观测的一个满足指定条件的地理要素的集合。组成总体的每个个体叫做总体单元或单位。

总体可以是有限的，也可以是无限的。如果总体中所包含个体的数目为有限多个，则该总体就是有限总体，反之是无限总体。总体也可区分成计量总体（由测量值组成的）和计数总体（由品质特征组成的）。

在抽样以前，必须根据实际情况把总体划分成若干个互不重叠并且能组合成总体的部分，每个部分称为一个抽样单元。不论总体是否有限，总体中的抽样单元数一定是有限的，而且是已知的，因此说抽样调查的总体总是有限的。抽样单元又有大小之分，一个大的抽样单元可以分成若干个小的抽样单元，最小的抽样单元就是每一个个体。如一项全国性的调查，如果把省作为一级单元，则可以把县作为二级单元，乡作为三级单元，村作为四级单元等等。又如在流动人口抽样中，可以以居委会作为抽样单元，而在家计调查中，则以户为抽样单元。

总体应具备同质性、大量性和差异性的特征。在抽样调查中，通常将反映总体数量特征的综合指标称为总体参数。常见的总体参数主要有：

（1）总体总和 $Y$：$Y=\sum_{i=1}^{n}y_i=y_1+y_2+\cdots+y_n$。

（2）总体均值 $\bar{Y}$：$\bar{Y}=Y/n=\frac{\sum y_i}{n}$。

（3）总体比率 $R$：是总体中两个不同指标的总和或均值的比值，$R=\frac{Y}{X}=\frac{\bar{Y}}{\bar{X}}$。

（4）总体比例 $P$：是总体中具有某种特性的单元数目所占比重，$P=\frac{n_1}{n}$。

2. 样本

样本是由从总体中所抽选出来的若干个抽样单元组成的集合体。抽样前，样本是一个 $n$ 维随机变量，属样本空间；抽样后，样本是一个 $n$ 元数组，是样本空间的一个点。

样本是总体的缩影，是总体的代表。抽样的效果好不好，依赖于样本对总体是否有充分的代表性。样本的代表性愈强，用样本指标对总体全面特征的推断就愈精确，即推断的误差就愈小；反之，如果样本的代表性愈弱，推断的误差就愈大，推断结果就愈不可靠。

样本具有的性质：① 独立性；② 同分布性。

3. 样本容量

样本中包含的抽样单元个数称为样本容量，又称样本含量或样本大小。总体中所含抽样单元个数称为总体容量，样本容量与总体容量之比为抽样比，用 $f$ 表示，即 $f=\frac{n}{N}$。必要样本量则是能够满足估计精度要求的最少样本量。

4. 抽样

抽样是从总体中抽出部分个体的过程。其基本要求是要保证所抽取的样本单位对全部样品具有充分的代表性。抽样的目的是从被抽取样本单位的分析、研究结果来估计和推断全部样本特性，是地理系统研究普遍采用的一种研究方法。

## 二、地理系统中常用的抽样方法

1. 随机抽样

总体中任何一个元素都有同等被选到的可能性,并且每选一个样本并不影响选择另一个样本。也就是说:每个样本之间都是独立的,被抽到的机会是同等可能性。

2. 系统抽样

系统抽样又称机械抽样,是根据有规则的空间间隔选择总体的样本的。由于随机抽样位置确定难度大,即一般采用系统抽样代替随机抽样,因系统抽样中样本均匀分布在总体中。

3. 分层抽样

将总体划分为许多子集,再从每个子集中取出独立的样本,如把总体分成 $N$ 个子集,在每个子集内随机抽样 $n_1, n_2, \cdots, n_N$ 个样本组成新样本。

4. 阶梯抽样法

阶梯抽样法是将总体划分为许多子集,我们从中抽取一定数量的子集,再将抽样子集划分为许多小单元进行抽取的方法。

两阶抽样:把一个总体分成 $N$ 个单元(称一阶单元),把每个初级单元划分为 $M$ 个单元(二阶单元),从 $N$ 个一阶单元随机抽取 $n$ 个,再从被抽中的每个一阶单元随机抽取 $m$ 个,组成样本。

## 三、抽样分布

标准的统计问题为:总体未知,故需从总体中抽取一个较小的、花费不多的随机样本,然后构造样本统计量,并以其估计总体。问题是用样本指标估计总体指标的可靠程度如何? 为此要研究样本统计量的抽样分布。

假定某一总体,我们从其中抽取样本,计算出不同的 $\bar{x}$ 和 $s$ 值,这种样本数据构建样本统计量的分布遵从某种概率函数,这种概率函数称抽样分布。

1. 抽样分布中的规律

根据中心极限原理,当抽样样本单元充分大时(一般定为 $n \geqslant 50$),不论总体的分布如何,样本平均数的分布都趋于正态分布。

因此,在抽样中,如果预先不了解总体分布情况,一般采用大样本估计,其统计量大;若抽样取样本单元少,就应采用小样本估计(一般遵从 $t$ 分布),但这个分布的前提是总体分布必须为正态分布。

2. 常见的几种重要的抽样分布

(1) $\chi^2$ 分布(卡方分布)

我们已经知道标准正态离差 $u = \dfrac{x-\mu}{\delta}$ 是服从 $N(0,1)$ 的。假设从标准正态总体中抽取样本数为 $n$ 的独立样本 $u_1{}^2, u_2{}^2, u_3{}^2, \cdots, u_n{}^2$,则定义它们的和为 $\chi^2$,即

$$u_1{}^2+u_2{}^2+u_3{}^2+\cdots+u_n{}^2=\sum_{i=1}^{n}u_i{}^2=\sum_{i=1}^{n}(\frac{x-\mu}{\delta})^2。$$

式中，$\chi^2$ 具有自由度 $df=n$。

$\chi^2$ 分布概率密度为：

$$p_n^2(x)=\begin{cases}\dfrac{x^{\frac{n}{2}-1}}{2^{\frac{n}{2}}\Gamma\left(\dfrac{n}{2}\right)e^{\frac{x}{2}}} & (x>0)\\ 0 & (x\leqslant 0)\end{cases}，记作 \xi\sim\chi^2(n)。$$

$\chi^2$ 分布具有如下重要性质：

① 如果 $\xi\sim N(0,1)$，即 $\xi\sim\chi^2(1)$，则 $n\xi^2\sim\chi^2(n)$。

② 如果 $\xi_1^2\sim\chi^2(n_1)$，$\xi_2^2\sim\chi^2(n_2)$，则 $\xi^2=\xi_1^2\pm\xi_2^2\sim\chi^2(n_1\pm n_2)$。

**软件运算指导 3.5——利用 Excel 的 CHIDIST 函数计算 $\chi^2$ 分布的单尾概率**

1. 打开 Excel 的“插入”菜单，选择“函数”选项，打开“粘贴函数”对话框。
2. 在“函数分类”列表中选择“统计”，在“函数名”列表中选择 $\chi^2$ 分布函数 CHIDIST，单击“确定”按钮，打开 $\chi^2$ 分布函数对话框。
3. 根据题意，分别输入 $\chi^2$ 分布的单尾概率数值($x$)，自由度(Deg _ freedom)。
4. 按“确定”按钮。

(2) $t$ 分布(学生氏 $t$ 分布)

$t$ 分布是英国统计学家 Gusset 于 1908 年以笔名“Student”所发表的论文提出的，因此称学生氏 $t$ 分布，简称 $t$ 分布。分布的概率密度函数为

$$\rho_t(x)=\frac{\Gamma\left(\dfrac{n+1}{2}\right)}{\sqrt{n\pi}\,\Gamma\left(\dfrac{n}{2}\right)}\left(\frac{x^2}{n}+1\right)^{-\frac{n+1}{2}}\quad(-\infty<x<\infty)。$$

$t$ 分布具有以下重要性质：

① 如果 $\xi_1$ 和 $\xi_2$ 相互独立，并且 $\xi_1$ 遵从正态分布，$\xi_2$ 遵从 $\chi^2(n)$，则 $\xi=\dfrac{\xi_1}{\sqrt{\xi_2{}^2/n}}$ 遵从自由度为 $n$ 的 $t$ 分布的随机变量。

$$\xi_1\sim N(0,1),\xi_2\sim\chi^2(n),\xi=\frac{\xi_1}{\sqrt{\zeta_2^2/n}}\sim t(n)。$$

② 当 $n\to\infty$ 时， $\rho_t(x)\to\dfrac{1}{\sqrt{2\pi}}e^{-x/2}$。

一般当 $n\geqslant 50$ 时，可用 $N(0,1)$ 代替 $\rho_t(x)$。

**软件运算指导 3.6——利用 Excel 的 TDIST 函数计算学生氏 $t$ 分布的概率**

1. 打开 Excel 的"插入"菜单，选择"函数"选项，打开"粘贴函数"对话框。

2. 在"函数分类"列表中选择"统计"，在"函数名"列表中选择 $t$ 分布函数 TDIST，单击"确定"按钮，打开学生氏 $t$ 分布函数对话框。

3. 根据题意，分别输入 $t$ 分布的数值($X$)、自由度(Deg _ freedom)、分布函数的形式(单边或双边)(Tails，即 1 或 2)。

4. 按"确定"按钮。

(3) $F$ 分布

设从一正态总体 $N(\mu,\sigma^2)$ 中，或者从两个方差相同的正态总体中随机抽取样本容量为 $n_1$ 和 $n_2$ 的两个独立样本，其样本方差为 $S_1^2$ 和 $S_2^2$，则定义 $S_1^2$ 和 $S_2^2$ 的比值为 $F$：

$$F=\frac{S_1^2}{S_2^2}。$$

此 $F$ 值的分布是 $F$ 分布，$S_1^2$ 的自由度 $\mathrm{d}f_1=n_1-1$ 和 $S_2^2$ 的自由度 $\mathrm{d}f_2=n_2-1$。

$F$ 分布的概率密度函数为：

$$\rho_F(x)=\begin{cases}\left(\dfrac{n_1}{n_2}\right)^{\frac{n_1}{2}}\cdot\dfrac{\Gamma\left(\dfrac{n_1+n_2}{2}\right)}{\Gamma\left(\dfrac{n_1}{2}\right)\Gamma\left(\dfrac{n_2}{2}\right)}\cdot\dfrac{x^{\frac{n_1}{2}-1}}{\left(1+\dfrac{n_1}{n_2}x\right)^{\frac{n_1+n_2}{2}}} & (x>0),\\ 0 & (x\leqslant 0)。\end{cases}$$

$F$ 分布有如下重要性质：

如果 $\xi_1$ 和 $\xi_2$ 独立，且 $\xi_1\sim\chi^2(n_1)$，$\xi_2\sim\chi^2(n_2)$，则 $\xi=\dfrac{\xi_1/n_1}{\xi_2/n_2}\sim F(n_1,n_2)$($n_1$ 为第一自由度，$n_2$ 为第二自由度)。

**软件运算指导 3.7——利用 Excel 的 FDIST 函数计算 $F$ 分布的概率**

1. 打开 Excel 的"插入"菜单，选择"函数"选项，打开"粘贴函数"对话框。

2. 在"函数分类"列表中选择"统计"，在"函数名"列表中选择 $F$ 概率分布函数 FDIST，单击"确定"按钮，打开 $F$ 概率分布函数对话框。

3. 根据题意，分别输入 $F$ 分布的区间点($X$)、自由度 1(Deg _ freedom 1)、自由度 2(Deg _ freedom 2)。

4. 按"确定"按钮。

3. 正态总体统计量的分布

数理统计中统计量的标准差叫标准误，即估计值与被估计参数之间误差的标准单位，记为 $\delta(\bar{x})$。

参数估计中，

$$E(\bar{x})=\bar{x},$$

重复抽样下，

$$\delta^2(\bar{x})=\frac{\delta_x^2}{n},E(\delta^2)=E\left(\frac{nS^2}{n-1}\right)。$$

方差和数值的重要性质：

① $E(\xi_1\pm\xi_2)=E(\xi_1)\pm E(\xi_2)$；

② $E(\xi_1\cdot\xi_2)=E(\xi_1)E(\xi_2)$（$\xi_1,\xi_2$ 独立）；

③ $\delta^2(c)=0$；

④ $\delta^2(c\xi)=c^2\delta^2(\xi)$；

⑤ 如果 $\xi_1,\xi_2$ 独立，$\delta^2(\xi_1\pm\xi_2)=\delta^2(\xi_1)\pm\delta^2(\xi_2)$；

⑥ 如果 $\xi_1,\xi_2\cdots,\xi_n$ 相互独立，且 $\xi_i\sim N(\mu,\delta^2)$，则 $\bar{\xi}\sim N\left(\mu,\frac{\delta^2}{n}\right)$。

由 $E(x_i)=\bar{x},\delta^2(x_i)=\delta_x^2$ 可证明 $E(\bar{x}_i)=\bar{x},\delta^2(\bar{x}_i)=\delta_x{}^2/n$。

根据上述知识可推出下列正态总体统计量分布。

(1) 设$(x_1,x_2,\cdots,x_n)$是总体$\xi\sim N(\mu,\delta^2)$的样本，$\bar{x}$是样本均值，则有$\bar{x}\sim N(\mu,\delta^2/n)$，即$\frac{\bar{x}-\mu}{\delta/\sqrt{n}}\sim N(0,1)$。

(2) 设$(x_1,x_2,\cdots,x_n)$是总体$\xi\sim N(\mu,\delta^2)$的样本，$\bar{x}$是样本均值，$S^2$是样本方差，则有① $\bar{x}$ 和 $S^2$ 相互独立；② $\frac{nS^2}{\delta^2}\sim\chi^2(n-1)$。

证明：根据在重复抽样情况下，样本方差

$$S^2=\frac{1}{n}\sum_{i=1}^{n}(x_i-\bar{x})^2=\frac{1}{n}\sum_{i=1}^{n}[(x_i-\mu)-(\bar{x}-\mu)]^2$$
$$=\frac{1}{n}\sum_{i=1}^{n}(x_i-\mu)^2-(\bar{x}-\mu)^2,$$

即
$$\frac{nS^2}{\delta^2}=\frac{n\left[\frac{1}{n}\sum_{i=1}^{n}(x_i-\mu)^2-(\bar{x}-\mu)^2\right]}{\delta^2}$$
$$=\sum_{i=1}^{n}\left(\frac{x_i-\mu}{\delta^2}\right)^2-\left(\frac{\bar{x}-\mu}{\delta/\sqrt{n}}\right)^2。$$

因为
$$\frac{x_i-\mu}{\delta}\sim \mathrm{N}(0,1)\Rightarrow\left(\frac{x_i-\mu}{\delta}\right)^2\sim\chi^2(1),$$

所以
$$\sum_{i=1}^{n}\left(\frac{x_i-\mu}{\delta}\right)^2\sim\chi^2(n),$$
$$\left(\frac{\bar{x}-\mu}{\delta/\sqrt{n}}\right)^2\sim\chi^2(1),$$

即 $$\frac{nS^2}{\delta^2} \sim \chi^2(n-1)。$$

(3) 设$(x_1, x_2, \cdots, x_n)$是总体$\xi \sim N(\mu, \delta^2)$的样本，$\bar{x}$是样本均值，$S^2$是样本方差，$S^*$是修正样本标准差，则有$\dfrac{\bar{x}-\mu}{S^*/\sqrt{n}} \sim t(n-1)$。

证明：

由$\dfrac{\bar{x}-\mu}{\delta/\sqrt{n}} \sim N(0,1)$和$\dfrac{nS^2}{\delta^2} \sim \chi^2(n-1)$，$\bar{x}$和$S^2$相互独立，$\dfrac{\bar{x}-\mu}{\delta/\sqrt{n}}$和$\dfrac{nS^2}{\delta^2}$相互独立，即

由$t$分布定义 $$\frac{\left(\dfrac{\bar{x}-\mu}{\delta/\sqrt{n}}\right)}{\sqrt{\dfrac{nS^2}{\delta^2}/(n-1)}} = \frac{\bar{x}-\mu}{S^*/\sqrt{n}} \sim t(n-1)。$$

(4) 设$(x_1, x_2, \cdots, x_n)$是总体$\xi \sim N(\mu_1, \delta_x{}^2)$的样本，$(y_1, y_2, \cdots, y_n)$是总体$\eta \sim N(\mu_2, \delta_y{}^2)$的样本，两个样本相互独立，$\bar{x}$和$\bar{y}$分别是$\xi$，$\eta$的样本均值，则有：

$$\frac{(\bar{x}-\bar{y})-(\mu_1-\mu_2)}{\sqrt{\dfrac{\delta_x^2}{n_1}+\dfrac{\delta_y^2}{n_2}}} \sim N(0,1)。$$

证明：由于抽取的为大样本，而由中心极限原理有：

$$\bar{x} \sim N(\mu_1, S_x^2) \Rightarrow \bar{x} \sim N\left(\mu_1, \frac{\delta_x^2}{n_1}\right),$$

$$\bar{y} \sim N(\mu_2, S_y^2) \Rightarrow \bar{y} \sim N\left(\mu_2, \frac{\delta_y^2}{n_2}\right),$$

即 $$\bar{x}-\bar{y} \sim N\left(\mu_1-\mu_2, \frac{\delta_x^2}{n_1}+\frac{\delta_y^2}{n_2}\right)。$$

在独立条件下得到：$\dfrac{\bar{x}-\bar{y}-(\mu_1-\mu_2)}{\sqrt{\dfrac{\delta_x^2}{n_1}+\dfrac{\delta_y^2}{n_2}}} \sim N(0,1)$。

(5) 设$(x_1, x_2, \cdots, x_{n_1})$是总体$\xi \sim N(\mu_1, \delta_1{}^2)$的样本，$(y_1, y_2, \cdots, y_{n_2})$是总体$\eta \sim N(\mu_2, \delta_2{}^2)$的样本，其中$\delta_1=\delta_2$，两个样本相互独立，$\bar{x}$和$\bar{y}$是$\xi$，$\eta$的样本均值，$S_x{}^2$和$S_y{}^2$是$\xi$，$\eta$的样本方差，则有：$\dfrac{(\bar{x}-\bar{y})-(\mu_1-\mu_2)}{S_w\sqrt{\dfrac{1}{n_1}+\dfrac{1}{n_2}}} \sim t(n_1+n_2-2)$，其中$S_w=\sqrt{\dfrac{n_1S_x^2+n_2S_y^2}{n_1+n_2-2}}$。

证明：

由$\delta_1=\delta_2=\delta$及 $$\frac{\bar{x}-\bar{y}-(\mu_1-\mu_2)}{\sqrt{\dfrac{\delta_x^2}{n_1}+\dfrac{\delta_y^2}{n_2}}} \sim N(0,1),$$

推导出 $$\xi_1=\frac{(\bar{x}-\bar{y})-(u_1-u_2)}{\delta\sqrt{\frac{1}{n_1}+\frac{1}{n_2}}}\sim N(0,1)。$$

又由 $$\xi_{21}=\frac{n_1S_1^2}{\delta^2}\sim\chi^2(n_1-1),\xi_{22}=\frac{n_2S_2^2}{\delta^2}\sim\chi^2(n_2-1),$$

得 $$\xi_2=\xi_{21}+\xi_{21}=\frac{n_1S_1^2}{\delta_2}+\frac{n_2S_2^2}{\delta_2}\sim\chi^2(n_1+n_2-2)。$$

由 $\xi_1,\xi_2$ 统计量可推导：

$$t=\frac{\xi_1}{\sqrt{\xi_2/(n_1+n_2-2)}}\sim t(n_1+n_2-2),$$

$$t=\frac{\xi_1}{\sqrt{\xi_2/(n_1+n_2-2)}}=\frac{\dfrac{(\bar{x}-\bar{y})-(u_1-u_2)}{\delta\sqrt{\frac{1}{n_1}+\frac{1}{n_2}}}}{\dfrac{\sqrt{n_1S_1^2+n_2S_2^2}}{\delta\sqrt{(n_1+n_2-2)}}}=\frac{(\bar{x}-\bar{y})-(u_1-u_2)}{\sqrt{\dfrac{n_1S_1^2+n_2S_2^2}{n_1+n_2-2}\left(\dfrac{1}{n_1}+\dfrac{1}{n_2}\right)}}$$

(6) 设$(x_1, x_2, \cdots, x_n)$是总体$\xi\sim N(\mu_1,\delta_1{}^2)$的样本，$(y_1, y_2, \cdots, y_n)$是总体$\eta\sim N(\mu_2,\delta_2{}^2)$的样本，两个样本相互独立，$\bar{x}$和$\bar{y}$是$\xi,\eta$的样本均值，$S_1^{*2}$和$S_2^{*2}$是$\xi,\eta$的修正样本方差，则有：$\dfrac{S_1^{*2}/\delta_1^2}{S_2^{*2}/\delta_2^2}\sim F(n_1-1,n_2-1)$。

证明： $$x_1\sim N(\mu_1,\delta_1^2)\Rightarrow\frac{x_1-\mu_1}{\delta_1}\sim N(0,1)$$

$$x_2\sim N(\mu_2,\delta_2^2)\Rightarrow\frac{x_2-\mu_2}{\delta_2}\sim N(0,1)$$

设 $\xi_1=\dfrac{n_1S_1^2}{\delta_1^2},\xi_2=\dfrac{n_2S_2^2}{\delta_2^2}$（其中 $S_1,S_2$ 为样本标准差）。

推导出

$$\begin{cases}\xi_1\sim\chi^2(n_1-1),\\ \xi_2\sim\chi^2(n_2-1)。\end{cases}$$

那么由定理 $\xi=\dfrac{\xi_1/(n_1-1)}{\xi_2/(n_2-1)}\sim F(n_1-1,n_2-1)$，得

$$\xi=\frac{\xi_1/(n_1-1)}{\xi_2/(n_2-1)}=\frac{\dfrac{n_1S_1^2}{\delta_1^2(n_1-1)}}{\dfrac{n_2S_2^2}{\delta_2(n_2-1)}}=\frac{\dfrac{n_1S_1^2}{n_1-1}}{\dfrac{n_2S_2^2}{n_2-1}}\cdot\frac{\delta_2^2}{\delta_1^2}$$

$$=\frac{S'^2_1}{S'^2_2}\cdot\frac{\delta_2^2}{\delta_1^2}\sim F(n_1-1,n_2-1)。$$

# 第三节　统计假设检验

## 一、一般概念

假设检验是数理统计学中根据一定假设条件由样本推断总体的一种方法。假设检验亦称“显著性检验(test of statistical significance)”,是用来判断样本与样本、样本与总体的差异是由抽样误差引起还是本质差别造成的统计推断方法。其基本原理是先对总体的特征作出某种假设,然后通过抽样研究的统计推理,对此假设应该被拒绝还是接受作出推断。地理现象的个体差异是客观存在的,以致抽样误差不可避免,所以我们不能仅凭个别样本的值来下结论。当遇到两个或几个样本均数、样本均数与已知总体均数有大有小时,应当考虑到造成这种差别的原因有两种可能:一是这两个或几个样本均数来自同一总体,其差别仅仅由于抽样误差即偶然性所造成;二是这两个或几个样本均数来自不同的总体,即其差别不是由抽样误差造成的,而主要是由实验因素不同所引起的。假设检验的目的就在于排除抽样误差的影响,区分差别在统计上是否成立,并了解事件发生的概率。

1. 假设检验的意义

假设检验是抽样推断中的一项重要内容。它是根据原资料作出一个总体指标是否等于某一个数值,某一随机变量是否服从某种概率分布的假设,然后利用样本资料采用一定的统计方法计算出有关检验的统计量,依据一定的概率原则,以较小的风险来判断估计数值与总体数值(或者估计分布与实际分布)是否存在显著差异,是否应当接受原假设选择的一种检验方法。

用样本指标估计总体指标,其结论有的完全可靠,有的只有不同程度的可靠性,需要进一步加以检验和证实。通过检验,对样本指标与假设的总体指标之间是否存在差别作出判断,是否接受原假设。这里必须明确,进行检验的目的不是怀疑样本指标本身是否计算正确,而是为了分析样本指标和总体指标之间是否存在显著差异。

2. 假设检验的基本思想

假设检验的基本思想是小概率原理的反证法思想。

概率很小的事件在一次试验中几乎不至于发生的,如果根据一定的假设条件正确地计算出某事件发生概率很小,现在一次试验中竟然发生了(即现在计算出的刚好落在概率范围内),则我们可以认为假设条件不正确而将其推翻。

假设检验就是根据总体的理论分布和小概率原理,对未知或不完全知道的总体提出两种彼此对立的假设,然后由样本的实际结果,经过一定的计算,作出在一定概率意义上应该接受的那种假设的推断。如果抽样结果使小概率发生,则拒绝假设。如抽样结果没有使小概率发生,则接受假设。在计量地理学中,我们一般认为小于 0.05 或 0.10 的概率为小概率。通过假设检验,可以正确分析处理效应和随机误差,作出可取的结论。

3. 统计假设检验的一般步骤

(1) 对样本所属总体提出无效假设 $H_0$或备择 Ha。

(2) 确定检验的显著水平。

(3) 选取适合的统计量，这个统计量选到要使在假设 $H_0$成立时，其分布为已知，即遵从某种抽样分布。

(4) 根据实测样本，计算出统计量的值。若该值果真在已定范围内取值，根据小概率原理，推翻假设 $H_0$；反之，若该统计量的具体值不在已定的范围内取值，则不能推翻假设 $H_0$。

## 二、两个地理事件或要素的方差比较

在数理统计上为"方差齐性检验"，即"两总体方差差异性检验"。由于在进行样本均值检验的一个前提是总体方差均等还是不等，因此有必要进行等方差检验。

1. 引入问题

设有两个地理事件或要素，其样本分别为 $x_1, x_2, \cdots, x_{n_1}$ 与 $y_1, y_2, \cdots, y_{n_2}$，它们相互独立地取自正态总体 $N(\mu_1, \delta_1^2)$及 $N(\mu_2, \delta_2^2)$，其中 $\mu_1, \mu_2$未知，需要检验假设 $H_0: \delta_1^2 = \delta_2^2$ 是否成立。

2. 构建统计量

由题意有： $$x_1 \sim N(\mu_1, \delta_1^2) \Rightarrow \frac{x_1 - \mu_1}{\delta_1} \sim N(0,1);$$

$$x_2 \sim N(\mu_2, \delta_2^2) \Rightarrow \frac{x_2 - \mu_2}{\delta_2} \sim N(0,1)。$$

设 $\xi_1 = \frac{n_1 S_1^2}{\delta_1^2}, \xi_2 = \frac{n_2 S_2^2}{\delta_2^2}$（其中 $S_1, S_2$ 为样本标准差），

推导出 $$\begin{cases} \xi_1 \sim \chi^2(n_1 - 1), \\ \xi_2 \sim \chi^2(n_2 - 1)。\end{cases}$$

那么由定理 $$\xi = \frac{\xi_1/(n_1 - 1)}{\xi_2/(n_2 - 1)} \sim F(n_1 - 1, n_2 - 1),$$

可有 $$\xi = \frac{\xi_1/(n_1 - 1)}{\xi_2/(n_2 - 1)} = \frac{\dfrac{n_1 S_1^2}{\delta_1^2(n_1 - 1)}}{\dfrac{n_2 S_2^2}{\delta_2(n_2 - 1)}} = \frac{\dfrac{n_1 S_1^2}{n_1 - 1}}{\dfrac{n_2 S_2^2}{n_2 - 1}} \cdot \frac{\delta_2^2}{\delta_1^2}$$

$$= \frac{S_1'^2}{S_2'^2} \cdot \frac{\delta_2^2}{\delta_1^2}。$$

由于假设 $$\delta_1^2 = \delta_2^2,$$

即 $$\xi = \frac{S'^2_1}{S'^2_2} \sim F(n_1 - 1, n_2 - 1),$$

其中规定 $$S_1^{*2} > S_2^{*2},$$

因此检查方差时构建统计量　$F = \frac{S'^2_1}{S'^2_2} \sim F(n_1 - 1, n_2 - 1)$。

3. 方差齐性的步骤

(1) 假设两者总体方差相等，即 $\delta_1 = \delta_2$。

(2) 求算统计量。

$$S_1^{*2} = \frac{\sum_{i=1}^{n_1}(x_i - \overline{x})^2}{n_1 - 1} = \frac{\sum_{i=1}^{n_1} x_i^2 - \frac{\left(\sum_{i=1}^{n_1} x_i\right)^2}{n_1}}{n_1 - 1}$$

$$S_2^{*2} = \frac{\sum_{i=1}^{n_2}(y_i - \overline{y})^2}{n_2 - 1} = \frac{\sum_{i=1}^{n_2} y_i^2 - \frac{\left(\sum_{i=1}^{n_2} y_i\right)^2}{n_2}}{n_2 - 1}$$

$$F = \frac{S_{大}^{*2}}{S_{小}^{*2}}$$

(3) 判断 $F$ 与 $F_\alpha$ 值。

① 若 $F > F_\alpha \begin{pmatrix} f_1 = n_1 - 1 \\ f_2 = n_2 - 1 \end{pmatrix}$，原假设不成立；

② 若 $F \leqslant F_\alpha$，原假设成立。

**【例 3.6】** 甲乙两地理区域各取了 50 和 52 个地理数据，算出方差分别为 $S_1^2 = 0.013\,9$，$S_2^2 = 0.005\,3$，试问甲乙两区域方差是否有显著差异（$\alpha = 0.10$）？

**解**：(1) 作原假设 $H_0: \delta_1 = \delta_2$，即甲乙两区域方差没有显著差异。

(2) $S_1^{*2} = \frac{\sum_{i=1}^{n_1}(x_i - \overline{x})^2}{n_1 - 1} = \frac{n_1 S_1^2}{n_1 - 1} = \frac{50 \times 0.013\,9}{50 - 1} = 0.014\,2 = S_{大}^{*2}$，

$$S_2^{*2} = \frac{\sum_{i=1}^{n_2}(y_i - \overline{y})^2}{n_2 - 1} = \frac{n_2 S_2^2}{n_2 - 1} = \frac{52 \times 0.005\,3}{52 - 1} = 0.005\,4 = S_{小}^{*2},$$

$$F = \frac{S_{大}^{*2}}{S_{小}^{*2}} = \frac{0.014\,2}{0.005\,4} = 2.56。$$

③ 判断假设，查 $F$ 表有 $F_{0.1}\begin{pmatrix} 49 \\ 51 \end{pmatrix} = 1.473$，

则 $F > F_\alpha$，原假设不成立。

**【例 3.7】** 根据北京地区近几年来的地震记录，测得周口店与下花园两组 $P$ 波速度数据（见表 3-2），试检验来自不同正态总体的方差是否有显著差异（$\alpha = 0.05$）。

表 3-2　北京地区周口店与下花园的 P 波速度数据

| 周口店 | 6.10 | 6.25 | 6.00 | 5.94 | 6.18 | 6.14 |
| --- | --- | --- | --- | --- | --- | --- |
| 下花园 | 5.97 | 6.08 | 5.96 | 6.01 | 5.92 | 6.06 |

**解**：(1) 作假设 $H_0:\delta_1^2=\delta_2^2$，即周口店与下花园 $P$ 波速度的方差没有显著差异。

(2) 由抽样结果算出：

① 周口店：$\overline{x_1}=6.10, n_1S_1^2/(n_1-1)=\dfrac{\sum_{i=1}^{n_1}x_i^2-\dfrac{\left(\sum_{i=1}^{n_1}x_i\right)^2}{n_1}}{n_1-1}=\dfrac{0.0665}{5}$。

② 下花园：$\overline{x_2}=6.00, n_2S_2^2/(n_2-1)=\dfrac{0.019}{5}$。

代入统计量算得：$F=3.47$。

(3) 查 $F$ 分布表 $F_{0.05}(5,5)=5.05$，即 $F=3.47<F_{0.05}(5,5)$，原假设成立。

**软件运算指导 3.8——利用 Excel 的“$F$ 检验-双样本方差”进行两个区域方差的比较**

1. 打开 Excel 的“工具”菜单，选择“数据分析”选项，打开“数据分析”对话框。

2. 在“数据分析”列表中选择“F 检验-双样本方差”，单击“确定”按钮，打开“$F$ 检验-双样本方差”对话框。

3. 在“变量 1 的区域”中输入数据集 1；在“变量 2 的区域”中输入数据集 2；选择“标志”选项；在 $\alpha$ 区域中输入显著性水平 0.05，Excel 分析工具通常将 0.05 作为默认值。

4. 选择“输出选项”。

5. 单击“确定”。

**软件运算指导 3.9——利用 SPSS 进行方差齐性检验**

SPSS 软件的“单因素方差分析”中包含有“方差齐性检验”模块，只要在“选项”中勾选“方差同质性检验”即可。具体在“方差分析”的章节中讲述该内容。

## 三、两个地理要素或事件的平均数比较

1. 大样本平均数的假设检验——$U$ 检验

(1) 假设检验前提

① 抽取样本数充分大($n\geqslant 50$)；

② 总体分布未知或已知皆可；

③ 独立(重复抽样)。

(2) 统计量构建

设抽取样本为 $x_1,x_2,\cdots,x_{n_1}$ 和 $y_1,y_2,\cdots,y_{n_2}$（其中 $n_1,n_2\geqslant 50$），且总体方差 $\delta_x^2=$

$\delta_y^2$，检验假设 $H_0: \mu_1 = \mu_2$ 是否成立。

由于抽取的为大样本，而由中心极限原理有：

$$\bar{x} \sim N(\mu_1, S_{\bar{x}}^2) \Rightarrow \bar{x} \sim N\left(\mu_1, \frac{\delta_x^2}{n_1}\right),$$

$$\bar{y} \sim N(\mu_2, S_{\bar{y}}^2) \Rightarrow \bar{y} \sim N\left(\mu_2, \frac{\delta_y^2}{n_2}\right),$$

即 $\bar{x} - \bar{y} \sim N\left(\mu_1 - \mu_2, \frac{\delta_x^2}{n_1} + \frac{\delta_y^2}{n_2}\right)$ 在独立条件下得到。

$$\frac{\bar{x} - \bar{y} - (\mu_1 - \mu_2)}{\sqrt{\frac{\delta_x^2}{n_1} + \frac{\delta_y^2}{n_2}}} \sim N(0,1)$$

在大样本中当 $\delta_x^2$ 未知时，可用 $\frac{nS^2}{n-1}$ 作为 $\delta^2$ 的一致估计。

$$\frac{\bar{x} - \bar{y} - (\mu_1 - \mu_2)}{\sqrt{\frac{S_1^2}{n_1 - 1} + \frac{S_2^2}{n_2 - 1}}} \sim N(0,1)$$

由于假设 $\mu_1 = \mu_2$，即 $\mu_1 - \mu_2 = 0$，

则
$$U = \frac{\bar{x} - \bar{y}}{\sqrt{\frac{S_1^2}{n_1 - 1} + \frac{S_2^2}{n_2 - 1}}} \sim U_\alpha,$$

其中
$$\begin{cases} \alpha = 0.1, u_\alpha = 1.645 \\ \alpha = 0.05, u_\alpha = 1.960 \\ \alpha = 0.01, u_\alpha = 2.576 \end{cases}。$$

(3) $U$ 检验步骤

$U$ 检验步骤为三步，即作统计假设，计算统计量和判断 $U$ 值。判断 $U$ 值的标准为：

当 $|U| > U_\alpha$，推翻假设；

当 $|U| \leqslant U_\alpha$，接受假设。

**【例 3.8】** 某地理区域取得 169 个某要素的地理数据，算得 $\bar{x} = 31.7, S_1 = 2.5$。又在相邻区域测得 99 个地理数据，得 $\bar{y} = 28.8, S_2 = 2.6$，问两个地理区域是否为同一类型？

**解**：（分析：$n_2 > n_1 \geqslant 50$，为大样本）

(1) 作统计假设，两上样本看成同一类型，即假设 $H_0: \mu_1 = \mu_2$。

(2) 计算统计量 $U$

$$|U| = \frac{\bar{x} - \bar{y}}{\sqrt{\frac{s_1^2}{n_1 - 1} + \frac{s_2^2}{n_2 - 1}}} = \frac{31.7 - 28.8}{\sqrt{\frac{2.5^2}{168} + \frac{2.6^2}{98}}} = \frac{2.9}{\sqrt{0.037 + 0.07}} = 9.06。$$

(3) 判断 $U$ 值

$|U|>U_\alpha$,推翻假设;$|U|\leqslant U_\alpha$,接受假设。

设在本题中取可靠性为 95%,$U_\alpha=U_{0.05}=1.96$。

$|U|=9.06>U_{0.05}=1.96$,故可推翻假设。

因此,这两个地理区域不是同一类型。

**【例 3.9】** 在某块林地中随机抽取两块面积相等的样地,测得其树高如表 3-3。

**表 3-3 某块林地中随机抽取样地的树高数据表**

| 样地编号 | 树 高 |
| --- | --- |
| 1 | 8.3,8.6,8.4,8.2,8.1,8.7,8.0,7.9,7.9,7.5,7.8,7.9,7.6,8.1,8.0,8.4,8.6,8.9,8.4,8.3,8.1,8.2,8.2,8.4,8.0,8.6,8.1,8.2,8.0,7.1,7.5,7.9,7.5,7.5,8.3,8.0,8.5,7.6,7.7,7.9,7.8,7.5,7.4,7.0,7.6,7.5,8.6,8.1,7.9,7.7 |
| 2 | 8.2,7.1,7.3,7.9,7.2,8.2,8.3,8.1,8.9,8.7,8.1,8.5,7.9,7.3,7.4,7.1,6.9, 8.9,6.6,5.9,8.2,8.3,8.7,8.9,7.6,7.9,8.2,8.9,8.7,8.1,8.6,8.9,8.8,8.7,6.5,8.1,6.2,6.5,8.8,8.9,8.6,6.2,8.2,8.0,8.0,8.1,9.7,8.5,8.6,8.1 |

已知,总体方差为 0.5 和 0.8,试用 Excel 检验其均值是否来自同一总体。

**软件运算指导 3.10——利用 Excel 的"Z 检验-双样本平均差检验"进行两个区域大样本平均数的假设检验**

1. 打开 Excel 的"工具"菜单,选择"数据分析"选项,打开"数据分析"对话框。

2. 在"数据分析"列表中选择"Z 检验-双样本平均差检验",单击"确定"按钮,打开"Z 检验-双样本平均差检验"对话框。

3. 用户可以在该分析工具对话框中进行下列设置。

(1) 变量 1 的区域编辑框:在此输入需要分析的第一个数据区域的单元格引用。该区域必须由单列或单行的数据组成。

(2) 变量 2 的区域编辑框:在此输入需要分析的第二个数据区域的单元格引用。该区域必须由单列或单行的数据组成。

(3) 假设平均差编辑框:在此输入期望中的样本均值的差值。0 值则说明假设样本均值相同。

(4) 变量 1 的方差(已知):在此输入变量 1 输入区域的总体方差。

(5) 变量 2 的方差(已知):在此输入变量 2 输入区域的总体方差。

(6) 标志复选框:如果输入区域的第一行或第一列中包含标志项,请选中此复选框;如果输入区域没有标志项,则消除此复选框;

(7) 在 $\alpha$ 区域中输入显著性水平 0.05,Excel 分析工具通常将 0.05 作为默认值。

4. 选择"输出选项"。

5. 单击"确定"。

2. $t$ 检验

这里主要讲独立样本的 $t$ 检验。

（1）假设前提

① 由于样本数据少（一般 $n \leqslant 50$），样本的背景总体近似于正态分布。

② 样本独立（重复抽样）。

③ 抽样总体等方差（在“等方差检验”中进行检验）。

（2）构建统计量

我们检验条件为 $\mu_1 = \mu_2$。

由 $\mu_1 = \mu_2, \delta_1 = \delta_2$，

得
$$t = \frac{\xi_1}{\sqrt{\xi_2/(n_1+n_2-2)}} \sim t(n_1+n_2-2),$$

$$t = \frac{\xi_1}{\sqrt{\xi_2/(n_1+n_2-2)}} = \frac{\dfrac{\overline{x}-\overline{y}}{\delta\sqrt{\dfrac{1}{n_1}+\dfrac{1}{n_2}}}}{\dfrac{\sqrt{n_1 s_1^2 + n_2 s_2^2}}{\delta\sqrt{(n_1+n_2-2)}}} = \frac{\overline{x}-\overline{y}}{\sqrt{\dfrac{n_1 s_1^2 + n_2 s_2^2}{n_1+n_2-2}\left(\dfrac{1}{n_1}+\dfrac{1}{n_2}\right)}}。$$

如果 $\mu_1 = \mu_2, \delta_1 \neq \delta_2$，得

$$t = \frac{\overline{x}-\overline{y}}{\sqrt{\dfrac{s_x^2}{n_1}+\dfrac{s_y^2}{n_2}}}。$$

（3）$t$ 检验步骤

① 建立假设 $H_0$，样本 $x$ 与 $y$ 的总体平均数无差异。

② 计算统计量 $|t|$。

$$|t| = \frac{\overline{x}-\overline{y}}{\sqrt{\dfrac{n_1\sigma_1 + n_2\sigma_2}{n_1+n_2-2}\left(\dfrac{1}{n_1}+\dfrac{1}{n_2}\right)}}$$

③ 判断假设。

若 $|t| > t_\alpha(n_1+n_2-2)$，推翻原假设 $H_0$；

若 $|t| \leqslant t_\alpha(n_1+n_2-2)$，接受原假设 $H_0$。

**【例 3.10】** 某锌矿的东西两支矿脉中各抽取样本容量分别为 9 与 8 的子样，分析后计算其子样含锌（%）的平均数与方差如下：

东支：$\overline{x} = 0.230, S_1^2 = 0.1337$。

西支：$\overline{y} = 0.269, S_2^2 = 0.1736$。

设东西二支的含锌量都服从正态分布，问平均数是否可视一样？

**解**：（1）据已知呈正态分布，假设检验 $H_0: \mu_1 = \mu_2$。

（2）在等方差条件下，计算统计量。

$$|t|=\frac{\overline{x}-\overline{y}}{\sqrt{\frac{n_1S_1^2+n_2S_2^2}{n_1+n_2-2}\left(\frac{1}{n_1}+\frac{1}{n_2}\right)}}=0.15$$

(3) 判断假设。

$$|t|=0.15<t_{0.05}(15)=2.131$$

承认假设。

**【例 3.11】** 太平洋某岛 1940 年与 1953 年(地震后)深层海水的相对密度如表 3-4,密度单位:$\left(\frac{\text{海水密度}}{4℃\ \text{水密度}}-1\right)\times 1\,000$。

**表 3-4 太平洋某岛 1940 与 1953 年深层海水的相对密度**

| 深度 | 1940 年 | 1953 年 |
| --- | --- | --- |
| 1 500 | 27.48 | 27.66 |
| 3 000 | 27.51 | 27.74 |
| 2 500 | 27.58 | 27.77 |
| 3 000 | 27.63 | 27.78 |
| 3 500 | | 27.79 |
| 4 000 | | 27.80 |

试问 1953 年地震后,地震对海水密度是否有显著影响(已知总体等方差,$\alpha=0.05$)?

**解:**(1) 据经验其密度呈正态分布,假设检验 $H_0:\mu_1=\mu_2$。

(2) 计算统计量。

1940 年:$\overline{x_1}=27.55, S_1{}^2=\frac{0.013\,8}{4}$。

1953 年:$\overline{x_2}=27.76, S_2{}^2=\frac{0.013\,5}{6}$。

(3) 判断假设。

$$|t|=5.58>t_{0.05}(8)=2.306。$$

推翻假设。

**软件运算指导 3.11——利用 Excel 的"t 检验—双样本等方差假设"检验两个区域均值实际上是否相等。**

1. 打开 Excel 的"工具"菜单,选择"数据分析"选项,打开"数据分析"对话框。

2. 在"数据分析"列表中选择"t 检验-双样本等方差假设",单击"确定"按钮,打开"t 检验-双样本等方差假设"对话框。

3. 用户可以在该分析工具对话框中进行下列设置。

(1) 变量 1 的区域编辑框:在此输入需要分析的第一个数据区域的单元格引用。该区域必须由单列或单行的数据组成。

(2) 变量 2 的区域编辑框：在此输入需要分析的第二个数据区域的单元格引用。该区域必须由单列或单行的数据组成。

(3) 假设平均差编辑框：在此输入期望中的样本均值的差值。0 值则说明假设样本均值相同。

(4) 标志复选框：如果输入区域的第一行或第一列中包含标志项，请选中此复选框；如果输入区域没有标志项，则消除此复选框。

(5) 在 $\alpha$ 区域中输入显著性水平 0.05，Excel 分析工具通常将 0.05 作为默认值。

4. 选择“输出选项”。

5. 单击“确定”。

假如上例中总体方差通过检验为不等，则采用下列方法求解。

**软件运算指导 3.12——利用 Excel 的“$t$ 检验-双样本异方差假设”检验两个区域均值实际上是否相等**

1. 打开 Excel 的“工具”菜单，选择“数据分析”选项，打开“数据分析”对话框。

2. 在“数据分析”列表中选择“$t$ 检验-双样本异方差假设”，单击“确定”按钮，打开“$t$ 检验-双样本异方差假设”对话框。

3. 用户可以在该分析工具对话框中进行下列设置。

(1) 变量 1 的区域编辑框：在此输入需要分析的第一个数据区域的单元格引用。该区域必须由单列或单行的数据组成。

(2) 变量 2 的区域编辑框：在此输入需要分析的第二个数据区域的单元格引用。该区域必须由单列或单行的数据组成。

(3) 假设平均差编辑框：在此输入期望中的样本均值的差值。0 值则说明假设样本均值相同。

(4) 标志复选框：如果输入区域的第一行或第一列中包含标志项，请选中此复选框：如果输入区域没有标志项，则消除此复选框。

(5) 在 $\alpha$ 区域中输入显著性水平 0.05，Excel 分析工具通常将 0.05 作为默认值。

4. 选择“输出选项”。

5. 单击“确定”。

**软件运算指导 3.13——利用 SPSS 进行独立样本均值 $t$ 检验(包括等方差和异方差)**

进行独立样本的 $t$ 检验要求被比较的两个样本彼此独立，即没有配对关系。要求两个样本均来自正态总体，而且均值是对于检验有意义的描述统计量。

当在数据窗口中读入了一个数据文件后，执行独立样本 $t$ 检验的步骤如下：

1. 在主菜单中单击“分析(Analyze)”展开下拉菜单，从下拉菜单中依次选择“比较均值-独立样本 T 检验(Compare Means, Independent-Samples T Test)”，弹出独立样本 $t$ 检验主对话框。

2. 从左边的源变量框中选择检验变量，单击上面一个箭头按钮，送入“检验变量(Test Variable[s])”矩形框中。可以同时选择多个检验变量进入“检验变量(Test Variable[s])”框中。

3. 从左边的源变量框中选择变量，单击下面一个箭头按钮，送入“分组变量(Grouping Variable)”框中。

4. 单击“定义组(Define Groups)”图标按钮，展开定义分组对话框。

(1) 如果指定的“分组变量(Grouping Variable)”是连续变量，则在该对话框中应该选择“割点(Cut point)”选择项。该项应该在后面的矩形框中输入一个分组变量的值，将观测量按其值分为大于该值和小于该值的两组。检验在这两个组之间进行，比较其因变量在两组的均值间是否有显著性差异。

(2) 如果是分类变量，即选择“指定分类值(Use specified values)”，该项按分组变量的值进行分组。需要在“组 1(Group 1)”和“组 2(Group 2)”后面两个矩形框中输入第一组和第二组的分类变量值。

完成指定分组后，单击“继续(Continue)”按钮确认在该对话框中的定义，返回主对话框。

5. 在主对话框中单击“确定(OK)”按钮，可以立即执行具有系统默认选择项的独立样本 T 检验。如果需要，在执行统计分析之前，可以单击主对话框中的“选项(Options)”图标按钮，弹出对话框，在其中指定置信区间及处理缺失值的方式：

(1) 置信区间百分比(Confidence Interval)：该选择项指定置信区间。系统默认值是95%。光标置于该项后面的矩形框中可以重新输入一个用户指定的百分比值。

(2) 缺失值(Missing Values)：选择对缺失值的处理方法

- 按分析顺序排除个案(Exclude cases analysis by analysis)：当带有缺失值的观测量与分析有关时才被剔除。
- 按列表排除个案(Exclude cases listwise)：剔除所有缺失值的观测量。

## 四、两个以上地理事件或要素的平均数比较

两个以上地理事件或要素的平均数比较一般采用方差分析。

1. *方差分析的基本原理*

方差是描述变异的一种指标，方差分析也就是对变异的分析。对总变异进行分析，看总变异是由哪些部分组成的，这些部分间的关系如何，是两个总体参数假设检验的推广。如使用 $t$ 检验时，先要考虑检验样本的方差是否相等，然后再经过计算对样本均值进行检验，而使用“单因素方差分析”不必考虑样本数据的方差是否相等，可以直接对样本进行分析，并在生成的方差分析表中对其均值情况作出判断。认为各组实验结果的均值差异主要有两个：组间差(由于实验条件不同而引起的本质差异)，组内差(实验的随机误差，是非本质误差)。一般只考虑组间差，如各样本无差异，即组间差大于临界值应可以拒绝假设。

根据资料的设计类型，即变异的不同来源，将全部观察值总的离均差平方和及自由度分解为两个或多个部分，除随机误差外，其余每个部分的变异可由某个因素的作用加以解释，通过比较不同来源变异的均方(MS)，借助 $F$ 分布做出统计推断，从而了解该因素对观察指标有无影响。

2. *方差分析的步骤*

(1) 平方和与自由度的分解

设有 $n$ 个区域，分别从每个区域中抽取 $k$ 个样本，这样可以构成表 3-5。

表 3-5　方差分析的样本构成

| 水平区域个数 \ 样本数据 \ 样本数 N | 1 | 2 | … | j | … | k | $T=\sum_{j=1}^{k}X_{ij}$ | $\overline{Xi}=\frac{1}{k}\sum_{j=1}^{k}X_{ij}$ |
|---|---|---|---|---|---|---|---|---|
| $A_1$ | $X_{11}$ | $X_{12}$ | … | $X_{1j}$ | … | $X_{1k}$ | $\sum_{j=1}^{k}X_{1j}$ | $\overline{X_1}$ |
| $A_2$ | $X_{21}$ | $X_{22}$ | … | $X_{2j}$ | … | $X_{2k}$ | $\sum_{j=1}^{k}X_{2j}$ | $\overline{X_2}$ |
| ⋮ | ⋮ | ⋮ | ⋮ | ⋮ | ⋮ | ⋮ | ⋮ | ⋮ |
| $A_i$ | $X_{i1}$ | $X_{i2}$ | … | $X_{ij}$ | … | $X_{ik}$ | $\sum_{j=1}^{k}X_{ij}$ | $\overline{X_i}$ |
| ⋮ | ⋮ | ⋮ | ⋮ | ⋮ | ⋮ | ⋮ | ⋮ | |
| $A_n$ | $X_{n1}$ | $X_{n2}$ | … | $X_{nj}$ | … | $X_{nk}$ | $\sum_{j=1}^{k}X_{nj}$ | $\overline{X_n}$ |

还要算出：$\overline{X}=\frac{1}{nk}\sum_{i=1}^{n}\sum_{j=1}^{k}X_{ij}$。

(2) 统计量的构建

为了找出组间方差 $S_i^2$、组内方差和总方差的关系，可假设前提（正态、独立、等方差）。设相同的总体方差为 $\delta^2$，即所有 $nk$ 个数据组成样本方差 $S^2$。

$$
\begin{aligned}
S^2 &= \frac{1}{nk}\sum_{i=1}^{n}\sum_{j=1}^{k}(x_{ij}-\overline{x}) \\
&= \frac{1}{nk}\sum_{i=1}^{n}\sum_{j=1}^{k}[(x_{ij}-\overline{x}_i)+(\overline{x}_i-\overline{x})]^2 \\
&= \frac{1}{nk}\Big[\sum_{i=1}^{n}\sum_{j=1}^{k}(x_{ij}-\overline{x}_i)^2+2\sum_{i=1}^{n}\sum_{j=1}^{k}(x_{ij}-\overline{x}_i)(\overline{x}_i-\overline{x})+\sum_{i=1}^{n}\sum_{j=1}^{k}(\overline{x}_i-\overline{x})^2\Big] \\
&= \frac{1}{nk}\Big\{\sum_{i=1}^{n}\sum_{j=1}^{k}[(x_{ij}-\overline{x}_i)^2+2\sum_{i=1}^{n}(\overline{x}_i-\overline{x})[\sum_{j=1}^{k}(\overline{x}_{ij}-\overline{x}_i)]+\sum_{i=1}^{n}\sum_{j=1}^{k}(\overline{x}_i-\overline{x})^2\Big\} \\
&= \frac{1}{nk}\Big\{\sum_{i=1}^{n}\sum_{j=1}^{k}[(x_{ij}-\overline{x}_i)^2+2\sum_{i=1}^{n}(\overline{x}_i-\overline{x})[\sum_{j=1}^{k}\overline{x}_{ij}-k\overline{x}_i]+\sum_{i=1}^{n}\sum_{j=1}^{k}(\overline{x}_i-\overline{x})^2\Big\} \\
&= \frac{1}{nk}\Big[\sum_{i=1}^{n}\sum_{j=1}^{k}[(x_{ij}-\overline{x}_i)^2+\sum_{i=1}^{n}\sum_{j=1}^{k}(\overline{x}_i-\overline{x})^2\Big] \\
&= \frac{1}{nk}\Big[\sum_{i=1}^{n}\sum_{j=1}^{k}[(x_{ij}-\overline{x}_i)^2+k\sum_{i=1}^{n}(\overline{x}_i-\overline{x})^2\Big]
\end{aligned}
$$

$$
\frac{nkS^2}{\delta_x^2}=\sum_{i=1}^{n}\sum_{j=1}^{k}\left(\frac{x_{ij}-\overline{x}_i}{\delta_x}\right)^2+k\sum_{i=1}^{n}\left(\frac{\overline{x}_i-\overline{x}}{\delta_x}\right)^2
$$

对于 $\sum_{i=1}^{n}\sum_{j=1}^{k}(\frac{x_{ij}-\overline{x}_i}{\delta_x^2})^2$，由正态等方差的假设，则

$$x_{ij} \sim N(\overline{x}_i, \delta_x^2)$$

$$\sum_{i=1}^{k}\left(\frac{x_{ij}-\overline{x}_i}{\delta_x}\right)^2=\frac{kS_i^2}{\delta_x^2}\sim\chi^2(k-1)\text{，总共 } n \text{ 组，即 } \sum_{i=1}^{n}\frac{kS_i^2}{\delta_x^2}\sim\chi^2[n(k-1)]\text{，}$$

因此，$\sum_{i=1}^{n}\sum_{j=1}^{k}\left(\frac{x_{ij}-\overline{x}_i}{\delta_x^2}\right)^2=\sum_{i=1}^{n}\frac{kS_i^2}{\delta_x^2}\sim\chi^2[n(k-1)]$

对于
$$k\sum_{i=1}^{n}\left(\frac{\overline{x}_i-\overline{x}}{\delta_x}\right)^2\text{，}$$

由于
$$\sum_{j=1}^{k}\left(\frac{x_{ij}-\overline{x}_i}{\delta_x}\right)\sim\chi^2(k-1)\text{，}$$

用总方差与组内方差的相差关系

$$k\sum_{i=1}^{n}\left(\frac{\overline{x}_i-\overline{x}}{\delta_x}\right)^2\sim\chi^2(nk-1-nk+n)=\chi^2(n-1)\text{，}$$

$$F=\frac{\dfrac{k\sum_{i=1}^{n}\left(\dfrac{x_i-\overline{x}}{\delta_x}\right)^2}{n-1}}{\sum_{i=1}^{n}\sum_{j=1}^{k}\dfrac{\left(\dfrac{x_{ij}-x_i}{\delta_x}\right)^2}{n(k-1)}}=\frac{\dfrac{k\sum_{i=1}^{n}(x_i-\overline{x})^2}{n-1}}{\dfrac{\sum_{i=1}^{n}\sum_{j=1}^{k}(x_{ij}-\overline{x}_i)^2}{n(k-1)}}=\frac{\dfrac{S_A^2}{n-1}}{\dfrac{S_e^2}{n(k-1)}}\sim F_\alpha\begin{bmatrix}n-1\\n(k-1)\end{bmatrix}\text{，}$$

式中：$S_A^2$ 为组间平方和；$S_e^2$ 为组内平方和。

(3) 方差分析范例

**【例 3.12】** 对某地 5 处灰岩抽取 20 块样品，测定含砂量(如表 3-6)，试检验其差异(这种差异是抽样造成的随机误差还是不同的灰岩造成的条件误差)?

**表 3-6 样本构成**

| 含砂量(%) | | 样品号($j$) | | | | $\overline{X_i}=\frac{1}{4}\sum_{j=1}^{4}X_{ij}$ |
|---|---|---|---|---|---|---|
| | | 1 | 2 | 3 | 4 | |
| 灰岩号($i$) | 1 | 9.8 | 10.0 | 10.1 | 10.9 | 10.2 |
| | 2 | 9.5 | 11.2 | 10.4 | 11.3 | 10.6 |
| | 3 | 11.2 | 10.9 | 11.5 | 13.2 | 11.7 |
| | 4 | 11.8 | 12.1 | 10.3 | 10.2 | 11.1 |
| | 5 | 9.6 | 10.0 | 8.4 | 8.8 | 9.2 |
| 总平均 $\overline{X}=\frac{1}{20}\sum_{i=1}^{5}\sum_{j=1}^{4}X_{ij}$ | | | | | | 10.56 |

**解:** ① 作统计假设 $H_0$：$\overline{x}_1=\overline{x}_2=\overline{x}_3=\overline{x}_4=\overline{x}_5$，即五处灰岩为同一岩层。

② 计算组间均方和组内均方 $\frac{S_A^2}{n-1}$、$\frac{S_e^2}{n(k-1)}$，并建立方差分析表(见表 3-7)。

**表 3-7　方差分析表**

| 方差来源 | 平方和 | 自由度 | 均　方 | F 值 | $F_\alpha\begin{bmatrix} n-1 \\ n(k-1) \end{bmatrix}$ |
|---|---|---|---|---|---|
| 组间 | $S_A{}^2 = k\sum_{i=1}^{n}(\bar{x}_i - \bar{x})^2 = 14.288$ | $n-1(4)$ | $\bar{S}_A^2 = \frac{S_A^2}{n-1}(3.572)$ | $F = \bar{S}_A^2 / \bar{S}_e^2$ (5.09) | $F_{0.05}\binom{5}{14} = 3.06$ |
| 组内 | $S_e{}^2 = \sum_{i=1}^{n}\sum_{j=1}^{k}(\bar{x}_{ij} - \bar{x}_i)^2 = 10.52$ | $n(k-1)$ (15) | $\bar{S}_e^2 = \frac{S_e^2}{n(k-1)}(0.701)$ | | |
| 总和 | $S_{总}{}^2 = \sum_{i=1}^{n}\sum_{j=1}^{k}(\bar{x}_{ij} - \bar{x}_i)^2 = 24.808$ | $nk-1$ (19) | | | |

③ 判断假设。

$F = 5.09 > F_{0.05}\binom{4}{15} = 3.06$，推翻假设。

因此得出结论：五种灰岩露头不能划归一个岩层。

**软件运算指导 3.14——利用 Excel 的“单因素方差分析”检验两个以上区域均值差异**

1. 打开 Excel 的“工具”菜单，选择“数据分析”选项，打开“数据分析”对话框。

2. 在“数据分析”列表中选择“方差分析：单因素方差分析”，单击“确定”按钮，打开“方差分析：单因素方差分析”对话框。

3. 用户可以在该分析工具对话框中进行下列设置。

(1) 输入区域编辑柜：在此输入待分析数据区域的单元格引用。该引用必须由两个或两个以上按列或行组织的相邻数据区域组成。

(2) 分组方式选项：如果需要指出输入区域中的数据是按行还是按列排列，则单击“行”或“列”选项。

(3) 标志位于第一行复选框：如果输入区域的第一行(列)中包含标志项，则选中该复选框；如果输入区域没有标志项，则该复选框不被选中，将在输出表中生成适合的数据标志。

(4) $\alpha$ 编辑框：在此输入计算 $F$ 统计临界位的置信度。

4. 选择“输出选项”。

5. 单击“确定”。

**软件运算指导 3.15——利用 SPSS 的“单因素方差分析(One-Way ANOVA)”检验两个以上区域均值差异**

当在数据窗中读入了一个数据文件后，执行方差分析检验步骤如下：

1. 在主菜单中单击“分析(Analyze)”展开下拉菜单，从下菜单中依次选择“均值比较：单因子 ANOVA(Compare Means：One-Way ANOVA)”，弹出单因素方差分析主对话框。

2. 根据分析要求指定方差分析的观测变量和控制变量。

在左边的源变量对话框中选择作为因变量(观测变量)的变量名,单击上面一个向右箭头按钮,将它移入"因变量列表(Dependent List)"框中。可以同时指定多个控制变量的变量名,单击下面一个向右箭头按钮,将它移入"因子(Factor)"框中。

3. 单击"确定(OK)"即可按系统默认选项进行单因素方差分析。

在提交系统分析之前,如有必要,可单击主对话框下方的三个图标按钮,在弹出的子对话框中指定其他选择项。单因素方差分析的选择项分为三类:

(1) 对比(Contrasts):指定一种要用 $T$ 检验来检验的 Priori 对比。

(2) 两两比较(Post Hoc):指定一种多重比较检验。共提供多种多重比较的方法,包括假定方差齐性与未假定方差齐性。

(3) 选项(Options):指定要输出的统计量及处理缺失值的方法。其中的选择项分三组:

① 统计量(Statistcs):输出统计量的选择项

● 描述性(Descriptive):要求输出描述统计量,包括:观测量数目、均值、标准差、标准误、最小值、最大值、各组中每个谱量的置信区间。

● 方差同质性检验(Homogeneity-of-variance):要求进行方差齐次性检验,并输出检验结果。用 Levene 这两个选择项是并列选择项,或以同时选择.

② 均值图(Means plot):选择此项,要求输出均线图,输出各水平下观测变量均值的折线图。

③ 缺失值(Missing Values):缺失值处理方式。

● 按分析顺序排除个案(Exclude cases analysis by analysis):对含有缺失值的观测量根据缺失值是因变量还是自变量从有关的分析中剔除.

● 按列表排除个案(Exclude cases listwise):对含有缺失值的观测量,从所有分析中剔除。

## 思考题

1. 分别测得 14 例老年性慢性支气管炎病人及 11 例健康人的尿中 17 酮类固醇排出量(mg/dl)如下,试比较两组均数有无差别。

| 病人 | 2.90 | 5.41 | 5.48 | 4.60 | 4.03 | 5.10 | 4.97 | 4.24 | 4.36 | 2.72 | 2.37 | 2.09 | 7.10 | 5.92 |
|---|---|---|---|---|---|---|---|---|---|---|---|---|---|---|
| 健康人 | 5.18 | 8.79 | 3.14 | 6.46 | 3.72 | 6.64 | 5.6 | 4.57 | 7.71 | 4.99 | 4.01 | | | |

2. 简述利用 SPSS 进行方差分析的步骤。

3. 两个区域的某种金属含量,通过分别抽取 51 个样本,测得甲区域含量为 68.2‰,标准差为 2.52‰,乙区域含量为 67.52‰,标准差为 2.82‰,试检测两个区域是否可以归类($U_{0.05}=1.960$)?

4. 一个农业站想要检验一种化肥对小麦的效用,选择了 24 个等面积的地块,其中的一半施用该肥料,而另一半不施用,其他的条件均相同。未施用的地块的小麦产量为 4.8 kg,标准差为 0.4 kg,同时施用地块的平均产量为 5.1 kg,标准差为 0.36 kg,假设总体服从正态

分布且等方差，在给定期的显著水平下，施肥对产量的提高有效果吗？($t_{0.01}(22)=2.51$)

5. 已知两个地区 $A$ 和 $B$，它的平均人口密度没有差异，从 $A$ 地区抽取 16 个县(市)，$B$ 地区抽取 25 个县(市)，测得它们的标准差分别为 9 和 12，试分析它们的离散程度。($F_{0.01}\binom{16-1}{25-1}=3.29$)

6. 简述统计假设检验的步骤。

7. 简述利用 Excel 和 SPSS 进行方差分析的步骤。

8. 对某区域在不同的时间下抽取的样本数据如下，试分析样本抽取的时间影响。

| | 1 | 2 | 3 | 4 | 5 | $\sum_{i}^{5} x_{ij}$ | $\overline{x_i}=\sum_{i}^{5} x_{ij}/5$ |
|---|---|---|---|---|---|---|---|
| 5 月($x_1$) | 21 | 29 | 24 | 22 | 25 | 121 | 24.2 |
| 1 月($x_2$) | 20 | 25 | 25 | 23 | 29 | 122 | 24.4 |
| 9 月($x_3$) | 24 | 22 | 28 | 25 | 21 | 120 | 24 |
| | | | | | | | $\overline{x}=\sum_{i}^{5}\sum_{j}^{3} x_{ij}/15=24.2$ |

9. 根据下列给定的数据进行方差分析。

| 方差来源 | 平方和 | 自由度 | 均方 | $F$ 值 | $F_\alpha\begin{bmatrix} n-1 \\ n(k-1) \end{bmatrix}$ |
|---|---|---|---|---|---|
| 组间 | $S_A^2=k\sum_{i=1}^{n}(\overline{x}_i-\overline{x})^2=14.288$ | | | | |
| 组内 | $S_e^2=\sum_{i=1}^{n}\sum_{j=1}^{k}(\overline{x}_{ij}-\overline{x}_i)^2=10.52$ | | | | $F_{0.05}\binom{4}{15}=3.06$ |
| 总和 | $S_{总}^2=\sum_{i=1}^{n}\sum_{j=1}^{k}(x_{ij}-\overline{x})^2=24.808$ | | | | |

# 第四章　地理要素的相关与回归

地理系统的各地理要素之间存在着相互联系、相互影响和相互制约的关系。为了认识地理系统的规律性，需要找出地理系统中不同现象或要素之间的关系。由于地理现象受系统中多种因素的干扰，从大量随机的不确定性的现象中寻求系统的相互作用规律，一般采用回归与相关的分析统计方法。

如果两个变量间关系属于因果关系，一般用回归来研究。表示原因的变量称为自变量，用 $x$ 表示。自变量是固定的，没有随机误差。表示结果的变量称为因变量，用 $y$ 表示。$y$ 是随 $x$ 的变化而变化的，并有随机误差。通过回归分析，可以找出因变量变化的规律性，且能由 $x$ 的取值预测 $y$ 的取值范围。

如果两变量是平行关系，只能用相关来进行研究。在相关分析中，变量 $x$ 和 $y$ 无自变量和因变量之分，且都具有随机误差。相关分析只能研究两个变量之间相关程度和性质，不能用一个变量的变化去预测另一个变量的变化，这是回归与相关区别的关键所在。但是二者也不能截然分开，因为由回归可以获得相关的一些重要信息，由相关也可获得回归的一些重要信息。

## 第一节　地理要素的相关分析

### 一、地理相关

1. 概念

所谓相关，是指两个或两个以上变数间相互关系是否密切。在研究这种关系时并不专指哪一个是自变量，哪一个是因变量，而视实际需要确定。相关分析仅限于测定两个或两个以上变数具有相关关系者，其主要目的是计算出表示两个或两个以上变数间相关程度和性质。

在地理学中绝大多数的要素间是具有相关关系的变量，故相关分析在地理学中早为人们所注意，并得到了广泛的应用。所谓地理相关，是指两个或两个以上的地理要素存在的一种相互关系的关联程度。地理要素之间的相关的分析任务，是揭示地理要素之间相互关系的密切程度。

地理要素之间的相互关系大致可以分成两种类型：一类是函数关系，另一类是相关关系。

(1) 函数关系

函数是指现象之间有一种严格的确定性的依存关系，表现为某一现象发生变化另一现象也随之发生变化，而且有确定的值与之相对应。

(2) 相关关系

相关关系是指客观现象之间确实存在的，但数量上不是严格对应的依存关系。在这种关系中，对于某一现象的每一数值，可以有另一现象的若干数值与之相对应。例如生育率与人均 GDP 的关系也属于典型的相关关系：人均 GDP 高的国家，生育率往往较低，但二者没有唯一确定的关系，这是因为除了经济因素外，生育水平还受教育水平、城市化水平以及不易测量的民族风俗、宗教和其他随机因素的共同影响。

具有相关关系的某些现象可表现为因果关系，即某一或若干现象的变化是引起另一现象变化的原因，它是可以控制、给定的值，将其称为自变量；另一个现象的变化是自变量变化的结果，它是不确定的值，将其称为因变量。但具有相关关系的现象并不都表现为因果关系，这是由于相关关系比因果关系包括的范围更广泛。

相关关系和函数关系既有区别，又有联系。有些函数关系往往因为有观察或测量误差以及各种随机因素的干扰等原因，在实际中常常通过相关关系表现出来；而在研究相关关系时，当对其数量间的规律性了解得越深刻的时候，其相关关系就越有可能转化为函数关系或借助函数关系来表现。

(3) 相关关系的两个特点

① 现象之间确实存在着数量上的依存关系。就是说，一个现象发生数量上的变化，另一个现象也会相应地发生数量上的变化。

② 现象间的数量依存关系值是不确定的。就是说，一个现象发生数量上的变化，另一个现象会有几个可能值与之对应，而不是唯一确定的值。

2. 相关关系的种类

现象之间的相关关系从不同的角度可以区分为不同类型。

(1) 按照相关的方向不同分为：正相关和负相关。

正相关——当一个变量的值增加或减少，另一个变量的值也随之增加或减少。

负相关——当一个变量的值增加或减少时，另一变量的值反而减少或增加。

(2) 按照相关形式不同分为：线性相关和非线性相关。

线性相关——又称直线相关，是指当一个变量变动时，另一变量随之发生大致均等的变动，从图形上看，其观察点的分布近似地表现为一条直线。

非线性相关——一个变量变动时，另一变量也随之发生变动，但这种变动不是均等的，从图形上看，其观察点的分布近似地表现为一条曲线，如抛物线、指数曲线等，因此也称为曲线相关。

(3) 按相关程度分为：完全相关、不完全相关和不相关。

完全相关——当一个变量的数量完全由另一个变量的数量变化所确定时，二者之间即为完全相关。因此也可以说函数关系是相关关系的一个特例。

不相关——又称零相关，当变量之间彼此互不影响，其数量变化各自独立时，则变量之间为不相关。

不完全相关——如果两个变量的关系介于完全相关和不相关之间，称为不完全相关。由于完全相关和不相关的数量关系是确定的或相互独立的，因此统计学中相关分析的主要研究对象是不完全相关。

(4) 按研究的变量(或因素)的多少分为:单相关、复相关和偏相关。

单相关——又称一元相关,是指两个变量之间的相关关系。

复相关——又称多元相关,是指三个或三个以上变量之间的相关关系。

偏相关——在一个变量与两个或两个以上的变量相关的条件下,当假定其他变量不变时,其中两个变量的相关关系称为偏相关。

(5) 按研究要素的性质分

上述所讲的相关关系都是针对定量数据的,对于按定性数据的等级相关(秩相关)与品质相关。

## 二、地理相关程度的测定

地理要素之间相互关系的密切程度的测定,主要是通过对相关系数的计算与检验来完成的。

### 1. 简单相关系数

简单相关系数,一般指皮尔逊(Pearson)相关系数。

(1) 相关系数的计算

① 计算公式

对于两个要素 $x,y$,如果它们的样本值分别为 $x_i$ 和 $y_i$,则它们的相关系数为:

$$r_{xy}=\frac{\sum_{i=1}^{n}(x_i-\bar{x})(y_i-\bar{y})}{\sqrt{\sum_{i=1}^{n}(x_i-\bar{x})^2}\sqrt{\sum_{i=1}^{n}(y_i-\bar{y})^2}}。$$

该公式可由定理 $\delta^2(\xi_1+\xi_2)=\delta^2(\xi_1)+\delta^2(\xi_2)+2\mathrm{cov}(\xi_1,\xi_2)$ 推导出。

当 $\xi_1=\xi_2=\xi$ 时,有 $\mathrm{cov}(\xi_1,\xi_2)=[\delta^2(\xi_1+\xi_2)-\delta^2(\xi_1)-\delta^2(\xi_2)]/2$

$$=[\delta^2(2\xi)-\delta^2(\xi)-\delta^2(\xi)]/2$$

$$=\delta^2(\xi),$$

即 $$\mathrm{cov}(x,x)=\delta_{xx}=\delta^2(x)。$$

从以上推理,我们引入相关系数,若 $x,y$ 是独立的,即总体协方差 $\mathrm{cov}(x,y)=\delta_{xy}=0$;若 $x,y$ 完全相关,即总体协方差 $\mathrm{cov}(x,y)=\delta_{xy}=\delta(x)\delta(y)$。

据此,我们引入变量 $x$ 与 $y$ 相互依赖的测度,即相关系数 $\rho=\delta_{xy}/\delta(x)\delta(y)$。

如果我们假定

$$L_{xy}=\sum_{i=1}^{n}(x_i-\bar{x})^2(y_i-\bar{y})=\sum_{i=1}^{n}x_iy_i-\frac{1}{n}\left(\sum_{i=1}^{n}x_i\right)\left(\sum_{i=1}^{n}y_i\right),$$

$$L_{xx}=\sum_{i=1}^{n}(x_i-\bar{x})^2=\sum_{i=1}^{n}x_i{}^2-\frac{1}{n}\left(\sum_{i=1}^{n}x_i\right)^2,$$

$$L_{yy}=\sum_{i=1}^{n}(y_i-\bar{y})^2=\sum_{i=1}^{n}y_i^2-\frac{1}{n}\left(\sum_{i=1}^{n}y_i\right)^2,$$

则相关系数化为 $r_{xy}=\dfrac{L_{xy}}{\sqrt{L_{xx}\cdot L_{yy}}}$。

② 性质

(a) 相关系数范围：$-1\leqslant r\leqslant 1$。

(b) 当 $r$ 为正，表示正相关，即两要素相关的方向是相同的；当 $r$ 为负，表示负相关，即要素相关的方向是相反的。

(c) 相关系数的绝对值 $|r|$ 愈大，表示相关程度越密切。

**【例 4.1】** 某市各月平均气温与 5 cm 平均地温如表 4-1。

**表 4-1　某市各月平均气温与 5 cm 平均地温表**

| 月份 | 1 | 2 | 3 | 4 | 5 | 6 | 7 | 8 | 9 | 10 | 11 | 12 |
|---|---|---|---|---|---|---|---|---|---|---|---|---|
| 气温 | −4.7 | −2.3 | 4.4 | 13.2 | 20.2 | 24.2 | 26.0 | 24.6 | 19.5 | 12.5 | 4.0 | −2.8 |
| 地温 | −3.6 | −1.4 | 5.1 | 14.5 | 22.3 | 26.9 | 28.2 | 26.5 | 21.1 | 13.4 | 4.6 | −1.9 |

求算某市各月平均气温与 5 cm 以下平均地温的相关程度。

**解**：为了计算的方便，根据相关系数的计算公式，列出计算表（见表 4-2）。

**表 4-2　相关系数的计算表**

| 月份 | $x_i$（气温） | $y_i$（地温） | $x_iy_i$ | $x_i^2$ | $y_i^2$ |
|---|---|---|---|---|---|
| 1 | −4.7 | −3.6 | 16.92 | 22.09 | 12.96 |
| 2 | −2.3 | −1.4 | 3.22 | 5.29 | 1.96 |
| 3 | +4.4 | 5.1 | 22.44 | 19.36 | 26.01 |
| 4 | 13.2 | 14.5 | 191.40 | 174.24 | 210.30 |
| 5 | 20.2 | 22.3 | 450.46 | 408.00 | 497.30 |
| 6 | 24.2 | 26.9 | 640.98 | 585.60 | 723.60 |
| 7 | 26.0 | 28.2 | 733.20 | 676.00 | 800.90 |
| 8 | 24.6 | 26.5 | 650.90 | 605.2 | 702.30 |
| 9 | 19.5 | 21.1 | 411.45 | 380.30 | 445.20 |
| 10 | 12.5 | 13.4 | 167.50 | 156.30 | 179.60 |
| 11 | 4.0 | 4.6 | 18.40 | 16.00 | 21.16 |
| 12 | −2.8 | −1.9 | 5.32 | 7.84 | 3.16 |
| Σ | 138.8 | 155.7 | 3 323.19 | 3 056.16 | 3 619.11 |

计　算

$$L_{xy}=\sum_{i=1}^{n}x_iy_i-\frac{1}{n}(\sum_{i=1}^{n}x_i)(\sum_{i=1}^{n}y_i)=3\,323.19-\frac{1}{12}\times138.8\times155.7=1\,522.26$$

$$L_{xx}=\sum_{i=1}^{n}x_i^2-\frac{1}{n}(\sum_{i=1}^{n}x_i)^2=3\,056.16-\frac{1}{12}\times138.8^2=1\,450.71$$

$$L_{yy}=\sum_{i=1}^{n}y_i^2-\frac{1}{n}(\sum_{i=1}^{n}y_i)^2=3\,619.11-\frac{1}{12}\times155.7^2=1\,598.90$$

根据表 4-2，计算相关系数如下：

$$r=\frac{L_{xy}}{\sqrt{L_{xx}\cdot L_{yy}}}=\frac{1\,522.26}{\sqrt{1\,450.7\times1\,598.90}}=0.999\,5。$$

**软件运算指导 4.1——利用 Excel 的 CORREL 函数计算相关系数**

1. 打开需计算相关系数文件。

2. 选定需输出相关系数的单元格。单击“插入”菜单，选择“函数”选项，Excel 将弹出“粘贴函数”对话框。

3. 在“函数分类”列表中选择“统计”，在“函数名”列表中选函数“Correl”，单击“确定”按钮，弹出 Correl 函数对话框。

4. 在“Array 1”区域中输入变量数据集 1，“Array 2”区域中输入变量数据集 2 后，对话框底部便显示出计算结果。如果对话框中没有计算结果，便说明计算有错误，需要再检查一下。

5. 单击“确定”按钮，计算完成。

2. 相关系数的检验

当两要素的相关系数求出后，还需要对相关系数进行检验，因为相关系数是根据要素的样本求得，它随着样本数的多少或抽样方式的不同而不同，只有通过检验，才能测定其可信度。

检验方法：在给定的置信度（可信度 $1-\alpha$，危险率 $\alpha$）的条件下，通过查明相关系数检验的临界值表（表 4-3）来完成。在该表中 $\alpha$ 代表危险率，$f$ 代表 $n-2$（$n$ 为样本对数）。

**表 4-3 检验相关系数 $\rho=0$ 的临界值表**

| $f$ | $\alpha$ | | | $f$ | $\alpha$ | | |
|---|---|---|---|---|---|---|---|
| | 0.10 | 0.05 | 0.01 | | 0.10 | 0.05 | 0.01 |
| 1 | 0.987 69 | 0.996 92 | 0.999 877 | 16 | 0.400 0 | 0.468 3 | 0.589 7 |
| 2 | 0.900 00 | 0.950 00 | 0.990 00 | 17 | 0.388 7 | 0.455 5 | 0.575 1 |
| 3 | 0.805 4 | 0.878 3 | 0.9587 3 | 18 | 0.378 3 | 0.443 8 | 0.561 4 |
| 4 | 0.729 3 | 0.811 4 | 0.9172 0 | 19 | 0.368 7 | 0.432 9 | 0.548 7 |
| 5 | 0.699 4 | 0.754 5 | 0.874 5 | 20 | 0.359 8 | 0.422 7 | 0.536 8 |
| 6 | 0.621 5 | 0.706 7 | 0.834 3 | 25 | 0.323 3 | 0.380 9 | 0.486 9 |
| 7 | 0.582 2 | 0.666 4 | 0.797 7 | 30 | 0.296 0 | 0.349 4 | 0.448 7 |
| 8 | 0.549 4 | 0.631 9 | 0.764 6 | 35 | 0.274 6 | 0.324 6 | 0.418 2 |
| 9 | 0.521 4 | 0.602 1 | 0.734 8 | 40 | 0.257 3 | 0.304 4 | 0.393 2 |
| 10 | 0.497 3 | 0.576 0 | 0.707 9 | 45 | 0.242 8 | 0.287 5 | 0.372 1 |
| 11 | 0.476 2 | 0.552 9 | 0.683 5 | 50 | 0.230 6 | 0.273 2 | 0.354 1 |
| 12 | 0.457 5 | 0.532 4 | 0.661 4 | 60 | 0.210 8 | 0.250 0 | 0.324 8 |
| 13 | 0.440 9 | 0.513 9 | 0.641 1 | 70 | 0.195 4 | 0.231 9 | 0.301 7 |
| 14 | 0.425 9 | 0.497 3 | 0.622 6 | 80 | 0.182 9 | 0.217 2 | 0.283 0 |
| 15 | 0.412 4 | 0.482 1 | 0.605 5 | 90 | 0.172 6 | 0.205 0 | 0.267 3 |

我们对例 4.1 的相关系数进行检验。

由题意 $n=12$，如果给定危险率为 0.05，查表 $r_{0.05}=0.5760$，因为 $r=0.9995>r_{0.05}=0.576$，说明北京市的平均气温与平均地温的线性相关达到显著水平。

3. 相关阵(相关系数矩阵)

如果涉及 $x_1,x_2,\cdots,x_n$ 等 $n$ 个要素，则对于其中任意两个要素 $x_i$ 和 $y_j$，我们都可以按相关系数计算公式计算出它们之间的相关系数 $r_{ij}$，这样可得到多要素的相关系数矩阵：

$$\boldsymbol{R}=\begin{pmatrix} r_{11} & r_{12} & \cdots & r_{1j} & \cdots & r_{1n} \\ r_{21} & r_{22} & \cdots & r_{2j} & \cdots & r_{2n} \\ \vdots & \vdots & \cdots & \vdots & \cdots & \vdots \\ r_{i1} & r_{i2} & \cdots & r_{ij} & \cdots & r_{in} \\ \vdots & \vdots & \cdots & \vdots & \cdots & \vdots \\ r_{n1} & r_{n2} & \cdots & r_{nj} & \cdots & r_{nn} \end{pmatrix}。$$

相关系数矩阵之中：

(1) $r_{ii}=1$，即每一个要素与它的自身相关程度最大；

(2) $r_{ij}=r_{ji}$，即 $\boldsymbol{R}$ 为对称矩阵。

$$\boldsymbol{R}=\begin{pmatrix} 1 & & & & & \\ r_{21} & 1 & & & & \\ \vdots & & & & & \\ r_{i1} & r_{i2} & \cdots & & & \\ \vdots & \vdots & \cdots & \vdots & \cdots & \vdots \\ r_{n1} & r_{n2} & \cdots & r_{nj} & \cdots & 1 \end{pmatrix}$$

**【例 4.2】** 不同植被类型的生产量与水热资源表(见表 4-4)。

**表 4-4　不同植被类型的生产量与水热资源表**

| 植被类型 | 辐射平衡(千卡/cm² · 年)$X_1$ | 年降水量(mm) $X_2$ | 辐射干燥指数 $X_3$ | 植物年干物重 $X_4$ |
|---|---|---|---|---|
| 类型 1 | 10 | 250 | 0.67 | 10 |
| 类型 2 | 20 | 900 | 0.37 | 25 |
| 类型 3 | 26 | 600 | 0.72 | 65 |
| 类型 4 | 26 | 700 | 0.62 | 60 |
| 类型 5 | 30 | 730 | 0.68 | 79 |
| 类型 6 | 35 | 670 | 0.88 | 84 |
| 类型 7 | 36 | 800 | 0.75 | 90 |
| 类型 8 | 37.5 | 700 | 0.89 | 111 |

续 表

| 植被类型 | 辐射平衡(千卡/cm²·年)$X_1$ | 年降水量(mm) $X_2$ | 辐射干燥指数 $X_3$ | 植物年干物重 $X_4$ |
|---|---|---|---|---|
| 类型 9 | 41 | 600 | 1.14 | 77 |
| 类型 10 | 44 | 1 000 | 0.73 | 130 |
| 类型 11 | 42 | 700 | 1.00 | 104 |
| 类型 12 | 49 | 480 | 1.70 | 87 |
| 类型 13 | 40 | 240 | 2.78 | 24 |
| 类型 14 | 40 | 350 | 1.90 | 43 |
| 类型 15 | 47 | 140 | 5.60 | 12 |
| 类型 16 | 51 | 170 | 5.00 | 7 |
| 类型 17 | 66 | 230 | 4.78 | 24 |
| 类型 18 | 67 | 145 | 7.70 | 7 |
| 类型 19 | 65 | 450 | 2.40 | 73 |
| 类型 20 | 70 | 1 050 | 1.11 | 150 |
| 类型 21 | 65 | 1 400 | 0.78 | 245 |
| 类型 22 | 75 | 1 800 | 0.70 | 320 |
| 类型 23 | 80 | 2 000 | 0.67 | 330 |

### 软件运算指导 4.2——利用 Excel 的“相关系数”计算相关系数矩阵

1. 打开 Excel 的“工具”菜单，选择“数据分析”选项，打开“数据分析”对话框。

2. 在“数据分析”列表中选择“相关系数”，单击“确定”按钮，打开“相关系数”对话框。

3. 用户可以在该分析工具对话框中进行下列设置。

(1) 输入区域编辑框：在此输入待分析数据区域的单元格引用。该引用必须由两个或两个以上按列或行组织的相邻数据区域组成。

(2) 分组方式选项：如果需要指出输入区域中的数据是按行还是按列排列，则单击“行”或“列”选项。

(3) 标志位于第一行复选框：如果输入区域的第一行(列)中包含标志项，则选中该复选框；如果输入区域没有标志项，则该复选框不被选中，将在输出表中生成适合的数据标志。

4. 选择“输出选项”。

5. 单击“确定”。

求算例 4.2 的结果如表 4-5 所示。由于 $n=23$，即 $f=21$，查表 4-3 得到 $r_{0.05}=0.4143$，通过相关性检验，标 * 号的为线性相关达到显著水平。

**表 4-5　不同植被类型的生产量与水热资源等的相关系数计算结果**

| | 辐射平衡 $X_1$ | 年降水量(mm)$X_2$ | 辐射干燥指数 $X_3$ | 植物年干物重 $X_4$ |
|---|---|---|---|---|
| 辐射平衡 $X_1$ | 1 | | | |
| 年降水量(mm)$X_2$ | 0.416* | 1 | | |
| 辐射干燥指数 $X_3$ | 0.346 | −0.592* | 1 | |
| 植物年干物重 $X_4$ | 0.579* | 0.950* | −0.469* | 1 |

2. 顺序(等级)相关系数($r_s$)的测度

顺序(等级)相关系数,又称斯皮尔曼(Spearman)秩相关系数。

(1) 等级相关系数的计算

如果对于两个要素的数据中,无法获得其精确值,但我们可以知道每个要素数据的大小或重要性排序顺序,这样,我们就可以根据样本数据的位次来计算它们的相关程度。这种统计量称为顺序相关系数。

设两个地理要素 $x$ 和 $y$ 有几对样本值,令 $R_1$ 代表要素 $x$ 的序号(位次),$R_2$ 代表要素 $y$ 的序号,$d_i^2=(R_{1i}-R_{2i})^2$ 代表要素 $x$ 与要素 $y$ 同一组样本位次差的平方,那么要素 $x$ 与要素 $y$ 之间的等级相关系 $r_s$ 为

$$r_s=1-\frac{6\sum_{i=1}^{n}d_i^2}{n(n^2-1)}。$$

顺序相关系数 $r_s$ 公式由简单相关系推算而得。由 $x_i$ 和 $y_i$ 的值为秩(顺序值),即可推算

$$\bar{x}=\frac{1+2+\cdots+n}{n}=\frac{n(n+1)2}{n}=\frac{n+1}{2},$$

$$S_x^2=\frac{1}{n}\sum_{i=1}^{n}(x_i-\bar{x})^2=\frac{1}{n}\left[\sum_{i=1}^{n}x_i^2-\frac{(\sum_{i=1}^{n}x_i)^2}{n}\right]$$

$$=\frac{1}{n}\left[(1^2+2^2+\cdots+n^2)-\frac{(1+2+\cdots+n)^2}{n}\right]$$

$$=\frac{n(n+1)(2n+1)/6}{n}-\frac{[n(n+1)/2]^2}{n^2}$$

$$=\frac{n(n+1)}{12n}(n-1)=\frac{n^2-1}{12}。$$

同理推算

$$\bar{y}=\frac{n+1}{2},S_y^2=\frac{n^2-1}{12}。$$

根据 $d_i=x_i-y_i$,得

$$\frac{1}{n}\sum_{i=1}^{n}(d_i-\overline{d})^2=\frac{1}{n}\sum_{i=1}^{n}[(x_i-y_i)-(\overline{x}-\overline{y})]^2=\frac{1}{n}\sum_{i=1}^{n}[(x_i-\overline{x})-(y_j-\overline{y})]^2$$

$$=\frac{1}{n}\sum_{i=1}^{n}(x_i-\overline{x})^2+\frac{1}{n}\sum_{i=1}^{n}(y_i-\overline{y})^2-\frac{2}{n}\sum_{i=1}^{n}(x_i-\overline{x})(\overline{y}_i-\overline{y})。$$

上式可表达为 $S_d^2=S_x^2+S_y^2-2S_{xy}$

由 $r=\frac{S_{xy}}{S_x \cdot S_y}$ 可推知 $S_{xy}=r\cdot S_x\cdot S_y$，即 $S_d^2=S_x^2+S_y^2-2r\cdot S_x\cdot S_y$，

$$r=\frac{S_x^2+S_y^2-S_d^2}{2S_x\cdot S_y}。$$

因

$$\overline{d}=\overline{x}-\overline{y}=\frac{n+1}{2}-\frac{n+1}{2}=0,$$

$$S_d^2=\frac{1}{n}\sum_{i=1}^{n}(d_i-\overline{d})^2=\frac{1}{n}\sum_{i=1}^{n}d_i^2,$$

即

$$r=\frac{\frac{n^2-1}{12}+\frac{n^2-1}{12}-\frac{1}{n}\sum_{i=1}^{n}d_i^2}{2\sqrt{\left(\frac{n^2-1}{12}\right)\left(\frac{n^2-1}{12}\right)}}$$

$$=\frac{\frac{n^2-1}{6}-\frac{1}{n}\sum_{i=1}^{n}d_i^2}{\frac{n^2-1}{6}}=1-\frac{1}{n}\times\frac{6}{n^2-1}\sum_{i=1}^{n}d_i^2$$

$$=1-\frac{6\sum_{i=1}^{n}d_i^2}{n(n^2-1)}。$$

**【例 4.3】** 表 4-6 列出了 10 个学生在一门地理课程中的实验与课堂成绩的排列顺序，求秩相关系数。

**表 4-6 实验与课堂成绩的排序表**

| 实验 | 8 | 3 | 9 | 2 | 7 | 10 | 4 | 6 | 1 | 5 |
|---|---|---|---|---|---|---|---|---|---|---|
| 课堂 | 9 | 5 | 10 | 1 | 8 | 7 | 3 | 4 | 2 | 6 |

**解**：根据表 4-6 的秩，计算 $\sum_{i=1}^{n}d_i^2$，结果见表 4-7。

**表 4-7 实验与课堂成绩的排序位次差的平方**

| $d$ | −1 | −2 | −1 | 1 | −1 | 3 | 1 | 2 | −1 | −1 | |
|---|---|---|---|---|---|---|---|---|---|---|---|
| $d^2$ | 1 | 4 | 1 | 1 | 1 | 9 | 1 | 4 | 1 | 1 | $\sum_{i=1}^{n}d_i^2=24$ |

即 $r_s=1-\frac{6\sum_{i=1}^{n}d_i^2}{n(n^2-1)}=1-\frac{6\times 24}{10(10^2-1)}=0.854\ 5$。

【例 4.4】 对于例 4.1 转换成等级变量(见表 4-8)。

**表 4-8 某市各月平均气温与 5 cm 平均地温排序**

| 月份 | 1 | 2 | 3 | 4 | 5 | 6 | 7 | 8 | 9 | 10 | 11 | 12 |
|---|---|---|---|---|---|---|---|---|---|---|---|---|
| 气温 | −4.7 | −2.3 | 4.4 | 13.2 | 20.2 | 24.2 | 26.0 | 24.6 | 19.5 | 12.5 | 4.0 | −2.8 |
| 地温 | −3.6 | −1.4 | 5.1 | 14.5 | 22.3 | 26.9 | 28.2 | 26.5 | 21.1 | 13.4 | 4.6 | −1.9 |
| 气温 1 | 1 | 3 | 5 | 7 | 9 | 10 | 12 | 11 | 8 | 6 | 4 | 2 |
| 地温 1 | 1 | 3 | 5 | 7 | 9 | 11 | 12 | 10 | 8 | 6 | 4 | 2 |

$$r_s = 1 - \frac{6\sum_{i=1}^{n} d_i^2}{n(n^2-1)} = 1 - \frac{6\times 2}{12(12\times 12-1)} = 0.993。$$

**软件运算指导 4.3——利用 SPSS 的二元变量的相关分析(Bivariate)**

1. 在主菜单“分析(Analyze)”中，单击“相关：双变量(Correlate: Bivariate)”，弹出二元变量相关分析主对话框。

2. 选择分析变量。在主对话框左面的源变量框中选择要求相关系数的两个变量，单击向右箭头按钮，将选择的变量移至“变量(Variables)”矩形框中。

3. 从“相关系数(Correlation Coefficients)”矩形框中选择计算相关系数的方法

- Pearson:皮尔逊相关。调用 Correlation 过程计算连续变量或等间隔测度变量间的相关系数($r$)。
- Kendall's tau-b:肯德尔 $\tau$-$b$。调用 Nonpar Corr 过程计算等级变量间的秩相关。
- Spearman:斯皮尔曼相关。调用 Nonpar Corr 过程计算等级变量间的秩相关($rs$)。

以上三种相关分析可以选择其中之一，也可以同时选择两种。如果参与要析的变量连续变量，选择 Kendall's, tau-b 或 Spearman 相关，则系统自动对连续变量的值先求秩，再计算其秩分数间的相关系数。

4. 显著性检验类型的选择项

- 双侧检验(Two-tailed):双尾检验。
- 单侧检验(One-tailed):单尾检验。

5. 标记显著性相关(Display actual significance):是否选择此项，决定于是否显示实际的显著性水平。如果选择此项，输出结果中显示实际的显著性水平。否则使用“*”表示显著性水平为 5%;用“* *”表示显著性水平为 1%。

6. 选项(Options):在主对话框中单击“选项(Options)”图标按钮，弹出“双变量相关:选项”对话框，其中的设置项有:

(1) 统计量(Statistics):统计量选择项

- 均值与标准差(Means and standard deviations)
- 叉积离差阵和协方差阵(Cross-product deviations and covariances)

(2) 缺失值(Missing Values):缺失值方式

- 按对排除个案(Exclude cases pairswise):仅剔除正在参与计算的两个变量值是缺失值的观测量

- 按列表排除个案(Exclude cases listwise):剔除带有缺失值的所有观测量

7. 单击"确定(OK)"提交系统运行。

利用软件运算指导4.3可对Pearson相关系数和Spearman相关系数(即等级相关系数)进行求算。

(2) 等级相关系数的检验

与相关系数一样,等级相关系数是否显著,也需要检验。

从表4-9查出了"等级相关系数检验的临界值"。表4-9中,$n$代表样本个数,$\alpha$代表不同的置信水平,也称显著水平,表中的数值为临界值$r_{\alpha}$。

**表4-9　秩相关系数检验的临界值**

| $n$ | $\alpha$ | | $n$ | $\alpha$ | |
|---|---|---|---|---|---|
| | 0.05 | 0.01 | | 0.05 | 0.01 |
| 4 | 1.000 | | 16 | 0.425 | 0.601 |
| 5 | 0.900 | 1.000 | 18 | 0.399 | 0.564 |
| 6 | 0.829 | 0.943 | 20 | 0.377 | 0.534 |
| 7 | 0.714 | 0.893 | 22 | 0.359 | 0.508 |
| 8 | 0.643 | 0.833 | 24 | 0.343 | 0.485 |
| 9 | 0.600 | 0.783 | 26 | 0.329 | 0.465 |
| 10 | 0.564 | 0.746 | 28 | 0.317 | 0.448 |
| 12 | 0.506 | 0.712 | 30 | 0.306 | 0.432 |
| 14 | 0.456 | 0.645 | | | |

对例4.3中,　　$n=10, r_{0.05}=0.564, r_{0.01}=0.746$。

因　　$r_s=0.8545>r_{0.01}=0.746$,

即$r_s$在$\alpha=0.01$的置信水平上是显著的。

3. 多要素相关程度的测度

(1) 偏相关系数

在地理系统这个多要素系统中,一个要素的变化会影响其他要素的变化,它们彼此之间存在不同程度的相关。简单相关系数可能不能够真实地反映出变量$x$和$y$之间的相关性,因为变量之间的关系很复杂,它们可能受到不止一个变量的影响。这个时候偏相关系数是一个更好的选择。当我们研究某两个因素之间的相关,而把其他要素视为不变,即除去其他要素的影响,而单独研究两个要素之间的关系,则称为偏相关。

在偏相关分析中,把单相关系数矩阵称为零级偏相关系数。考虑某一个要素保持不变时称为一级偏相关系数。

一级偏相关系数公式为:

$$r_{ij\cdot k}=\frac{r_{ij}-r_{ik}\times r_{jk}}{\sqrt{(1-r_{ik}^2)(1-r_{jk}^2)}}。$$

二级偏相关系数公式为：

$$r_{ij\cdot kl}=\frac{r_{ij\cdot k}-r_{il\cdot k}\times r_{jl\cdot k}}{\sqrt{(1-r_{il\cdot k}^2)(1-r_{jl\cdot k}^2)}}。$$

对于偏相关系数的检验采用 $t$ 检验的方法。

$$t=\frac{r_{12\cdot34\cdots k}}{\sqrt{1-r_{12\cdot34\cdots k}^2}}\times\sqrt{n-(k-1)-1}$$

式中：$n$ 为样本数；$k$ 为变量数；$k-1$ 为自变量数；$n-(k-1)-1$ 为自由度。

**【例 4.5】** 利用例 4.2 的计算结果计算二级、三级偏相关系数。

$$r_{12\cdot3}=\frac{0.416-0.346\times(-0.592)}{(1-0.346^2)^{\frac{1}{2}}(1-0.592^2)^{\frac{1}{2}}}$$

$$=0.821$$

$$r_{12\cdot34}=\frac{r_{12\cdot3}-r_{14\cdot3}\times r_{24\cdot3}}{(1-r_{14\cdot3})^{\frac{1}{2}}(1-r_{24\cdot3})^{\frac{1}{2}}}$$

$$=\frac{0.821-0.895\times0.945}{(1-0.895^2)^{\frac{1}{2}}(1-0.945^2)^{\frac{1}{2}}}$$

$$=0.170$$

同理算出其他的偏相关系数(表 4-10)。

**表 4-10 偏相关系数计算结果**

| $R_{12\cdot3}$ | $R_{13\cdot2}$ | $R_{14\cdot2}$ | $R_{14\cdot3}$ | $R_{23\cdot1}$ | $R_{24\cdot1}$ | $R_{24\cdot3}$ | $R_{34\cdot1}$ | $R_{34\cdot2}$ |
|---|---|---|---|---|---|---|---|---|
| 0.821 | 0.808 | 0.647 | 0.895 | −0.683 | 0.956 | 0.945 | −0.875 | 0.371 |

对于偏相性检验，$r_{12\cdot3}$ 的相关性检验中，由于样本数 $n=23$，变量数 $k=3$，即自变量数 $k-1=2$，则

$$t=\frac{r_{12\cdot3}}{\sqrt{1-r_{12\cdot3}^2}}\times\sqrt{n-(k-1)-1}=\frac{0.821}{\sqrt{1-0.821^2}}\times\sqrt{23-2-1}=6.431$$

$$t>t_{0.05}(20)=2.086$$

即相关性显著。

同理，对于 $r_{12\cdot34}$ 的相关性检验，自变量为 3。

$$t=\frac{r_{12\cdot34}}{\sqrt{1-r_{12\cdot34}^2}}\times\sqrt{n-(k-1)-1}=\frac{0.170}{\sqrt{1-170^2}}\times\sqrt{23-3-1}=0.752$$

$$t<t_{0.05}(19)=2.093$$

即相关性不显著。

**软件运算指导 4.4——利用 SPSS 进行偏相关分析**

1. 在主菜单中单击“分析(Analyze)”,从下拉菜单中依次选择“相关:偏相关(Correlate: Partial),弹出主对话框。

2. 指定分析变量和控制变量。从左边的源变量框中选择要分析的两个变量,单击向左箭头按钮,移入”变量(Variables)框中;选择作为控制变量的变量名,单击向左箭头按钮,移入“控制 Controlling for” 框中。

3. 在“显著性检验”中选择假设检验类型

- 双尾检验(Two-tailed):用于有正负相关两种可能的情况。是系统默认的方式。
- 单尾检验(One-tailed):用于只可能是正向或负向相关的情况。

4. 显示实际显著水平(Display actual significance)

是否选择此项,决定于是否显示实际的显著性水平。如果选择此项,输出结果中显示实际的显著性水平;不选择此项,其显著性概率使用星号代替。一个星号“*”表示其著性概率在 5%—1%之间,两个星号“* *”表示其显著性概率小于或等于 1%。

5. 在主对话框中,单击“选项(Options)” 图标按钮,展开选项对话框。对话框中有两组选择项:

(1) 统计量(Statistics):统计量选择项

- 均值和标准差(Means and standard deviations):要求计算并显示各分析变量的均值和标准差。
- 零阶相关矩阵(Zero-order correlations):要求显示零阶相关矩阵,即 Pearson 相关矩阵。

(2) 缺失值(Missing Values):处理观测量缺失值的方式

- 按对排除个案(Exclude cases pairwise):仅剔除正在参与计算的两个变量值是缺失值的观测量
- 按列表排除个案(Exclude cases listwise):剔除带有缺失值的所有观测量

6. 单击“确定(OK)”提交系统运行。

(2) 复相关系数

复相关分析法能够反映各要素的综合影响。几个要素与某一个要素之间的复相关程度,用复相关系数来测定。

① 复相关系数的计算

复相关系数,可以利用单相关系数和偏相关系数求得。

设 $y$ 为因变量,$x_1,x_2,\cdots,x_k$ 为自变量,则将 $y$ 与 $x_1,x_2,\cdots,x_k$ 之间的复相关系数记为 $R_{y\cdot 12\cdots k}$。其计算公式如下。

当有 $k$ 个自变量时,

$$R_{y\cdot 12\cdots k}=\sqrt{1-(1-r_{y_1}^2)(1-r_{y_2\cdot 1}^2)\cdots[1-r_{yk\cdot 12\cdots(k-1)}^2]}$$

② 复相关系数的性质

(a) 复相关系数介于 0 到 1 之间。

(b) 复相关系数越大,要素(变量)的相关程度越密切。复相关系数为 1,完全相关;复相关系数为 0,完全无关。

(c) 复相关系数必大于或至少等于单相关系数的绝对值。

③ 复相关系数的显著性检验

一般采用 $F$ 检验法。

计算公式：

$$F=\frac{R_{y\cdot 12\cdots k}^{2}}{1-R_{y\cdot 12\cdots k}^{2}}\times\frac{n-k-1}{k}。$$

式中：$n$ 为样本数；$k$ 为自变量个数。

查 $F$ 检验的临界值表，可以得到不同显著性水平上的临界值 $F_\alpha$，若 $F>F_{0.01}$，则表示复相关在置信度水平 $a=0.01$ 上显著，称为极显著；若 $F_{0.05}<F\leqslant F_{0.01}$，则表示复相关在置信度水平 $a=0.05$ 上显著；若 $F_{0.10}\leqslant F\leqslant F_{0.05}$，则表示复相关在置信度水平 $a=0.10$ 上显著；若 $F<F_{0.10}$，则表示复相关不显著，即因变量 $y$ 与 $k$ 个自变量之间的关系不密切。

**【例 4.6】** 对于某四个地理要素 $x_1,x_2,x_3,x_4$ 的 23 个样本数据，经过计算得到了如下的单相关系数矩阵。

$$R=\begin{bmatrix} r_{11} & r_{12} & r_{13} & r_{14} \\ r_{21} & r_{22} & r_{23} & r_{24} \\ r_{31} & r_{32} & r_{33} & r_{34} \\ r_{41} & r_{42} & r_{43} & r_{44} \end{bmatrix}=\begin{bmatrix} 1 & 0.416 & 0.346 & 0.579 \\ 0.416 & 1 & -0.592 & 0.950 \\ -0.346 & -0.592 & 1 & -0.469 \\ 0.579 & 0.950 & -0.469 & 1 \end{bmatrix}$$

若以 $x_4$ 为因变量，$x_1,x_2,x_3$ 为自变量，试计算 $x_4$ 与 $x_1,x_2,x_3$ 之间的复相关系数并对其进行显著性检验。

**解**：(1) 计算复相关系数。

按照公式计算：

$$R_{y\cdot 12\cdots k}=\sqrt{1-(1-r_{y1}^{2})(1-r_{y_2\cdot 1}^{2})\cdots[1-r_{yk\cdot 12\cdots(k-1)}^{2}]},$$

$$R_{4\cdot 123}=\sqrt{1-(1-r_{41}^{2})(1-r_{42\cdot 1}^{2})(1-r_{43\cdot 12}^{2})}$$

$$=\sqrt{1-(1-0.579^{2})(1-0.956^{2})(1-0.337^{2})}=0.974。$$

(2) 显著性检验。

$$F=\frac{0.974}{1-0.974^{2}}\times\frac{23-3-1}{3}=120.1907,$$

$$F=120.1907>F_{0.01}=5.0103。$$

复相关达到了极显著水平。

# 第二节　地理要素的回归分析

## 一、地理回归分析概述

### 1. 回归分析

地理要素的相关分析只揭示了诸地理要素之间相互关系的密切程度。对于诸要素之间相互关系的进一步具体化，可通过大量的观测、试验取得大量的地理数据，利用数据统计方法，寻找出隐藏在随机性后面的统计规律，需要用回归方程来表达，这就是回归分析。

回归分析主要包括：① 从一组地理数据出发，确定地理要素（变量）间的定量数学表达式（回归模型）；② 根据一个或几个要素的值来预测或控制另一要素的取值；③ 从影响要素中找出主要要素，并分析其关系。

### 2. 相关分析与回归分析的差别

(1) 回归分析中，变量 $y$ 称因变量，处于被解释的特殊地位。在相关分析中，变量 $y$ 与变量 $x$ 处于平等地位，即研究变量 $y$ 与变量 $x$ 的密切程度与研究变量 $x$ 与变量 $y$ 的密切程度是一回事。

(2) 相关分析中涉及的变量 $y$ 与 $x$ 全是随机变量。而回归分析中，因变量 $y$ 是随机变量，自变量可以是随机变量（样本值），也可以是非随机的确定变量。

(3) 相关分析的研究主要是刻画两类变量间线性相关的密切程度。而回归分析不仅可以揭示变量 $x$ 对变量 $y$ 的影响大小，还可以由回归方程进行预测和控制。

### 3. 回归分析的种类

回归分析中，当研究的因果关系只涉及因变量和一个自变量时，叫做一元回归分析；当研究的因果关系涉及因变量和两个或两个以上自变量时，叫做多元回归分析。此外，回归分析中，又依据描述自变量与因变量之间因果关系的函数表达式是线性的还是非线性的，分为线性回归分析和非线性回归分析。通常线性回归分析法是最基本的分析方法，遇到非线性回归问题可以借助数学手段化为线性回归问题处理。回归分析法预测是利用回归分析方法，根据一个或一组自变量的变动情况预测与其有相关关系的某随机变量的未来值。进行回归分析需要建立描述变量间相关关系的回归方程。根据自变量的个数，可以是一元回归，也可以是多元回归。根据所研究问题的性质，可以是线性回归，也可以是非线性回归。非线性回归方程一般可以通过数学方法为线性回归方程进行处理。

## 二、一元地理回归模型的建立

### 1. 一元线性回归模型

对于两个地理要素 $X$ 和 $Y$，一元线性模型为：

$$Y = A + BX + \varepsilon。$$

其中 $Y$ 为随机变量，$X$ 为一般变量，$A,B$ 为待定常数，称为模型参数，$\varepsilon$ 是总体随机误差项。

对于两要素 $Y$ 和 $X$ 的观测值$(y_i,x_i)$，$i=1,2,\cdots,n$，存在

$$y_i = a + bx_i + e_i。$$

$a,b$ 称为回归直线的系数。$a$ 是直线在 $y$ 轴上的截距，称回归截距，代表 $y$ 的基础水平；$b$ 是直线的斜率，称回归系数，它表示 $x$ 变化一个单位时 $y$ 的平均变化。

2. 模型的假设条件

其即高斯假设条件，主要是对随机误差项 $\varepsilon$ 提出的。

对总体中各次观察的随机误差 $\varepsilon_i(i=1,2,\cdots,n)$，满足四个条件，即可使用回归分析。

(1) 零均值性：即在自变量取一定值 $x_i$ 的条件下，其总体各误差项的条件平均值为 0。

(2) 等方差性：即在自变量取一定值 $x_i$ 的条件下，其总体各误差项的条件方差为一常数。

(3) 误差项之间相互独立(即不相关性)：即在自变量取任意不同值 $x_i$ 和 $x_j$ 时，其误差项之间相互独立。

(4) 误差项与自变量之间相互独立性：即自变量的变化与误差项无关。

以上假设条件总称为标准古典假设条件。符合上述假设条件的回归模型称为一般线性回归模型(general linear regression model)。对于一般线性回归模型，最小二乘法估计 $a,b,y$ 值分别是总体参数 $A,B,Y$ 的无偏估计。

3. 一元线性地理回归模型的建立

一元线性地理回归模型的描述：

假设有两个地理要素(变量)$x$ 和 $y$，$x$ 为自变量，$y$ 为因变量，则基本结构形式为 $y_\alpha = a + bx_\alpha + \varepsilon_\alpha$。

式中，$a,b$ 为待定参数，$\alpha=1,2,\cdots,n$ 为 $n$ 组，观测数据为 $(x_1,y_1),\cdots,(x_n,y_n)$，$n$ 为下标，$\varepsilon_\alpha$ 为随机变量。

如果记 $\hat{a}$ 和 $\hat{b}$ 分别为参数 $a,b$ 的拟合值，即得 $\overline{y}=\hat{a}+\hat{b}x$ 为 $x$ 与 $y$ 之间的相关关系的回归直线(其中 $\hat{y}$ 为 $y$ 的估计值，称回归值)。

(1) 参数 $a,b$ 的最小二乘估计

实际观测值 $y_i$ 与回归值 $\hat{y}_i$ 之差 $e_i = y_i - \hat{y}_i$，说明了 $y_i$ 与 $\hat{y}_i$ 的偏差程度，也就是实际值与回归估计值的误差。采用最小乘法，就是使所有的 $e_i$ 值的平方和达到最小，即 $\sum_{i=1}^{n} e_i^2 \to \min$。

设 $Q = \sum_{i=1}^{n} e_i^2$，根据这条原则推算：

$$Q = \sum_{i=1}^{n} e_i^2 = \sum_{i=1}^{n}(y_i - \hat{y}_i)^2 = \sum_{i=1}^{n}(y_i - a - bx_i)^2 \to \min。$$

按照取极值的必要条件，必须使 $e_i^2$ 对 $a,b$ 的一阶偏导数为 0，即

$$\begin{cases}\dfrac{\partial Q}{\partial a}=-2\sum\limits_{i=1}^{n}(y_i-a-bx_i)=0,\\ \dfrac{\partial Q}{\partial b}=2\sum\limits_{i=1}^{n}(y_i-a-bx_i)\cdot(-x_i)=-2\sum\limits_{i=1}^{n}x_i(y_i-a-bx_i)=0,\end{cases}$$

也即
$$\begin{cases}\sum\limits_{i=1}^{n}(y_i-a-bx_i)=0,\\ \sum\limits_{i=1}^{n}(y_i-a-bx_i)x_i=0。\end{cases}$$

将上述方程组展开整理后，得

$$\begin{cases}\sum\limits_{i=1}^{n}y_i-b\sum\limits_{i=1}^{n}x_i-na=0,\\ \sum\limits_{i=1}^{n}x_iy_i-b\sum\limits_{i=1}^{n}x_i{}^2-a\sum\limits_{i=1}^{n}x_i=0。\end{cases}$$

解方程组
$$\begin{cases}\hat{b}=\dfrac{\sum\limits_{i=1}^{n}x_iy_i-\dfrac{1}{n}(\sum\limits_{i=1}^{n}x_i)(\sum\limits_{i=1}^{n}y_i)}{\sum\limits_{i=1}^{n}(x_i^2)-\dfrac{1}{n}(\sum\limits_{i=1}^{n}x_i)^2}=\dfrac{L_{xy}}{L_{xx}},\\ \hat{a}=\bar{y}-\hat{b}\bar{x},\end{cases}$$

其中，
$$\begin{cases}\bar{y}=\dfrac{1}{n}\sum\limits_{i=1}^{n}y_i,\\ \bar{x}=\dfrac{1}{n}\sum\limits_{i=1}^{n}x_i。\end{cases}$$

**【例 4.5】** 对例 4.1 进行一元线性回归的计算(见表 4-11)。

**表 4-11 一元线性回归计算过渡表**

| 月份 | $x_i$（气温） | $y_i$（地温） | $x_iy_i$ | $x_i{}^2$ | $y_i{}^2$ |
|---|---|---|---|---|---|
| 1 | −4.7 | −3.6 | 16.92 | 22.09 | 12.96 |
| 2 | −2.3 | −1.4 | 3.22 | 5.29 | 1.96 |
| 3 | 4.4 | 5.1 | 22.44 | 19.36 | 26.01 |
| 4 | 13.2 | 14.5 | 191.40 | 174.24 | 210.30 |
| 5 | 20.2 | 22.3 | 450.46 | 408.00 | 497.30 |
| 6 | 24.2 | 26.9 | 640.98 | 585.60 | 723.60 |
| 7 | 26.0 | 28.2 | 733.20 | 676.00 | 800.90 |
| 8 | 24.6 | 26.5 | 650.90 | 605.2 | 702.30 |
| 9 | 19.5 | 21.1 | 411.45 | 380.30 | 445.20 |

续　表

| 月份 | $x_i$（气温） | $y_i$（地温） | $x_i y_i$ | $x_i^2$ | $y_i^2$ |
|---|---|---|---|---|---|
| 10 | 12.5 | 13.4 | 167.50 | 156.30 | 179.60 |
| 11 | 4.0 | 4.6 | 18.40 | 16.00 | 21.16 |
| 12 | −2.8 | −1.9 | 5.32 | 7.84 | 3.16 |
| Σ | 138.8 | 155.7 | 3 323.19 | 3 056.16 | 3 619.11 |

$$\bar{x}=11.567,$$

$$\bar{y}=12.975,$$

$$\hat{b}=L_{xy}/L_{xx}=\frac{1\ 522.26}{1\ 450.71}=1.049\ 3,$$

$$\hat{a}=\bar{y}-\hat{b}\bar{x}=0.837\ 83。$$

即得到回归模型

$$y=0.837\ 83+1.049\ 3x$$

**软件运算指导 4.5——利用 Excel 的“回归”计算回归方程**

1. 打开 Excel 的“工具”菜单，选择“数据分析”选项，打开“数据分析”对话框。
2. 在“数据分析”列表中选择“回归”，单击“确定”按钮，打开“回归”对话框。
3. 用户可以在该分析工具对话框中进行下列设置。

(1) $Y$ 值输入区域：在此输入 $Y$ 值的单元格引用。

(2) $X$ 值输入区域：在此输入 $X$ 值的单元格引用。

(3) 置信度。

4. 选择“输出选项”。
5. 单击“确定”。

**软件运算指导 4.6——利用 SPSS 进行一元线性回归分析**

当在数据窗中建立或读入了一个数据文件后，进行线性回归分析的步骤如下。

1. 在主菜单中单击“分析(Analyze)”，从下方拉菜单中依次选择“回归：线性(Regression, Linear)”，弹出线性回归对话框。

2. 在左侧的源变量框中选择一数字变量作为因变量进入“因变量(Dependent)”框中，选择一个变量作为自变量进入“自变量(Independent[s])”框中。

3. 在“方法(Method)”：框中选择一种变量分析方式“进入(Enter)”。

4. 单击“确定(OK)”执行统计分析。

(2) 一元线性回归模型显著性检验

回归模型建立后，需要对模型的可信度进行检验。检验方法有两种，即利用相关系数与 $F$ 检验(方差分析)。

① $F$ 检验法(方差分析)

在回归分析中,$y$ 的 $n$ 次观测值 $y_i$ 之间的差异可用总的离差平方和表示,记为

$$s_{总} = L_{yy} = \sum_{i=1}^{n}(y_i - \overline{y})^2$$

可以证明:$s_{总} = \sum_{i=1}^{n}(y_i - \hat{y}_i)^2 + \sum_{i=1}^{n}(\hat{y}_i - \overline{y})^2$

$$= Q + u,$$

其中 $Q$ 为误差平方和,$u$ 为回归平方和。

可以看出,$u$ 影响越大,$Q$ 影响越小,回归模型的效果越好。可利用统计量 $F = u/\frac{Q}{n-2}$ 进行回归模型检验。

当 $F \geqslant F_\alpha(1, n-2)$ 时,则认为回归效果显著。

当 $F \leqslant F_\alpha(1, n-2)$ 时,则回归效果在该显著水平下不显著。

在计算中,$s_{总} = \sum_{i=1}^{n} y_i{}^2 - \frac{1}{n}\left(\sum_{i=1}^{n} y_i\right)^2 = L_{yy}, u = bL_{xy}, Q = L_{yy} - bL_{xy}$

$$F = u/\frac{Q}{n-2} = \frac{bL_{xy}}{(L_{yy} - bL_{xy})/(n-2)}$$

统计量 $F = u/\frac{Q}{n-2}$ 的证明过程如下:

$$s_{总} = L_{yy} = \sum_{i=1}^{n}(y_i - \overline{y})^2$$

$$= \sum_{i=1}^{n}[(y_i - \hat{y}_i) + (\hat{y}_i - \overline{y})]^2$$

$$= \sum_{i=1}^{n}(y_i - \hat{y}_i)^2 + \sum_{i=1}^{n}(\hat{y}_i - \overline{y})^2 + 2\sum_{i=1}^{n}(y_i - \hat{y}_i)(\hat{y}_i - \overline{y}),$$

而 $$\sum_{i=1}^{n}(y_i - \hat{y}_i)(\hat{y}_i - \overline{y}) = \sum_{i=1}^{n}(y_i - \hat{y}_i)(a + bx_i - \overline{y})$$

$$= a\sum_{i=1}^{n}(y_i - \hat{y}_i) + b\sum_{i=1}^{n}(y_i - \hat{y}_i)x_i - \overline{y}\sum_{i=1}^{n}(y_i - \hat{y}_i),$$

由 $\frac{\partial Q}{\partial a} = 0, \frac{\partial Q}{\partial b} = 0$, 得

$$\sum_{i=1}^{n}(y_i - \hat{y}_i) = 0,$$

$$\sum_{i=1}^{n}(y_i - \hat{y}_i)x_i = 0,$$

即

$$\sum_{i=1}^{n}(y_i-\hat{y}_i)(\hat{y}_i-\overline{y})=0。$$

由此推出

$$s_{总}=\sum_{i=1}^{n}(y_i-\hat{y}_i)^2+\sum_{i=1}^{n}(\hat{y}_i-\overline{y})^2,$$

即

$$s_{总}=Q+u。$$

同时

$$\frac{ns_y^2}{\delta^2}=\frac{s_{总}}{\delta^2}=\sum_{i=1}^{n}(\frac{y_i-\hat{y}_i}{\delta})^2+\sum_{i=1}^{n}(\frac{\hat{y}_i-\overline{y}}{\delta})^2,$$

$$\frac{ns_y{}^2}{\delta^2}\sim\chi^2(n-1),$$

而

$$\sum_{i=1}^{n}(\frac{\hat{y}_i-\overline{y}}{\delta_1})^2=\sum_{i=1}^{n}(\frac{a+bx_i-\overline{y}}{\delta})^2$$

$$=\sum_{i=1}^{n}(\frac{\overline{Y}-\overline{y}}{\delta})^2=n(\frac{\overline{Y}-\overline{y}}{\delta})^2\sim\chi^2(1),$$

即

$$\sum_{i=1}^{n}(\frac{y_i-\hat{y}_i}{\delta})^2\sim\chi^2(n-1-1)=\chi^2(n-2)。$$

在回归方程的显著性检验时，主要是列出方差分析表(见表4-12)。

**表4-12　一元回归方程的方差分析表**

| 变差来源 | 平方和 | 自由度 | 方差 | F检验 |
|---|---|---|---|---|
| 回归(因素 $x$) | $U=bL_{xy}$ | 1 | $S_u=U/1$ | |
| 剩余(随机因素) | $Q=L_{yy}-bL_{xy}$ | $n-2$ | $S_Q=Q/(n-2)$ | $F=\frac{U/1}{Q/(n-2)}$ |
| 总和 | $S_{总}=L_{yy}$ | $n-1$ | | |

② 相关系数检验法

根据相关系数 $r$ 进行检验。

由相关系数的定义 $r^2=\frac{L_{xy}^2}{L_{xx}\cdot L_{yy}}$ 可知，

$$u=\sum_{i=1}^{n}(\hat{y}_i-\overline{y})^2=\sum_{i=1}^{n}(a+bx_i-a-b\overline{x})^2$$

$$=b^2\sum_{i=1}^{n}(x_i-\overline{x})^2=b\cdot\frac{\sum_{i=1}^{n}(x_i-\overline{x})(y_i-\overline{y})}{\sum_{i=1}^{n}(x_i-\overline{x})^2}\cdot\sum_{i=1}^{n}(x_i-\overline{x})^2$$

$$=b\sum_{i=1}^{n}(x_i-\overline{x})(y_i-\overline{y})=bL_{xy}$$

$$Q=\sum_{i=1}^{n}(y_i-\hat{y}_i)^2=L_{yy}-bL_{xy}$$

即 $$r^2=\frac{L_{xy}^2}{l_{xx}\cdot L_{yy}}=\frac{L_{xy}\cdot\frac{L_{xy}}{L_{xx}}}{L_{yy}}=\frac{b\cdot L_{xy}}{L_{yy}}=\frac{u}{L_{yy}}$$

$$u=r^2L_{yy}$$

$$Q=s_{总}-u=L_{yy}-r^2L_{yy}=(1-r^2)L_{yy}$$

由 $$u=r^2L_{yy},Q=u-(1-r^2)L_{yy}$$

可推知，$r$ 越大，回归平方和 $u$ 越大，剩余平方和 $Q$ 越小，回归效果越好。

## 三、多元回归分析

1. 概念

多元线性回归(multiple linear regression)是分析一个随机变量与多个变量之间线性关系的最常见的统计方法。用变量的观测数据拟合所关注的变量和影响它变化的变量之间的线性关系式，检验影响变量的显著程度和比较它们的作用大小，进而用两个或多个变量的变化解释和预测另一个变量的变化。

在回归模型中，研究人员以规定因变量和自变量的方式确定研究变量之间的因果关系，加以量化描述，并根据实测数据求解这一模型的各个参数，评价回归模型是否能够很好地拟合实测数据，检验各自变量的作用是否符合预先的构想。如果模型能够很好地拟合实测数据，回归模型还可以用于预测。事实上，这些变量之间，由于缺乏严格的时间先后顺序，不能看成因果关系。

2. 多元回归模型的一般形式

设随机变量 $y$ 与一般变量 $x_1,x_2,\cdots,x_p$ 的线性回归模型为

$$y=\beta_0+\beta_1x_1+\beta_2x_2+\cdots+\beta_px_p+\varepsilon,$$

其中 $\beta_0,\beta_1,\cdots,\beta_p$ 为待定系数，$\beta_0$ 为回归常数，$\beta_1,\beta_2,\cdots,\beta_p$ 为回归系数。

当 $p\geqslant 2$，则上式称为多元线性回归模型。

假设 $$E(\varepsilon)=0,$$

$$\text{var}(\varepsilon)=\delta^2,$$

称 $E(y)=\beta_0+\beta_1x_1+\beta_2x_2+\cdots+\beta_px_p$ 为理论回归方程。

3. 回归参数的估计

回归参数的估计依然采用最小二乘法。

即寻找 $\hat\beta_0,\hat\beta_1,\cdots,\hat\beta_p$ 满足 $Q(\hat\beta_0,\hat\beta_1,\cdots,\hat\beta_p)=\sum_{i=1}^{n}(y_i-\hat\beta_0-\hat\beta_1x_{i1}-\hat\beta x_{i2}-\cdots-\hat\beta_px_{ip})$ 达到最小。

根据微分求极值原理，$\hat\beta_0,\hat\beta_1,\cdots,\hat\beta_p$ 应满足

$$\frac{\partial Q}{\partial \beta_0}\Big|_{\beta_0=\hat{\beta}_0}=-2\sum_{i=1}^{n}(y_i-\hat{\beta}_0-\hat{\beta}_1x_{i1}-\hat{\beta}_2x_{i2}-\cdots-\hat{\beta}_px_{ip})=0,$$

$$\begin{cases}\frac{\partial Q}{\partial \beta_1}\Big|_{\beta_1=\hat{\beta}_1}=-2\sum_{i=1}^{n}(y_i-\hat{\beta}_0-\hat{\beta}_1x_{i1}-\cdots-\hat{\beta}_px_{ip})x_{i1}=0,\\ \cdots\cdots\\ \frac{\partial Q}{\partial \beta_p}\Big|_{\beta_p=\hat{\beta}_p}=-2\sum_{i=1}^{n}(y_i-\hat{\beta}_0-\hat{\beta}_1x_{i1}-\cdots-\hat{\beta}_px_{ip})x_{ip}=0。\end{cases}$$

当存在一个 $\beta_i(i=0,1,\cdots,p)$ 时，

称 $\hat{y}=\hat{\beta}_0+\hat{\beta}_1x_1+\hat{\beta}_2x_2+\cdots+\hat{\beta}_px_p$ 为经验回归方程。

4. 回归模型的显著性检验

采用方差分析方法，分析方法同一元回归方程的检验相同，只是自由度不同。

$$F=\frac{\frac{u}{k}}{\frac{Q}{(n-k-1)}}$$，其中 $k$ 为自变量个数。

$F\geqslant F_\alpha(k,n-k-1)$，回归效果显著。

$F<F_\alpha(k,n-k-1)$，回归效果不显著。

【例 4.6】 某省为预测木材生产指数 $Y$，选取以下三个因子，即森林蓄积量指数($X_1$)、木材价格指数($X_2$)、运输距离指数($X_3$)。

**表 4-13　某省木材生产指数及相关因子**

| 年份 | $X_1$ | $X_2$ | $X_3$ | $Y$ |
|---|---|---|---|---|
| 1952 | 95.5 | 84.7 | 30.4 | 88.4 |
| 1953 | 102.1 | 103.7 | 62.0 | 99.7 |
| 1954 | 97.7 | 110.9 | 82.1 | 95.4 |
| 1955 | 100.0 | 100.0 | 100.0 | 100.0 |
| 1956 | 105.2 | 100.6 | 114.0 | 107.9 |
| 1957 | 101.5 | 114.7 | 125.2 | 108.7 |
| 1958 | 99.3 | 113.9 | 140.2 | 105.5 |

**软件运算指导 4.7——利用 SPSS 进行多元线性回归分析**

当在数据窗中建立或读入了一个数据文件后，进行线性回归分析的步骤如下。

1. 在主菜单中单击“分析(Analyze)”，从下方拉菜单中依次选择“回归：线性(Regression：Linear)”，弹出线性回归对话框。

2. 在左侧的源变量框中选择一数字变量作为因变量进入“因变量(Dependent)”框中，选择多个变量作为自变量进入“自变量(Independent[s])”框中。

3. 在“方法(Method)”：框中选择一种变量分析方式“进入(Enter)”。

4. 单击“确定(OK)”执行统计分析。

**【例 4.7】** 国际旅游外汇收入的影响因素包括自然、文化、社会、经济、交通等多方面。本例研究第三产业的投入对旅游外汇收入的影响。《中国统计年鉴》把第三产业分为 12 个组成，分别是 $X_1$（农林牧副服务业）、$X_2$（地质勘测水利管理业）、$X_3$（交通运输仓储和邮电通信业）、$X_4$（批发零售贸易和餐饮业）、$X_5$（金融保险业）、$X_6$（房地产业）、$X_7$（社会服务业）、$X_8$（卫生体育和社会福利业）、$X_9$（教育文化艺术和广播）、$X_{10}$（科学研究和综合艺术）、$X_{11}$（党政机关）、$X_{12}$（其他行业）。选取我国 31 个省、市、自治区的数据，以国际旅游外汇收入（百万美元）为因变量 $y$，以 12 个行业的投入（亿元人民币）作为自变量进行多元线性回归。

**表 4-14 库全国各地区的国际旅游外汇收入及影响因素数据表**

| 地区 | $X_1$ | $X_2$ | $X_3$ | $X_4$ | $X_5$ | $X_6$ | $X_7$ | $X_8$ | $X_9$ | $X_{10}$ | $X_{11}$ | $X_{12}$ | $Y$ |
|---|---|---|---|---|---|---|---|---|---|---|---|---|---|
| 北京 | 1.9 | 4.5 | 154 | 207 | 246 | 277 | 135 | 30 | 110 | 80 | 51 | 14.0 | 2 384 |
| 天津 | 0.3 | 6.4 | 133 | 127 | 120 | 114 | 81 | 14 | 35 | 16 | 27 | 2.9 | 202 |
| 河北 | 6.1 | 17.1 | 313 | 386 | 203 | 204 | 79 | 32 | 79 | 14 | 128 | 42.1 | 100 |
| 山西 | 5.3 | 9.3 | 123 | 122 | 101 | 96 | 34 | 13 | 37 | 5 | 63 | 3.1 | 38 |
| 内蒙古 | 3.7 | 4.2 | 106 | 95 | 27 | 22 | 34 | 14 | 28 | 4 | 35 | 9.5 | 126 |
| 辽宁 | 11.2 | 8.1 | 271 | 533 | 164 | 123 | 187 | 58 | 90 | 31 | 84 | 11.6 | 262 |
| 吉林 | 2.8 | 3.6 | 109 | 130 | 52 | 62 | 38 | 21 | 44 | 25 | 48 | 14.2 | 38 |
| 黑龙江 | 8.6 | 11.4 | 160 | 246 | 109 | 115 | 68 | 34 | 58 | 13 | 72 | 21.1 | 121 |
| 上海 | 3.6 | 6.6 | 244 | 412 | 459 | 512 | 160 | 43 | 89 | 48 | 48 | 7.0 | 1 218 |
| 江苏 | 30.0 | 19.0 | 435 | 724 | 376 | 381 | 210 | 71 | 150 | 23 | 188 | 19.6 | 529 |
| 浙江 | 6.2 | 6.3 | 321 | 665 | 157 | 172 | 147 | 52 | 78 | 10.9 | 93 | 9.4 | 361 |
| 安徽 | 4.1 | 8.8 | 152 | 258 | 83 | 85 | 75 | 26 | 63 | 5 | 47 | 2.6 | 51 |
| 福建 | 5.8 | 5.6 | 347 | 332 | 157 | 172 | 115 | 33 | 77 | 8 | 79 | 8.2 | 651 |
| 江西 | 6.7 | 6.8 | 145 | 143 | 97 | 100 | 43 | 17 | 51 | 5 | 62 | 18.2 | 43 |
| 山东 | 10.8 | 11.7 | 442 | 665 | 411 | 429 | 115 | 87 | 145 | 21 | 187 | 110. | 220 |
| 河南 | 4.16 | 22.5 | 299 | 316 | 132 | 139 | 84 | 53 | 84 | 12 | 116 | 10.3 | 101 |
| 湖北 | 4.6 | 7.65 | 195 | 373 | 161 | 180 | 101 | 58 | 80 | 21 | 100 | 5.1 | 88 |
| 湖南 | 7.08 | 10.9 | 216 | 291 | 119 | 125 | 47 | 48 | 97 | 12 | 139 | 16.6 | 156 |
| 广东 | 16.3 | 24.1 | 688 | 827 | 271 | 268 | 331 | 71 | 146 | 23 | 145 | 16.5 | 2 942 |

续 表

| 地区 | $X_1$ | $X_2$ | $X_3$ | $X_4$ | $X_5$ | $X_6$ | $X_7$ | $X_8$ | $X_9$ | $X_{10}$ | $X_{11}$ | $X_{12}$ | $Y$ |
|---|---|---|---|---|---|---|---|---|---|---|---|---|---|
| 广西 | 4.01 | 4 | 125 | 243 | 52 | 31 | 47 | 25 | 55 | 4 | 60 | 13.6 | 156 |
| 海南 | 0.8 | 2.0 | 35 | 60 | 29 | 30 | 20 | 4 | 12 | 1 | 9 | 0.27 | 96 |
| 重庆 | 4.42 | 2.1 | 78 | 138 | 68 | 73 | 79 | 18 | 43 | 20 | 48 | 0.7 | 88 |
| 四川 | 11.2 | 9.4 | 196 | 328 | 204 | 144 | 101 | 43 | 74 | 15 | 90 | 11.0 | 84 |
| 贵州 | 2.01 | 2.0 | 25 | 69 | 40 | 36 | 27 | 13 | 26 | 2 | 25 | 6.7 | 48 |
| 云南 | 6.43 | 6.0 | 88 | 170 | 88 | 89 | 33 | 29 | 51 | 8 | 40 | 4.8 | 261 |
| 西藏 | 1.91 | 0.9 | 5 | 11 | 0.7 | 1.7 | 1.9 | 2 | 5 | 0.9 | 7 | 0.1 | 33 |
| 陕西 | 5.49 | 9.9 | 115 | 94 | 76 | 53 | 47 | 22 | 56 | 14 | 48 | 38.1 | 247 |
| 甘肃 | 3.97 | 7.8 | 39 | 99 | 41 | 50 | 11 | 8 | 15 | 6 | 16 | 7.0 | 30 |
| 青海 | 1.31 | 3.0 | 13 | 18 | 18 | 18 | 3.1 | 3 | 8 | 1 | 14 | 1.2 | 3 |
| 宁夏 | 1.1 | 2.1 | 16 | 19 | 17 | 16 | 4 | 3 | 6 | 1 | 7 | 3.1 | 1 |
| 新疆 | 4.58 | 10.3 | 92 | 103 | 49 | 50 | 28 | 11 | 37 | 4 | 39 | 3.5 | 82 |

通过计算，$y$ 对 12 个自变量的线性回归方程为：

$$Y=-205.179-0.428X_1+2.930X_2+3.367X_3-0.978X_4-5.541X_5+4.068X_6+3.985X_7-14.531X_8+17.380X_9+9.435X_{10}-11.008X_{11}+1.320X_{12}$$

这一回归方程还是比较理想，从 SPSS 计算结果的“ANVOA”表中看出，Sig 为 0.000，明显小于 0.05，或者从计算的 $F$ 值（$F=10.49>F_{0.05}(12,18)=2.34$），可以推断出回归系数检验具有显著性。

## 四、地理要素的逐步回归分析

在进行多元回归分析时，虽然进行了显著性检验之后，并不能说明这个回归方程中所有自变量都对因变量 $y$ 有显著影响。这就存在着如何挑选出对因变量有显著影响的自变量问题。

我们把由因变量与所有的自变量构成的回归模型称为全回归模型。把由 $m$ 个自变量中挑选出 $p$ 个自变量所组成的回归模型称为选模型。如果应该用全模型去描述实际问题的，我们用选模型，将使建模时丢失一些有用的变量。如果应该用选模型去描述实际问题的，我们用全模型，即把一些不必要的变量引进了模型，两者都会引起建模的精确性。因此，自变量的选择有重要的实际意义。

对于 $m$ 个自变量分别采用 $1-p$ 个自变量，含有 $2^p-1$ 个方程。当 $p$ 相当大时，我们不能一一比较 $2^p-1$ 个方程。因此，人们提出了一个最佳的挑选最优方程的方法——“逐步回归”、“前进法”、“后退法”，其中“逐步回归”是吸取了“前进法”和“后退法”的优点，克服不足，把两者结合起来。

1. 前进法(Forward)(只进不出法)

前进法的基本思想:把自变量由少到多引入,每次增加一个自变量,直到没有可引入的变量为止。

具体做法:(1) 首先将 $p$ 个自变量,分别对因变量 $Y$ 建立 $p$ 个一元线性回归方程,并分别计算这 $p$ 个方程的回归系数的 $F$ 检验值,记为$\{F_1^1, F_2^1, \cdots, F_p^1\}$,选其最大者记为 $F_j^1 = \max\{F_1^1, F_2^1, \cdots, F_p^1\}$,给定显著水平 $\alpha$,若 $F_j^1 \geqslant F_\alpha(1, n-2)$,则将 $x_j$ 引入方程。为了方便,我们假设 $x_j$ 就是 $x_1$。

(2) 对因变量 $Y$ 分别与 $(x_1, x_2)$、$(x_1, x_3) \cdots (x_1, x_p)$ 建立 $p-1$ 个二元线性回归方程,对这 $p-1$ 个方程中的回归系数进行 $F$ 检验,计算 $F$ 值,记为$\{F_2^2, F_3^2, \cdots, F_p^2\}$,选其最大者 $F_j^2 = \max\{F_2^2, F_3^2, \cdots F_p^2\}$,若 $F_j^2 \geqslant F_\alpha(1, n-3)$,即接着将 $x_j$ 引入回归方程。

(3) 依上述方法做下去。直至所有未被引入方程的自变量的 $F$ 值均小于 $F_\alpha(1, n-p-1)$ 为止。这时得到的回归方程就是最终确定的方程。

2. 后退法(Backward)(只出不进法)

后退法与前进法相反。

(1) 用全部 $p$ 个变量建立一个回归方程。对 $m$ 个回归系数计算偏 $F$ 值,记求得的偏 $F$ 值为 $\{F_1^m, F_2^m, \cdots, F_p^m\}$。选其最小者 $F_j^m = \min\{F_1^m, F_2^m, \cdots, F_p^m\}$,给定量著水平 $\alpha$,若 $F_j^n \leqslant F_\alpha(1, n-p-1)$,即将 $x_j$从回归方程中剔除。为方便,假设 $x_j$就是 $x_m$。

(2) 对剩下的 $m-1$ 个自变量建立回归方程,按上述方法,剔除一个变量 $x_j$,直至方程中所剩余的 $p$ 个自变量的偏$F$ 检验值均大于$F_\alpha(1, n-p-1)$。这时,得到的回归方程就是最终确定的方程。

3. 逐步回归法(stepwise)

将变量一个一个引入,每当引入一个自变量后,对已选入的变量要进行逐个检验。当原引入的变量由于后面变量的引入而变得不再显著时,要将其剔除。引入一个变量或从回归方程中剔除一个变量,都为逐步回归的一步,每一步都要进行 $F$ 检验。

在逐步回归中要注意,$\alpha_{进} < \alpha_{出}$。

如果 $\alpha_{进} \geqslant \alpha_{出}$,将导致死循环。

**软件运算指导 4.8——利用 SPSS 进行逐步回归分析、前进法和后退法分析**

当在数据窗中建立或读入了一个数据文件后,进行线性回归分析的步骤如下。

1. 在主菜单中单击"分析(Analyze)",从下方拉菜单中依次选择"回归:线性(Regression: Linear)",弹出线性回归对话框。

2. 在左侧的源变量框中选择一数字变量作为因变量进入"因变量(Dependent)"框中,选择一个或多个变量作为自变量进入"自变量(Independent[s])"框中。

每次选择的自变量都会自动地保存在第 $n$ 个自变量块中。如果以同一个因变量选择不同的自变量建立回归方程,则可以利用 Previous 与 Next 按钮来选择某一组已经保存好的自变量。

3. 在“方法(Method)”:框中选择一种变量分析方式“逐步(Stepwise)”。

4. 在左侧的源变量框中选择一数字变量作为选择变量进入“选择变量(Selection Variable)”框中,单击“规则(Rule)”图标按钮,弹出规则对话框。通过该对话框来选择参与分析的观测量范围。

在“值(Value)”下面的矩形框中输入选择变量值,在左边矩形框的下拉列车表中指定一种选择方式:等于、不等于、小于、小于等于、大于、大于等于。

5. 在左侧的源变量框中选择一变量作为标签变量进入“个案标签(Case Labels)”框中。

6. 根据需要进行以下选择设置,单击相应的图标按钮即可。

(1) WLS:为了获得加权最小平方解法设置一个加权位置,利用加权最小平方法给予观测量不同的权重值,它或许可以用来补偿采用不同测量方式时所产生的误差。这与利用观测值加权而改变有效样本的大小是不同的。对于加权残差分析,将残差与预测值各自保存为新变量,然后将那些新变量与所设置的加权变量的平方根相乘。

先在左侧的源变量,再单击向右箭头按钮即可。被选择的自变量与因变量不能作为加权变量,加权变量中含有零、负数或缺失值的观测量将会被剔除。

(2) 统计量(Statistics):选择不同的选项,进行相关参数的统计。

(3) 绘制(Plots):绘制残差散布图、直方图、奇异值图或正常概率图。通过对变量的选择可以确定与 $Y$ 轴和 $X$ 轴相应的变量。为获得更多的图形可以通过单击 Next 按钮来重复此操作过程,一次最多可以确定 9 个图形。

(4) 保存(Save):每项选择都会增加一个或更多的新变量进入原始数据文件,包括预测值、残差等相关统计量。

(5) 选项(Options):改变用于进行逐步回归(Stepwise Methods)时内部数值的设定以及对缺失值的处理方式。

7. 单击“确定(OK)”执行统计分析。

8. 对于前进法、后退法只是第三步:在 Method 框中选择一种变量分析方式,分别为“向前(Forward)”和“向后(Backward)”,其余相同。

**【例 4.8】** 对例 4.7 进行逐步回归法等多种回归方法的比较。

**解:**(1) 前进法的计算结果:

$$Y = -140.625 + 3.910X_7 - 1.997X_4 + 18.431X_{10} + 5.090X_3 - 7.442X_{11}。$$

(2) 后退法的计算结果:

$$Y = -184.763 + 4.321X_3 - 20.202X_8 + 17.365X_9 + 11.618X_{10} - 13.005X_{11}。$$

(3) 逐步回归法的计算结果:

$$y = -117.497 + 21.479X_{10} + 4.975X_3 - 11.264X_{11}。$$

(4) 模型比较(见表 4-15)。

表 4-15　多种回归模型比较

| | 全模型 | 前进法 | 后退法 | 逐步回归法 |
|---|---|---|---|---|
| 复相关系数($R$) | 0.935 | 0.908 | 0.923 | 0.889 |
| 复决定系数($R^2$) | 0.875 | 0.824 | 0.852 | 0.791 |
| 调整的复决定系数($R_a{}^2$) | 0.791 | 0.789 | 0.822 | 0.768 |

## 五、地理要素的非线性回归分析

1. 常见的非线性回归模型

(1) 双曲线

基本形式为 $$y=\frac{x}{\alpha x+\beta}$$

(2) 幂函数曲线

基本形式为 $$y=\alpha x^{\beta}$$

(3) 对数曲线

基本形式为 $$y=\alpha+\beta\ln x$$

(4) 指数曲线

基本形式为 $$y=\alpha e^{\beta x}$$

2. 非线性回归模型转换为线性回归模型

一元地理回归模型的判断方法主要有:图解法(散点图)、差分法、曲度法等,在这里,我们讲述最简易图解法。

(1) 将地理要素($x$、$y$)的数据点绘在普通方格纸上的散点图呈直线,则这地理回归模型为直线型($y=ax+b$)。

(2) 如果将地理要素($x$、$y$)的数据绘在双对数格纸上呈直线,则一元地理回归模型为幂函数型($y=ax^b$)。横轴为 $\ln x$,纵轴为 $\ln y$ 。

(3) 将地理要素($x$、$y$)的数据绘制在单对数格纸上,其横坐标取对数分格,纵坐标取普通分格时呈直线,则这回归模型为对数型($y=ae^{bx}$)。

(4) 若将地理要素($x$、$y$)的数据点绘制在单对数格纸上,而其横坐标为普通分格,其纵坐标取对数分格时呈直线,则这地理回归模型为指数型($y=a+b\ln x$)。

(1) 为线性回归,(2)、(3)、(4)为非线性回归。即回归曲线,可以直线化,即(2)、(3)、(4)可转换为(1)类型。

表 4-16　线性与常见非线性不同模型的表示

| 模型名称 | 回归方程 | 相应的线性回归方程 |
| --- | --- | --- |
| Linear(线性) | $Y=b_0+b_1t$ | |
| Quadratic(二次) | $Y=b_0+b_1t+b_2t_2$ | |
| Compound(复合) | $Y=b_0(b_1t)$ | $Ln(Y)=ln(b_0)+ln(b_1)t$ |
| Growth(生长) | $Y=eb_0+b_1t$ | $Ln(Y)=b_0+b_1t$ |
| Logarithmic(对数) | $Y=b_0+b_1ln(t)$ | |
| Cubic(三次) | $Y=b_0+b_1t+b_2t_2+b_3t_3$ | |
| S | $Y=eb_0+b_1/t$ | $Ln(Y)=b_0+b_1/t$ |
| Exponential(指数) | $Y=b_0 * eb_1 * t$ | $Ln(Y)=ln(b_0)+b_1t$ |
| Inverse(逆) | $Y=b_0+b_1/t$ | |
| Power(幂) | $Y=b_0(tb_1)$ | $Ln(Y)=ln(b_0)+b_1ln(t)$ |
| Logistic(逻辑) | $Y=1/(1/u+b_0b_1t)$ | $Ln(1/Y-1/u)=ln(b_0+ln(b_1)t)$ |

3. 非线性回归模型计算分析

**软件运算指导 4.9——利用 SPSS 的“曲线估计”进行非线性回归**

1. 散点图分析和初始模型选择

在 SPSS 数据窗口中输入数据，然后插入散点图(选择 Graphs→Scatter 命令)，由散点图可以看出，该数据配合线性模型、指数模型、对数模型和幂函数模型都比较合适。

2. 在主菜单中单击“分析(Analyze)”，从下拉菜单中依次选择“回归：曲线估计(Correlate:Curve Estimation)”，弹出主对话框。

3. 在左侧的源变量框中选择一数字变量作为因变量进入“因变量(Dependent)”框中，选择一个或多个变量作为自变量进入”自变量(Independent[s])”框中。

4. 在“模型”中选择相应的模型类型

类型如表 4-16 所示。

5. 在“显示 ANOVA 表格”的复选框中打勾

6. 单击“确定(OK)”提交系统运行。

**软件运算指导 4.10——利用 SPSS 的“非线性”进行非线性回归**

1. 在主菜单中单击“分析(Analyze)”，从下拉菜单中依次选择“回归：非线性(Correlate:Nonlinear)”，弹出主对话框。

2. 在左侧的源变量框中选择一数字变量作为因变量进入“因变量(Dependent)”框中。

3. 点击“参数(Parametere)”设置相应的“模型表达式”的参数。

4. 在“模型表达式”中输入相应的模式表达式。

5. 单击“确定(OK)”提交系统运行。

## 思考题

1. 对某个县抽取了个乡镇，进行可持续发展战略的开展和生态环境改善状况相关程度调查(如下表)，试测定它们的相关程度($r_s$临界值为0.893)。

| | A | B | C | D | E | F | G |
|---|---|---|---|---|---|---|---|
| 可持续发展战略开展状况 | 较重视 | 最重视 | 不重视 | 较不重视 | 最不重视 | 极端重视 | 重视 |
| 生态环境改善状况 | 最好 | 较好 | 最不好 | 不太好 | 不好 | 极好 | 一般 |

2. 对下表求出相关系数。

| | $x_i$ | $y_i$ | $x_i^2$ | $y_i^2$ | $x_i y_i$ |
|---|---|---|---|---|---|
| | 1 | 2 | 1 | 4 | 2 |
| | 2 | 3 | 4 | 9 | 6 |
| | 1 | 2 | 1 | 4 | 2 |
| | 2 | 4 | 4 | 16 | 8 |
| | 3 | 1 | 9 | 1 | 3 |
| | 4 | 2 | 16 | 4 | 8 |
| | 3 | 1 | 9 | 1 | 3 |
| | 2 | 5 | 2 | 25 | 10 |
| | 3 | 1 | 9 | 1 | 3 |
| | 2 | 4 | 4 | 16 | 8 |
| $\sum_{i=1}^{10}$ | 23 | 25 | 61 | 81 | 53 |

3. 从某地区抽取10个区域的人口居住面积($x$)和国民生产总值($y$)资料计算出如下数据：

$$\sum_{i=1}^{10} x = 6\,525, \sum_{i=1}^{10} y = 9\,801, \sum_{i=1}^{10} xy = 7\,659\,156, \sum_{i=1}^{10} y^2 = 5\,668\,539$$

试建立国民生产总值$y$随人口居住面积$x$变化的直线回归方程。

4. 某区域生产某种农产品的产量和单位成本资料如下：

| 月份 | 1 | 2 | 3 | 4 | 5 | 6 |
|---|---|---|---|---|---|---|
| 产量(kg) | 4 | 6 | 8 | 7 | 8 | 9 |
| 单位成本(元/kg) | 2 | 2 | 4 | 3 | 5 | 5 |

试分析判断产量和单位成本之间是否存在相关关系？其相关程度如何？

5. 试根据下列资料编制直线回归方程 $y_c = a + bx$，并计算相关系数$r$。要求写出公式和计算过程，结果保留四位小数。

$\overline{xy} = 146.5$，$\overline{x} = 12.6$，$\overline{y} = 11.3$，$\overline{x^2} = 164.2$，$\overline{y^2} = 134.1$。

6. 某单位研究一种植物高生长($y$)与施肥量($x$)的相关关系，在恒温大棚中计算相关系数为 $R$，在大棚外抽取样本数据，同时进行气温($T$)的测定，分别计算了植物高生长($y$)与施肥量($x$)的相关系数 $r_{xy}$、高生长($y$)与气温($T$)的相关系数 $r_{yT}$、施肥量($x$)与气温($T$)的相关系数 $r_{xT}$，试分析这四个相关系数是否存在何种关系。

7. 某研究者调查 80 个区域，建立了回归模型：$y=12.46+1.25x_1+0.56x_2+4.30x_3+1.33x_4+3.62x_5+0.28x_6+7.26x_7+2.88x_8$，通过回归模型显著性检验，求得 $F$ 值为 1.023，研究者感觉达不到要求，于是去掉一些地理要素(变量)，建立的模型为 $y=2.66+7.11x_1+1.33x_2+4.15x_5+3.52x_7+12.02x_8$，算出 $F$ 值为 6.33。试问：(1) 建立的八要素的全模型，是否如研究者所认为的那样，真的达不到要求；(2) 去掉一些地理要素(变量)建立的模型效果如何，为什么会出现这种情况。

8. 对于某数学老师与其爷爷、父亲、儿子、孙子的身高，从高到低的顺序为儿子、孙子、数学老师本人、爷爷、父亲，试分析父子身高的相关性。

# 第五章　地理系统的分类评价

地理系统是指各自然地理要素通过能量流、物质流和信息流的作用结合而成的，具有一定结构和功能的整体。地理系统评价，需要较充分掌握区域地理要素信息，用特征归纳、分类等方法进行评价。分类问题是各个学科领域都普遍存在的问题。地理系统分类是按照该系统属性的相似性和差异性划分成类型系统。地理系统分类依照一定的标准、阈值、属性或功能所划分的地理系统组合或地理系统范畴，应体现出某些强调的本质特征。分类的方法很多，多元统计数学中的聚类分析、判别分析与主成分分析，是根据事物特征值的相似性和差异性进行类型划分的数学方法。

## 第一节　地理系统的聚类分析

聚类分析，又称群分析、点群分析，是研究多要素事物分类的数量方法。主要是根据样本自身的属性，用数学方法按照某些相似性或者差异性指标，定量地确定样本之间的亲疏关系，并按某亲疏关系进行聚类。聚类分析的大部分应用都属于探测性研究，最终结果是产生研究对象的分类，通过对数据的分类研究，还能产生假设。

聚类研究可以用来对案例进行分类，也可以用来对变量进行分类。对案例（记录）的分类称为 $Q$ 型聚类，对变量的分类称为 $R$ 型聚类。在实际应用中，聚类分析更多地用来对案例进行分类。

### 一、聚类要素的数据处理

在聚类分析中，被聚类的对象常常是多个要素构成的，不同要素的数据往往具有不同的单位和量纲，因而其数据的差异性可能很大，这样会对分类结果产生影响。因此，聚类分析必须要进行数据处理。

假设有 $m$ 个聚类对象，每个对象都有 $x_1, x_2, \cdots, x_n$ 个要素指标，其数据表示为矩阵形式。

要素指标

| | | $x_1$ | $x_2$ | $\cdots$ | $x_j$ | $\cdots$ | $x_n$ |
|---|---|---|---|---|---|---|---|
| | 1 | $x_{11}$ | $x_{12}$ | $\cdots$ | $x_{1j}$ | $\cdots$ | $x_{1n}$ |
| | 2 | $x_{21}$ | $x_{22}$ | $\cdots$ | $x_{2j}$ | $\cdots$ | $x_{2n}$ |
| 聚类对象 | $\cdots$ | $\cdots$ | $\cdots$ | | $\cdots$ | $\cdots$ | $\cdots$ |
| | $i$ | $x_{i1}$ | $x_{i2}$ | | $x_{ij}$ | | $x_{in}$ |
| | $\cdots$ | $\cdots$ | $\cdots$ | | $\cdots$ | | $\cdots$ |
| | $m$ | $x_{m1}$ | $x_{m2}$ | | $x_{mj}$ | | $x_{mn}$ |

在聚类分析中，对上述数据的处理方法主要有以下几种。

(1) 总和标准化

分别求出各聚类要素指标的总和，以各要素的数据除以该要素数据的总和，

$$x'_{ij}=\frac{x_{ij}}{\sum_{i=1}^{m}\sum_{j=1}^{n}x_{ij}},\ i=1,2,\cdots,m;j=1,2,\cdots,n$$

标准化后，数据 $\sum_{i=1}^{m}\sum_{j=1}^{n}x'_{ij}=1$。

(2) 标准差的标准化

$$x'_{ij}=\frac{x_{ij}-\bar{x}_j}{s_j},\ i=1,2,\cdots,m;j=1,2,\cdots,n$$

式中，
$$\bar{x}_j=\frac{1}{m}\sum_{i=1}^{m}x_{ij},\ s_j=\sqrt{\frac{1}{m}\left[\sum x_{ij}^2-\frac{(\sum x_{ij})^2}{m}\right]}$$

标准化后的数据 $x_{ij}$，各要素的平均值为 0，标准差为 1。

(3) 极大值标准化

$$x'_{ij}=\frac{x_{ij}}{\max_i\{x_{ij}\}},\ i=1,2,\cdots,m;j=1,2,\cdots,n$$

标准化后，各要素的极大值为 1。

(4) 极差的标准化

$$x'_{ij}=\frac{x_{ij}-\min_i\{x_{ij}\}}{\max_i\{x_{ij}\}-\min_i\{x_{ij}\}},\ i=1,2,\cdots,m;j=1,2,\cdots,n$$

标准化后，各要素的极大值为 1，极小值为 0。

## 二、聚类分析的统计量计算

聚类分析的统计量，主要利用各地点要素或变量间的相似性或差异性作为分类依据。差异性测度计算各类对象之间的距离，相似性测度计算各类对象之间的相似系数。

1. 距离的计算

把每一个分类对象的 $n$ 个聚类要素看成 $n$ 维空间的 $n$ 维坐标轴，则每一个分类对象的每个聚类要素看作是 $n$ 维空间的一个点，$k$ 为 $n$ 维空间，$k=1,2,\cdots,n$。其差异性可用点之间的距离表示。

常用的距离有：

(1) 绝对距离：$d_{ji}=\sum_{k=1}^{n}|x_{ik}-x_{jk}|(i,j=1,2,\cdots,m)$

(2) 欧氏距离：$d_{ji}=\sqrt{\sum_{k=1}^{n}(x_{ik}-x_{jk})^2}(i,j=1,2,\cdots,m)$

(3) 明科夫斯基距离：$d_{ij}=\left[\sum_{k=1}^{n}(x_{ik}-x_{jk})^p\right]^{\frac{1}{p}}(i,j=1,2,\cdots,m)$

(4) 切比雪夫距离：$d_{ij}=\max_{k}\left|x_{ik}-x_{jk}\right|$

2. 相似系数的计算

常见的相似系数是夹角余弦和相关系数。

(1) 夹角余弦

$$r_{ij}=\cos\vartheta_{ij}=\frac{\sum_{k=1}^{n}(x_{ik}x_{jk})}{\sqrt{\sum_{k=1}^{n}x_{ik}^2\sum_{k=1}^{n}x_{jk}^2}}(i,j=1,2,\cdots,m)$$

$$-1\leqslant\cos\vartheta_{ij}\leqslant 1$$

(2) 相关系数

$$r_{ij}=\frac{\sum_{k=1}^{n}(x_{ik}-\overline{x}_i)(x_{ik}-\overline{x}_j)}{\sqrt{\sum_{k=1}^{n}(x_{ik}-\overline{x}_i)^2\sum_{k=1}^{n}(x_{jk}-\overline{x}_j)^2}}(i,j=1,2,\cdots,m)$$

式中：$\overline{x}_i$ 和$\overline{x}_j$ 分别为聚类对象 $i$ 和 $j$ 各要素标准化数据的平均值。

## 三、聚类的步骤

1. 选择变量

聚类分析是根据所选定的变量对研究对象进行分类，所选定的变量叫聚类变量。聚类变量应具有以下特点：

(1) 不同研究对象在变量值上有明显差异。

(2) 变量之间不要有高相关：使用高相关的几个变量等于只用了一个聚类变量，并给了这个变量较大的加权。

(3) 和聚类分析的目标密切相关。

(4) 反映了分类对象的特征。

2. 计算相似性

聚类是根据变量之间相似程度、亲疏程度对研究对象分类的。因此要计算研究对象之间的相似性。

3. 聚类

选定聚类方法，确定类别数。

4. 聚类结果的解释和证实

对聚类结果进行解释是希望对各个类的特征进行准确的描述，给每个类取一个合适的名称。

## 四、地理系统中主要聚类方法

1. 直接聚类法

直接聚类法是根据距离或相似系数矩阵的结构一次并类得到结果，是一种简便的聚类方法。它先把各个分类对象单独视为一类，然后根据距离最小或相似系数最大的原则，依次选出一对分类对象；如果一对分类对象正好属于已归的两类，则把这两类归为一类。每一次归并，都划去该对象所在的列与列序相同的行。那么，经过 $m-1$ 次就可以把全部分类对象归为一类，这样，就可以按归并顺序做出聚类分析的谱系图。

$$D=\begin{pmatrix}0 \\ 1.52 & 0 \\ 3.10 & 2.70 & 0 \\ 2.19 & 1.47 & 1.23 & 0 \\ 5.86 & 6.02 & 3.64 & 4.77 & 0 \\ 4.72 & 4.46 & 1.86 & 2.99 & 1.78 & 0 \\ 5.79 & 5.53 & 2.93 & 4.06 & 0.83 & 1.07 & 0 \\ 1.32 & 0.88 & 2.24 & 1.29 & 5.14 & 3.96 & 5.03 & 0 \\ 2.62 & 1.66 & 1.20 & 0.51 & 4.84 & 3.06 & 3.32 & 1.40 & 0\end{pmatrix}$$

第一步：在距离矩阵中，除对角线以外，$D_{49}=D_{94}=0.51$ 为最小，故将第 4 区与第 9 区并为一类，划出第 9 行与第 9 列。

第二步：余下的元素中，除对角线以外，$D_{75}=D_{57}=0.83$ 为最小，合并第 5 区与第 7 区，划出第 7 行与第 7 列。

第三步：$D_{82}=D_{28}=0.88$ 最小，合并 2,8 区，划去 8 行 8 列。

第四步：$D_{43}=D_{34}=1.23$，合并 3,4 区，划去 4 行 4 列。此时，第 3,4,9 区已归并为一类。

第五步：$D_{21}=D_{12}=1.52$，合并 1,2 区，划去 2 行 2 列。此时，第 1,2,8 区已归并为一类。

第六步：$D_{65}=D_{56}=17.8$，合并 5,6 区，划去 6 行 6 列。此时，第 5,6,7 区已归并为一类。

第七步：$D_{31}=D_{13}=3.10$，合并 1,3 区，划去 3 行 3 列。此时，第 1,2,3,4,8,9 区已归并为一类。

第八步：余下的元素中，$D_{51}=D_{15}=5.86$，合并 1,5 区，划去 5 行 5 列。此时，第 1,

2,3,4,5,6,7,8,9 区已归并为一类。

根据上述步骤,先画出草图,再做出聚类过程的谱系图。

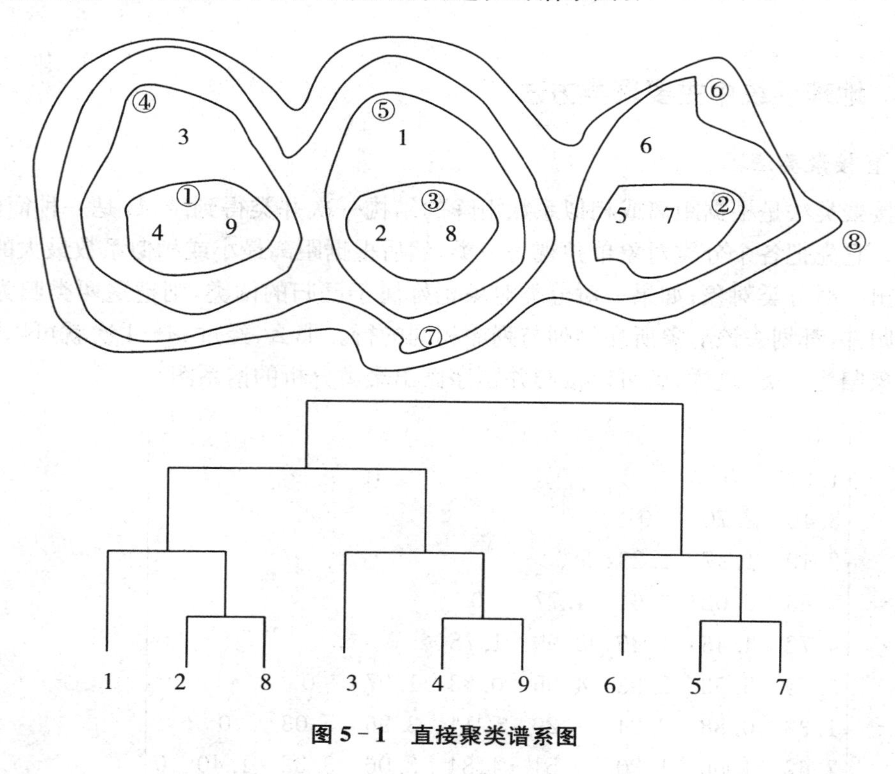


图 5-1 直接聚类谱系图

2. 最短距离聚类法

最短距离聚类法是在原来的 $m \times n$ 距离矩阵的非对角元素中划出 $d_{pq} = \min\{d_{ij}\}$，把分类对象 $G_p$ 和 $G_q$ 归作一新类 $G_r$，然后按计算公式

$$d_{rk} = \min\{d_{pk}, d_{qk}\} (k \neq p, q)$$

计算原来各类与新类之间的距离,这样就得到一个新的 $(m-1)$ 阶距离矩阵;再从新的距离矩阵中选出最小的 $d_{ij}$，把 $G_i$ 与 $G_j$ 归并成新类;再计算各类与新类的距离。这样一直下去,直至所有归并为一类为止。

还是以上例 $D_{9\times9}$ 距离矩阵来分析。

第一步,在 9×9 阶矩阵中,非对角元素中最小者 $d_{94} = 0.51$，故将第 4 区与第 9 区合并,记为 $G_{10}$，即 $G_{10} = \{G_4, G_9\}$，分别计算 $G_1, G_2, G_3, G_4, G_5, G_6, G_7, G_8, G_{10}$ 之间的距离。

$$d_{1,10} = \min\{d_{14}, d_{19}\} = \min\{2.19, 2.62\} = 2.19$$

$$d_{2,10} = \min\{d_{24}, d_{29}\} = \min\{1.47, 1.66\} = 1.47$$

$$d_{3,10} = \min\{d_{34}, d_{39}\} = \min\{1.23, 1.20\} = 1.20$$

$$d_{5,10} = \min\{d_{54}, d_{59}\} = \min\{4.77, 4.88\} = 4.77$$

$$d_{6,10} = \min\{d_{64}, d_{69}\} = \min\{2.99, 3.06\} = 2.99$$

$$d_{7,10} = \min\{d_{74}, d_{79}\} = \min\{4.19, 3.62\} = 3.32$$

$$d_{1,10} = \min\{d_{14}, d_{19}\} = \min\{2.19, 2.62\} = 2.19$$

这样,新的矩阵为

$$\begin{matrix} G_1 \\ G_2 \\ G_3 \\ G_5 \\ G_6 \\ G_7 \\ G_8 \\ G_{10} \end{matrix}\begin{bmatrix} 0 & & & & & & & \\ 1.52 & 0 & & & & & & \\ 3.10 & 2.70 & 0 & & & & & \\ 5.86 & 6.02 & 3.64 & 0 & & & & \\ 4.72 & 4.46 & 1.86 & 1.78 & 0 & & & \\ 5.79 & 5.53 & 2.93 & 0.83 & 1.07 & 0 & & \\ 1.32 & 0.88 & 2.24 & 5.14 & 3.96 & 5.03 & 0 & \\ 2.19 & 1.47 & 1.20 & 4.77 & 2.99 & 3.32 & 1.29 & 0 \end{bmatrix}$$

第二步,在上一步骤中所得到的新的 8×8 阶距离矩阵中,非对角元素中最小者为 $d_{57}=0.83$,故将 $G_5$ 与 $G_7$ 归并为一类,记为 $G_{11}$,即 $G_{11}=\{G_5, G_7\}$。再分别计算 $G_1, G_2, G_3, G_6, G_8, G_{10}$ 与 $G_{11}$ 之间的距离,可得到一个新的 7×7 阶距离矩阵。

$$\begin{matrix} & G_1 & G_2 & G_3 & G_6 & G_8 & G_{10} & G_{11} \end{matrix}$$

$$\begin{matrix} G_1 \\ G_2 \\ G_3 \\ G_6 \\ G_8 \\ G_{10} \\ G_{11} \end{matrix}\begin{pmatrix} 0 & & & & & & \\ 1.52 & 0 & & & & & \\ 3.10 & 2.70 & 0 & & & & \\ 4.72 & 4.46 & 1.86 & 0 & & & \\ 1.32 & 0.88 & 2.24 & 3.96 & 0 & & \\ 2.19 & 1.47 & 1.20 & 2.99 & 1.20 & 0 & \\ 5.79 & 5.53 & 2.93 & 1.07 & 5.03 & 3.32 & 0 \end{pmatrix}$$

第三步,在第二步所得到的新的 7×7 阶距离矩阵中,非对角线元素中最小者为 $d_{28}=0.88$,故将 $G_2$ 与 $G_8$ 归并为一类,记为 $G_{12}$,即 $G_{12}=\{G_2, G_8\}$。再分别计算 $G_1, G_3, G_6, G_{10}, G_{11}$ 与 $G_{12}$ 之间的距离,可得到一个新的 6×6 阶距离矩阵。

$$\begin{matrix} & G_1 & G_3 & G_6 & G_{10} & G_{11} & G_{12} \end{matrix}$$

$$\begin{matrix} G_1 \\ G_3 \\ G_6 \\ G_{10} \\ G_{11} \\ G_{12} \end{matrix}\begin{pmatrix} 0 & & & & & \\ 3.10 & 0 & & & & \\ 4.72 & 1.86 & 0 & & & \\ 2.19 & 1.20 & 2.99 & 0 & & \\ 5.79 & 2.93 & 1.07 & 3.32 & 0 & \\ 1.32 & 2.24 & 3.96 & 1.20 & 5.03 & 0 \end{pmatrix}$$

第四步,在上述新矩阵中,$D_{6,11}=1.07$ 最小,合并 $G_6, G_{11}, G_{13}=\{G_6, (G_5, G_7)\}$,产

生新矩阵。

$$\begin{array}{c|ccccc} & G_1 & G_3 & G_{10} & G_{12} & G_{13} \\ G_1 & 0 & & & & \\ G_3 & 3.10 & 0 & & & \\ G_{10} & 2.19 & 1.20 & 0 & & \\ G_{12} & 1.32 & 2.24 & 1.20 & 0 & \\ G_{13} & 4.72 & 1.86 & 2.99 & 3.96 & 0 \end{array}$$

第五步,在前四步所得到的新的 $5\times5$ 矩阵中,最小因元素为 $D_{3,10}=1.2$,合并 $G_3$,$G_{10}$,$G_{14}=\{G_3,G_{10}\}=\{G_3,(G_4,G_{10})\}$,产生新矩阵。

$$\begin{array}{c|cccc} & G_1 & G_{12} & G_{13} & G_{14} \\ G_1 & 0 & & & \\ G_{12} & 1.32 & 0 & & \\ G_{13} & 4.72 & 3.96 & 0 & \\ G_{14} & 2.19 & 1.20 & 2.99 & 0 \end{array}$$

第六步,最小者 $D_{12,14}=1.20$,合并 $G_{12}$,$G_{14}$,$G_{15}=\{G_{12},G_{14}\}$,产生新矩阵。

$$\begin{array}{c|ccc} & G_1 & G_{13} & G_{15} \\ G_1 & 0 & & \\ G_{13} & 4.72 & 0 & \\ G_{15} & 1.32 & 2.99 & 0 \end{array}$$

第七步,最小者 $D_{1,15}=1.32$,合并 $G_1$,$G_{15}$,$G_{16}=\{G_1,G_{15}\}=\{G_1,[(G_2,G_8),(G_3,(G_4,G_9))]\}$,产生新矩阵。

$$\begin{array}{c|cc} & G_{13} & G_{16} \\ G_{13} & 0 & \\ G_{16} & 2.99 & 0 \end{array}$$

第八步,将 $G_{13}$,$G_{16}$ 合并为一类。

综上所述过程,可以做出最短距离聚类谱系图。

3. 最远距离法

最远距离聚类法与最短距离聚类法的区别在于计算原来的类与新类距离时采用的公式不同。最远距离聚类法所用的是最远距离来衡量样本之间的距离。最远距离法同最短距离法区别在于采用计算新距离的公式:$d_{rk}=\max\{d_{pk},d_{qk}\}$。

对上例的计算如下:

第一步,在 $\rho\times\rho$ 距离矩阵中,非对角元素最小者为 $d_{94}=0.51$,将 $G_4$,$G_9$ 归并为一类,记类 $G_{10}$,即 $G_{10}=\{G_4,G_9\}$。按照公式分别计算 $G_1$,$G_2$,$G_3$,$G_5$,$G_6$,$G_7$,$G_8$ 与 $G_{10}$ 的距离,可以得到一个新的 $8\times8$ 阶距离矩阵。

$$\begin{array}{c|cccccccc} & G_1 & G_2 & G_3 & G_5 & G_6 & G_7 & G_8 & G_{10} \\ \hline G_1 & 0 \\ G_2 & 1.52 & 0 \\ G_3 & 3.10 & 2.70 & 0 \\ G_5 & 5.86 & 6.02 & 3.64 & 0 \\ G_6 & 4.72 & 4.46 & 1.86 & 1.78 & 0 \\ G_7 & 5.79 & 5.53 & 2.93 & 0.83 & 1.70 & 0 \\ G_8 & 1.32 & 0.88 & 2.24 & 5.14 & 3.96 & 5.03 & 0 \\ G_{10} & 2.62 & 1.66 & 1.23 & 4.84 & 3.06 & 4.06 & 1.40 & 0 \end{array}$$

第二步，在第一步所得到的新的 8×8 阶距离矩阵中，非对角线元素中最小者为 $d_{57}=0.83$，故将 $G_5$ 与 $G_7$ 归并为一类，记为 $G_{11}$，即 $G_{11}=\{G_5,G_7\}$。再分别计算 $G_1,G_2,G_3,G_6,G_8,G_{10}$ 与 $G_{11}$ 之间的距离，可得到一个新的 7×7 阶距离矩阵。

$$\begin{array}{c|ccccccc} & G_1 & G_2 & G_3 & G_6 & G_8 & G_{10} & G_{11} \\ \hline G_1 & 0 \\ G_2 & 1.52 & 0 \\ G_3 & 3.10 & 2.70 & 0 \\ G_6 & 4.72 & 4.46 & 1.86 & 0 \\ G_8 & 1.32 & 0.88 & 2.24 & 3.96 & 0 \\ G_{10} & 2.62 & 1.66 & 1.23 & 3.06 & 1.40 & 0 \\ G_{11} & 5.86 & 6.02 & 3.64 & 1.78 & 5.14 & 4.84 & 0 \end{array}$$

第三步，在第二步中所得到的新的 7×7 阶距离矩阵中，非对角线元素中最小者为 $d_{28}=0.88$，故将 $G_2$ 与 $G_8$ 并为一类，记为 $G_{12}=\{G_2,G_8\}$。再分别计算 $G_1,G_3,G_6,G_{10},G_{11}$ 与 $G_{12}$ 之间的距离，可得到一个新的 6×6 阶距离矩阵。

$$\begin{array}{c|cccccc} & G_1 & G_3 & G_6 & G_{10} & G_{11} & G_{12} \\ \hline G_1 & 0 \\ G_3 & 3.10 & 0 \\ G_6 & 4.72 & 1.86 & 0 \\ G_{10} & 2.62 & 1.23 & 3.06 & 0 \\ G_{11} & 5.86 & 3.64 & 1.78 & 4.84 & 0 \\ G_{12} & 1.52 & 2.70 & 4.46 & 1.66 & 6.02 & 0 \end{array}$$

第四步，在第三步中得到的新的 6×6 阶距离矩阵中，非对角线元素中最小者为 $d_{3,10}=1.23$，故将 $G_3$ 和 $G_{10}$ 归并为一类，记为 $G_{13}$，即 $G_{13}=\{G_3,G_{10}\}=\{G_3,(G_4,G_9)\}$。再分别计算 $G_1,G_6,G_{11},G_{12}$ 与 $G_{13}$ 之间的距离，可得到一个新的 5×5 阶距离矩阵。

$$
\begin{array}{c} \\ G_1 \\ G_6 \\ G_{11} \\ G_{12} \\ G_{13} \end{array}
\begin{array}{c}
\begin{array}{ccccc} G_1 & G_6 & G_{11} & G_{12} & G_{13} \end{array} \\
\begin{pmatrix}
0 & & & & \\
4.72 & 0 & & & \\
5.86 & 1.78 & 0 & & \\
1.52 & 4.46 & 6.02 & 0 & \\
3.10 & 3.06 & 4.84 & 2.70 & 0
\end{pmatrix}
\end{array}
$$

第五步，在第四步中所得到的新的 5×5 阶距离矩阵中，非对角线元素中最小者为 $d_{1,12}=1.52$，故将 $G_1$ 和 $G_{12}$ 归并为一类，记为 $G_{14}$，即 $G_{14}=\{G_1, G_{12}\}=\{G_1, (G_2, G_8)\}$。再分别计算 $G_6$，$G_{11}$，$G_{13}$ 和 $G_{14}$ 之间的距离，可得到一个新的 4×4 距离矩阵。

$$
\begin{array}{c} \\ G_1 \\ G_{11} \\ G_{13} \\ G_{14} \end{array}
\begin{array}{c}
\begin{array}{cccc} G_6 & G_{11} & G_{13} & G_{14} \end{array} \\
\begin{pmatrix}
0 & & & \\
1.78 & 0 & & \\
3.06 & 4.84 & 0 & \\
4.72 & 6.02 & 3.10 & 0
\end{pmatrix}
\end{array}
$$

第六步，在第五步中所得到的新的 4×4 阶距离矩阵中，非对角线元素中最小者为 $d_{6,11}=1.78$，故将 $G_6$ 与 $G_{11}$ 并为一类，记为 $G_{15}$，即 $G_{15}=\{G_6, G_{11}\}=\{G_6, (G_5, G_7)\}$。分别计算 $G_{13}$，$G_{14}$ 和 $G_{15}$ 之间的距离，可得一个新的 3×3 阶距离矩阵。

$$
\begin{array}{c} \\ G_{13} \\ G_{14} \\ G_{15} \end{array}
\begin{array}{c}
\begin{array}{ccc} G_{13} & G_{14} & G_{15} \end{array} \\
\begin{pmatrix}
0 & & \\
3.10 & 0 & \\
4.84 & 6.02 & 0
\end{pmatrix}
\end{array}
$$

第七步，在第六步中所得到的新的 3×3 阶距离矩阵中，非对角线元素中最小者为 $d_{13,14}=3.10$，故将 $G_{13}$ 和 $G_{14}$ 归并为一类，记为 $G_{16}$，即 $G_{16}=\{G_{13}, G_{14}\}=\{(G_3, (G_4, G_9)), (G_1, (G_2, G_8))\}$。再计算 $G_{15}$ 与 $G_{16}$ 之间的距离，可得到一个新的 2×2 阶距离矩阵。

$$
\begin{array}{c} \\ G_{15} \\ G_{16} \end{array}
\begin{array}{c}
\begin{array}{cc} G_{15} & G_{16} \end{array} \\
\begin{pmatrix}
0 & \\
6.02 & 0
\end{pmatrix}
\end{array}
$$

第八步，将 $G_{15}$ 与 $G_{16}$ 归并为一类。

此时，各个分类对象均已归并为一类。综合上述各聚类步骤，可做出最远距离聚类的谱系图(同直接聚类谱系图)。

**【例 5.1】** 为了研究各国森林资源的分布规律，共抽取了 21 个国家的数据，每个国家 4 项指标，原始数据见下表，试用该数据对国别进行聚类分析。

表 5-1

| 国别 | 森林面积(万 $hm^2$) | 森林覆盖率(%) | 蓄积量(亿 $m^3$) | 草原面积(万 $hm^2$) |
|---|---|---|---|---|
| 中国 | 11 978 | 12.5 | 93.5 | 31 908 |
| 美国 | 28 446 | 30.4 | 202.0 | 23 754 |
| 日本 | 2 501 | 67.2 | 24.8 | 58 |
| 德国 | 1 028 | 28.4 | 14.0 | 599 |
| 英国 | 210 | 8.6 | 1.5 | 1 147 |
| 法国 | 1 458 | 26.7 | 16.0 | 1 288 |
| 意大利 | 635 | 21.1 | 3.6 | 514 |
| 加拿大 | 32 613 | 32.7 | 192.8 | 2 385 |
| 澳大利亚 | 10 700 | 13.9 | 10.5 | 45 190 |
| 苏联 | 92 000 | 41.1 | 841.5 | 37 370 |
| 捷克 | 458 | 35.8 | 8.9 | 168 |
| 波兰 | 868 | 27.8 | 11.4 | 405 |
| 匈牙利 | 161 | 17.4 | 2.5 | 129 |
| 南斯拉夫 | 929 | 36.3 | 11.4 | 640 |
| 罗马尼亚 | 634 | 26.7 | 11.3 | 447 |
| 保加利亚 | 385 | 34.7 | 2.5 | 200 |
| 印度 | 6 748 | 20.5 | 29.0 | 1 200 |
| 印度尼西亚 | 2 180 | 84.0 | 33.7 | 1 200 |
| 尼日利亚 | 1 490 | 16.1 | 0.8 | 2 090 |
| 墨西哥 | 4 850 | 24.6 | 32.6 | 7 450 |
| 巴西 | 57 500 | 67.6 | 238.0 | 15 900 |

### 软件运算指导 5.1——利用 SPSS 进行聚类分析

1. 在主菜单中单击“分析(Analyze)”,从下拉菜单中依次选择“分类:系统聚类(Classify:Hierarchical Cluster)”菜单项,弹出分层聚类主对话框。

2. 在对话框中部的“分群(Cluster)”矩形框中选择聚类类型。

(1)“个案(Cases)”:观测量聚类。

(2)“变量(Variables)”:变量聚类。

3. 指定参与分析的变量:将选定的变量通过向右箭头按钮移入“变量(Variable[s])”矩形框中,将标识变量移入“标注个案(Label Cases by)”下面的框中。

4. 如果参与分析的变量量纲一致,不必对数据进行标准化,而其他选项全部选择系统默认值,则此时就可以单击 OK 提交系统执行了。

如果参与分析的变量量纲不一致,或者不使用系统默认值,则应根据需要选择执行下述某些步骤。

5. 确定聚类方法：在主对话框中单击"方法(Method)"图标按钮，展开分层聚类的方法选择对话框。

在对话框中根据需要指定聚类方法、距离测度方法、标准化数值方法和对测度的转换方法。

(1) 聚类方法(Cluster Method)：聚类方法选择

① 组间连接(Between-groups linkage)：系统默认选项。

② 组内连接(Within-groups linkage)

③ 最近相隔法(Nearest neighbor)

④ 最远相隔法(Furthest neighbor)

⑤ 重心聚类法(Centroid clustering)

⑥ 中位数聚类法(Median clustering)

⑦ Ward 法(Wards method)：离差平方法。

(2) 度量标准(Measure)：对距离的测度方法选择

① Interval(适用于等间隔连续变量)。可选择：

● 欧氏距离(Euclidean disatnce)：系统默认选项。

● 欧氏距离平方(Squared Euclidean distance)。

● 相似性测度(Cosine)。

● 皮尔逊相关系数(Pearson correlation)。

● 车比雪夫距离(Chebychev)。

● 波洛克距离(Block)。

● 明考斯基距离(Mincowski)：选择本项后，激活一个输入框，输入乘方(即开方)的次数 p。

● 设定距离(Customized)：选择本项后，激活两个输入框，左面一个应输入乘方次数，右面一个应输入开方次数 $r$。

② 计数(Count)：适用于计数变量，即离散变量，可选择

● 卡方测度(Chi-square measure)。

● $\varphi^2$ 系数(Phi-sqare measure)。

③ 二分类(Bimary)：适用于二值变量，可选择

● Euclidean distance：二值欧氏距离。

● Squared euclidean distancd：二值欧氏距离平方。

● Size difference：值差测度。

● Pattern difference：值差测度。

● Variance：方差测度。

● Lance and Williams：莱茨-威廉测度。

(3) 转换值(Transform Values)：对数据进行标准化的方法，可选择

● None：不进行标准化(系统默认状态)。如果参与分类的个体量纲一致，就不需对数据进行标准化处理。

● Z scores：把数值标准化到 Z 分数。

● Rang －1 to 1：把数值标准化到[－1,1]范围内。

● Maximum magnitude of 1：把数值标准化到最大值为 1。

● Range 0 to 1：把数值标准化到均值为 1。

● Standard deviation of 1：把数值标准化到单位标准差。

(4) 转换变量(Tranform Measures)：测度的转换方法，可选择

● 绝对值(Abolute values)：绝对值标准化。

● 更改符号(Change sign)：把相似性(或不相似性)测度值转化为不相似性(或相似性)测度值。

● 重新标注到 0～1 全距(Rescale to 0～1 range)：去掉最小值后再除以范围，使距离标准化。

6. 选择要求输出的统计量。在主对话框中单击“统计量(Staistics)”图标按钮，展开选择输出统计量对话框。其中包括：

(1) 合并进程表(Agglomeration schedule)：凝聚状态。凝聚状态表可显示每一步的类或观测量的合并情况，各类或观测量之间的距离以及最终聚类后各观测可加入各类的类水平。因此，可以根据此表跟踪聚类的合并过程。

(2) 相似性矩阵(Proximity matrix)：显示各类之间的距离或相似性测度值。

(3) 聚类成员(Cluster Membership)

① 无(None)：不显示类成员表(系统默认选项)。

② 单一方案(Single solution)：显示确定分类的解。要求输入确定的分类数，如输入数字“3”输出将显示分类数为 3 时的类成员表。

③ 方案范围(Range of solution)：显示分类数在一个确定范围的解。要求输入分类的最小值和最大值。

7. 选择要求输出的统计图表。在主对话框中单击“绘制(Plot)”图标按钮，展开选择输出统图表对话框。其中包括：

(1) 树型图(Dendlrogram)。

(2) 冰柱(Icicle)：冰柱图。

① 所有聚类(All clusters)：全过程聚类。可从图中查看聚类的全过程，但如果参与聚类的个体很多，会造成图形过大。

② 聚类的指定全距(Specified range of clusters)：规定聚类范围。要求输入三个数字，从左侧到右依次为聚类过程的起始步数、中止步数与步长。

③ 无(None)：不显示柱图。

8. 生成新变量的选择项。聚类分析的结果可以用新变量名保存在数据文件中。在主对话框中单击 Save 图标按钮，展开新变量选择对话框。

(1) 无(None)：不建立新变量(系统默认选项)。

(2) 第一方案(Single Solution)：只生成一个新变量，表示每个个体在聚类结果后最后所属的类别。

(3) 方案范围(Range of Solution)：生成若干个新变量，每个变量对应一种分类数。

# 第二节 地理系统的判别分析

## 一、判别分析概述

判别分析又称“分辨法”，是在分类确定的条件下，根据某一地理对象的各种特征指标或多种信息来分辨或判别其类型归属问题的多变量统计分析方法，对某地地理类型的划分和区界的判定具有重大的理论意义和现实意义。

在当前大量地理研究工作中，都存在着对类型的判别问题。例如，在农业区别、土地类型划分、国土整治以及各种地理要素的分类和区划中，都需要判别某一地点的类型应归属于哪一类的问题和确定各类型之间的地理界线。

判别分析的地理研究内容有两方面：一是已知一些地点（或样本）的类型，然后根据多要素特征值确定某一地点（或样本）应属哪一类的问题；二是根据某地多要素特征进行合理分类和确定区域界线。由此可见，判别分析兼有判别与分类的两种性质，但以判别为主。判别分析与聚类分析不同之点在于：判别分析必须事先已知分几类为前提。聚类分析则不必事先确定类型，而类型的形成是聚类分析的结果。判别分析的作用，可概括为以下三点：① 对已分好的类型进行合理性检验；② 判别某地地理类型的归属问题和确定区域界线；③ 评价各要素特征值在判别分析中贡献率的大小。

判别分析的类型可按不同的分类标准进行分类：① 按判别的级数来区分，有两类判别分析和多类判别分析；② 按区分不同总体的所用的数学模型来分，有线性判别和非线性判别；③ 按判别时所处理的变量方法不同，有逐步判别和序贯判别等；④ 从不同角度提出问题，因此有不同的判别准则，如马式距离最小准则、费歇尔准则、平均损失最小准则、最小平方准则、最大似然准则、最大概率准则等等。本教材主要学习费歇尔准则和贝叶斯准则两类判别。

## 二、判别分析的基本原理

### 1. 判别分析的三个假设条件

① 每一个判别变量不能是其他判别变量的线性组合；② 各组协方差矩阵相等；③ 各判别变量之间具有多元正态分布，即每个变量对于所有其他变量的固定值有正态分布，在这种条件下可以精确计算显著性检验值和分组归属的概率。

### 2. 判别分析准则

在作判别分析时，首先要根据一批包括各种地理类型的特征指标或数据，按照一定的判别准则来建立一个判别函数表达式。若判别函数为线性组合的表达式，则称为线性判别函数。若判别函数为非线性组合的表达式，则称作线性判别函数。由此可见，不论建立哪一种判别函数，都要遵循一定的判别准则。目前，在确定判别函数时所使用的准则有许多种，例如费歇尔准则、贝叶斯准则、最小二乘法准则等，但以费歇尔准则和贝叶斯准则较为常用。据此，下面就扼要地介绍一下这两种准则的基本要点。

(1) 费歇尔准则

该法是以费歇尔准则为标准来评选判别函数的。所谓费歇尔准则，指的是较优的判别函数应该能根据待判对象的 $n$ 个指标最大限度地将它所属的类与其他类区分开来。一般采用线性判别函数。基本方法是首先假定判别函数(线性函数)，然后根据已知信息对判别函数进行训练，得到函数关系式中的关系值，从而最终确定判别函数。

(2) 贝叶斯准则

贝叶斯准则是另一种思路的判别标准，是一种概率方法。当应用贝叶斯准则进行判别分析时，要求把已知的地理数据分成几类(或几组)，然后计算出未知地理类型或区域归属于各已知类型(或组)的概率值，它归属于哪一类的概率值最大，就把它划归该类(或组)。

3. 基本思想

从两个总体中抽取具有 $A$ 个指标的样品观测数据，借助方差分析的思想构造一个判别函数或称判别式，其中系数 $c_1$、$c_2$、…、$c_p$ 确定的原则是使两组间的区别最大，而使每个组内部的离差最小。有了判别式后，对于一个新的样品，将它的 $p$ 个指标值代入判别式中求出 $y$ 值，然后与判别临界值(或称分界点，后面给出)进行比较，就可以判别它应属于哪一个总体。

4. 判别函数的导出

有两个总体 $G_1$、$G_2$，从第一个总体中抽取 $n_1$ 个样品，从第二个总体中抽取 $n_2$ 个样品，每个样品观测 $p$ 个指标。

$R=c_1x_1+c_2x_2+\cdots+c_px_p$，假设新建立的判别式为 $R$，现将属于不同两总体的样品观测值代入判别式中，则得到

$$R_i^{(1)}=c_1x_{i1}^{(1)}+c_2x_{i2}^{(1)}+\cdots+c_px_{ip}^{(1)}\quad i=1,2,\cdots n_1$$

$$R_i^{(2)}=c_1x_{i1}^{(2)}+c_2x_{i2}^{(2)}+\cdots+c_px_{ip}^{(2)}\quad i=1,2,\cdots n_2$$

对上边两式分别左右相加，再除以相应的样品个数：

$$\overline{R^{(1)}}=\sum_{k=1}^{p}c_k\,\overline{x_k^{(1)}}\qquad \text{第一组样品的重心}$$

$$\overline{R^{(2)}}=\sum_{k=1}^{p}c_k\,\overline{x_k^{(2)}}\qquad \text{第二组样品的重心}$$

为了使判别函数能够很好地区别来自不同总体的样品，自然希望：① 来自不同总体的两个平均值 $\overline{R^{(1)}}$，$\overline{R^{(2)}}$ 相差愈大愈好；② 对于来自第一个总体的离差平方和 $\sum_{i=1}^{n_1}(R_i^{(1)}-\overline{R^{(1)}})$ 以及 $\sum_{i=1}^{n2}(R_i^{(2)}-\overline{R^{(2)}})$ 越小愈好。其表达式越大愈好。

$$I=\frac{(\overline{R^{(1)}}-\overline{R^{(2)}})^2}{\sum_{i=1}^{n_1}(R_i^{(1)}-\overline{R^{(1)}})^2+\sum_{i=1}^{n_2}(R_i^{(2)}-\overline{R^{(2)}})^2}。$$

$$\begin{cases} L_{11}C_1 + L_{12}C_2 + \cdots + L_{1p}C_p = d_1 = \overline{x_1^{(1)}} - \overline{x_1^{(2)}} \\ L_{21}C_1 + L_{22}C_2 + \cdots + L_{2p}C_p = d_2 = \overline{x_2^{(1)}} - \overline{x_2^{(2)}} \\ \cdots\cdots \\ L_{p1}C_1 + L_{p2}C_2 + \cdots + L_{pp}C_p = dp = \overline{x_p^{(1)}} - \overline{x_p^{(2)}} \end{cases}$$

利用微积分求极值的必要条件可求出使 $I$ 达到最大值的 $c_1, c_2, \cdots c_p$，$L_{kl} = \sum_{i=1}^{n_1}(x_{ik}^{(1)} - \overline{x_k^{(1)}})(x_{il}^{(1)} - \overline{x_l^{(1)}}) + \sum_{i=1}^{n_2}(x_{ik}^{(2)} - \overline{x_k^{(2)}})(x_{il}^{(2)} - \overline{x_l^{(2)}})$，求出 $c_1, c_2, \cdots c_p$后，进而算出

$$\overline{R^{(1)}} = \sum_{i=1}^{p} c_k \overline{x_k^{(1)}}, \overline{R^{(2)}} = \sum_{i=1}^{p} c_k \overline{x_k^{(2)}}$$

有了判别函数之后，欲建立判别准则还要确定判别临界值(分界点)。在两总体先验概率相等的假设下，一般取加权平均值，即 $R_0 = \frac{n_1 \overline{R^{(1)}} + n_2 \overline{R^{(2)}}}{n_1 + n_2}$。如果 $R^{(1)} > R^{(2)}$，判别准则分为两类：当 $R$ 大于 $R^{(0)}$，则属于第一类；当 $R$ 小于 $R^{(0)}$，则属于第二类。

## 三、判别分析的实际应用

**【例 5.2】** 研究某年全国各地区农民家庭收支的分布规律，根据抽样资料进行分类处理，抽取 28 个省、市、自治区的样品，每个样本有 6 个指标。先采用聚类分析将 28 个样本分为 3 类，其中有 3 个样本(北京、上海、广州)属于孤立样本，未归属已分的 3 类中，现采用多组分类方法判别这 28 个样品的所属类别。

表 5-2

| 类别 | 序号 | 地区 | 食品 | 衣着 | 燃料 | 住房 | 生活用品等 | 文化用品等 |
|---|---|---|---|---|---|---|---|---|
| 一组 | 1 | 天津 | 135.20 | 36.40 | 10.47 | 44.16 | 36.40 | 3.94 |
| | 2 | 辽宁 | 145.68 | 32.83 | 17.79 | 27.29 | 39.09 | 3.47 |
| | 3 | 吉林 | 159.37 | 33.38 | 18.37 | 11.81 | 25.29 | 5.22 |
| | 4 | 江苏 | 144.98 | 29.12 | 11.67 | 42.60 | 27.30 | 5.74 |
| | 5 | 浙江 | 169.92 | 32.75 | 12.72 | 47.12 | 34.35 | 5.00 |
| | 6 | 山东 | 115.84 | 30.76 | 12.20 | 33.61 | 33.77 | 3.85 |
| | 7 | 黑龙江 | 116.22 | 29.57 | 13.24 | 13.76 | 21.75 | 6.04 |
| | 8 | 安徽 | 153.11 | 23.09 | 15.62 | 23.54 | 18.18 | 6.39 |
| | 9 | 福建 | 144.92 | 21.26 | 16.96 | 19.52 | 21.75 | 6.73 |
| | 10 | 江西 | 140.54 | 21.59 | 17.64 | 19.19 | 15.97 | 4.94 |
| | 11 | 湖北 | 140.64 | 28.26 | 12.35 | 18.53 | 20.95 | 6.23 |
| | 12 | 湖南 | 164.02 | 24.74 | 13.63 | 22.20 | 18.06 | 6.04 |

续　表

| 类别 | 序号 | 地区 | 食品 | 衣着 | 燃料 | 住房 | 生活用品等 | 文化用品等 |
|---|---|---|---|---|---|---|---|---|
| 二组 | 13 | 广西 | 139.08 | 18.47 | 14.68 | 13.41 | 20.66 | 3.85 |
| | 14 | 四川 | 137.80 | 20.74 | 11.07 | 17.74 | 16.49 | 4.39 |
| | 15 | 贵州 | 121.67 | 21.53 | 12.58 | 14.49 | 12.18 | 4.57 |
| | 16 | 新疆 | 123.24 | 38.00 | 13.72 | 4.64 | 17.77 | 5.75 |
| | 17 | 河北 | 95.21 | 22.83 | 9.30 | 22.44 | 22.81 | 2.80 |
| | 18 | 山西 | 104.78 | 25.11 | 6.46 | 9.89 | 18.17 | 3.25 |
| | 19 | 内蒙古 | 128.41 | 27.63 | 8.94 | 12.58 | 23.99 | 3.27 |
| | 20 | 河南 | 101.18 | 23.26 | 8.46 | 20.20 | 20.50 | 4.30 |
| | 21 | 云南 | 124.27 | 19.81 | 8.89 | 14.22 | 15.53 | 3.03 |
| | 22 | 陕西 | 106.02 | 20.56 | 10.94 | 10.11 | 18.00 | 3.29 |
| | 23 | 甘肃 | 95.65 | 16.82 | 5.70 | 6.03 | 12.36 | 4.49 |
| | 24 | 青海 | 107.12 | 16.45 | 8.98 | 5.40 | 8.78 | 5.93 |
| | 25 | 宁夏 | 113.74 | 24.11 | 6.46 | 9.61 | 22.92 | 2.53 |
| 待判样品 | 26 | 北京 | 190.33 | 43.77 | 9.73 | 60.54 | 49.01 | 9.04 |
| | 27 | 上海 | 221.11 | 38.64 | 12.53 | 115.65 | 50.82 | 5.89 |
| | 28 | 广州 | 182.55 | 20.52 | 18.32 | 42.40 | 36.97 | 11.68 |

**软件运算指导 5.2——利用 SPSS 进行判别分析**

1. 在主菜单中单击“分析(Analyze)”，从下拉菜单中依次选择“分类：判别(Classify: Discriminant)”菜单项，弹出判别分析主对话框。

2. 选择分类变量及范围。在左面的矩形框选择表明已知的观测量所属类别的变量(一定是离散变量)，按上面一个箭头按钮，将该变量名移入“分组变量(Group Range)”图标按钮，单击该按钮，弹出子对话框，在该对话框中指定该分类变量的数值范围：在“最小值(Minimum)”后面的矩形框中输入分类变量的最小值，在“最大值(Maximum)”后面的矩形框中输入分类变量的最大值，然后单击“继续(Continue)”返回主对话框。

3. 指定判别分析的自变量。在主对话框左面的变量表中选择表明观测量特征的变量，单击下面一个箭头按钮，把选中的变量移入“自变量(Independents)”下面的矩形框中，作为参与判别分析的变量。

4. 在完成前面三步骤操作后，如使用系统默认值进行判别分析，即可单击 OK。

5. 选择观测量。如果希望使用一部分观测量进行判别函数的推导，而且有一个变量的某个值可以作为这些观测量的标识，则用 Select 功能进行选择。方法是：单击 Select 按钮展开小选择框，在 Variable 后面的矩形框中输入该变量的变量名，在 Value 后面输入标识参与分析的观测所具有的变量值。一般均使用数据文件中所有的合法观测量，此步骤可以省略。

6. 选择分析方法：

在主对话框中有两个单选项

● 一起输入自变量(Enter independents together)：当所有处自变量都能对观测量特性提供丰富的信息时，使用该选项。选择该项将不加选择地使用所有自变量进行判别分析，建立全模型。不需要做进一步选择。

● 使用步进式方法(Use stepwise method)：当并非所有自变量都能对观测量特性提供丰富的信息时，使用该选项。因此需要根据对判别贡献的大小进行选择。选中该项时激活 Method 图标按钮，可以进一步选择判别分析方法。

单击 Method 图标按钮，展开 Stepwise Method 子对话框。

(1) 选择进行逐步判别分析的方法"方法(Method)"

● willk's lambda：使 Will 的统计量最小化。

● 未解释方差(Unexplained Variance)：使各类不可解释的方差和最小化。

● Mahalanobis distance：使最近两类间的 Mahalanobis 距离最大化。

● 最小 $F$ 值(Smallest F ratio)：使任意两类间的最小的 $F$ 值最大化。

● Rao's V：使 Ran's V 统计量最大化。选择这种方法后，应该在 V-to-enter 后的矩形框中规定变量 $V$ 的最小增量。

(2) 选择逐步判别停止的判据"标准(Criteria)"

● 使用 $F$ 值(Use F Value)。这是系统默认的判所。默认值是：Entry：3.84、Removal：2.70，即当变量 $F$ 值大于等于 3.84 时才把该变量加入到模型中；当变量 $F$ 值小于等于 2.71 时，该变量才被移出模型。应该使 Entry 值大于 Removal 值。

● 使用 $F$ 值的概率(Use Probability of F)。默认的加入变量的 $F$ 值概率为 0.05，移出变量的 $F$ 值的概率是 0.10。如自行设定标准，则输入的 Removal 值必须大于 Entry 值。

(3) 显示内容的选择

● Summary of steps ：仅显示加入或移出模型的变量的统计量，即选择变量，即选择变量的小结。

● F for pairwise distances：显示两类别间距离的 $F$ 值矩阵

7. 在主对话框中，单击"统计量(Statistics)"图标按钮，弹出选择输出统计量对话框，如图 7.90 所示，可选输出统计量分为三组：

(1) 描述性(Descriptive) 选项组

● 均值(Means)：输出各类中自变量的均值、标准差，同时输出全部样本的自变量均值、标准差。

● 单变量 ANOVAANOVA(Univariate ANOVAs)：对各类中同一自变量的均值都相等的假设进行检验，输出单变量的方差分析结果。

● Box,s M：对每一类的协方差矩阵来自同一总体的假设进行检验，输出检验结果。

(2) 函数系数(*Function Coefficients*) 选项组

● Fisher's：费歇线性判别函数，可直接用于对新观测量进行判别分类。

● 未标准化(Unstandardized)：未经标准化处理的判别函数，可直接用于计算判别分数。

(3) Matrices 选项组

● 组内相关(Within-groups correlation matrix)：类内相关矩阵。

● 组内协方差(Within-groups covaviance matrix):类内协方差矩阵。

● 分组协方差(Separate－groups covaviance matrix):对每类输出一个类间协方差矩阵。

● 总体协方差(Total covariance matrix):总样本的协方差矩阵。

8. 指定分类参数和判别结果。在主对话框中,单击"分类(Classify)"图标按钮,弹出分类参数与分类结果的选择对话框。

● 所有组相等(All groups egual):各类先验概率相等。若分为 $m$ 类,则各类先验概率均为 $1/m$。

● 根据组大小计算(Compute froup sizes):在各类的先验概率与其样本量成正比。

在"使用协方差矩阵(Use Covariance Matrix)"选项组中选择分类使用的协方差矩阵:

● 在组内(Within-groups):指定使用内协方差矩阵。

● 分组(Separate-groups):指定使用组内间协方差矩阵。

在"图(Plots)"中选择图形方式:

● 合并组(Combined-groups):所有类放在一张散点图中。

● 区域图(Territorial map):用观测量的判别值作图。

在"输出(Display)"选项组中选择输出项:

● 个案结果(Results for each case):要求输出每个观测量的分类结果。

● 摘要表(Summary atble):要求输出分类的小结,给出错分率。

9. 指定保存在数据文件中的新变。在主对话框中单击"保存(Save)"图标按钮,弹出"保存新变量(Save New Variables)"子对话框。

● 预测组成员(Predicted group membership):建立一个表示预测类成员的新变量。每运行一次 Discriminant 过程,就建立一个新变量,第一次运行时新变量名为 dis_1,如果在工作数据文件中不把前一次建立的新变量删除,第 $n$ 次运行后新变量默认的变量名为 dis_n。

● 判别得分(Discriminant scores):建立表示判别值的新变量,每次运行 Discriminant 过程都给出一组表示判别值的新变量,有 $m$ 典则判别函数,就有 $m$ 个判别值变量。第一次运行过程建立的新变量名为 dis1_1、dis2_1、…、dism_1,第二次运行过程建立的新变量名为 dis1_2、dis2_2、…、dis$m$_2,依次类推。

● 组成员概率(Probabilities of group membership):建立表示观测量属于某一类的概率的新变量。第一次运行 Discriminant 过程建立的新变量名为 dis1_1、dis2_1、…、dism_1,第二次运行 Discriminant 过程建立的新变量名为 dis1_2、dis2_2、…、dism_2,依此类推。

## 第三节 主成分分析方法

地理环境是一个多要素的复杂系统,在我们进行地理系统分析时,多变量问题是经常遇到的,变量太多,无疑会增加分析问题的难度和复杂性。而许多实际问题中,多个变量具有一定的相关性,可以根据相关性考虑变量归类的问题。因此,我们考虑用较少的新变量代替原来的多变量,同时尽可能地保留原有变量所反映的信息。这些就通过主成分分析来综合处理。

## 一、主成分分析的原理

主成分分析就是把原来多个变量化为少数几个综合指标的一种统计分析方法。从数学角度讲,这是一种降低处理技术。假定有 $n$ 个地理样本,每个样本有 $p$ 个变量描述,这样就构 $n\times p$ 阶地理数据矩阵。

$$\alpha=\begin{bmatrix} x_{11} & x_{12} & \cdots & \cdots & x_{1p} \\ x_{21} & x_{22} & \cdots & \cdots & x_{2p} \\ \cdots & \cdots & \cdots & \cdots & \cdots \\ \cdots & \cdots & \cdots & \cdots & \cdots \\ x_{n1} & x_{n2} & \cdots & \cdots & x_{np} \end{bmatrix}$$

如何得到少量几个综合指标,最简单的方式就是取原来变量指标的线性组合,适当调整组合系数,使新的变量指标之间相互独立且代表性较好。

如果记原来的变量指标为 $x_1,x_2,\cdots,x_p$,它们的综合指标新变量为 $Z_1,Z_2,\cdots,Z_m$,则

$$Z_1=\ell_{11}x_1+\ell_{12}x_2+\cdots+\ell_{1p}x_p$$

$$Z_2=\ell_{21}x_1+\ell_{22}x_2+\cdots+\ell_{2p}x_p$$

$$\cdots\cdots\cdots\cdots\cdots\cdots\cdots\cdots\cdots$$

$$Z_m=\ell_{m1}x_1+\ell_{m2}x_2+\cdots+\ell_{mp}x_p$$

在上式中,系数 $\ell_{ij}$ 由下列原则决定:

(1) $Z_i$ 与 $Z_j(i\neq j)$ 相互无关。

(2) $Z_1$ 是 $x_1,x_2,\cdots,x_p$ 的一切线性组合中方差最大者;$Z_2$ 是与 $Z_1$ 不相关的 $x_1,x_2,\cdots,x_p$ 所有线性组合中方差最大者;……$Z_m$ 是与 $Z_1,Z_2,\cdots,Z_{m-1}$ 都不相关的 $x_1,x_2,\cdots,x_p$ 的所有线性组合中方差最大者。

这样决定的新变量指标 $Z_1,Z_2,\cdots,Z_m$ 分别称为原变量指标 $x_1,x_2,\cdots,x_p$ 的第一,第二,…,第 $m$ 主成分。其中,$Z_1$ 在总方差中占的比例最大,$Z_2,Z_3,\cdots,Z_m$ 的方差依次递减。在实际问题的分析中,常挑前面几个最大的主成分,这样既减少了变量的数目,又抓住了矛盾,简化了变量的关系。

从以上分析可以看出,找主成分就是确定原来变量 $x_j(j=1,2,\cdots,p)$ 在诸主成分 $Z_i(i=1,2,\cdots,m)$ 上的载荷 $\ell_{ij}(i=1,2,\cdots,m,j=1,2.\cdots,p)$,满足上述(1)、(2)两原则,从数学上容易知道,它们分别是 $x_1,x_2,\cdots,x_p$ 的相关矩阵的 $m$ 个较大的特征值所对应的特征向量。即 $(\lambda I-A)x=0$,$\lambda x=Ax$,$\lambda I-A$ 为 $A$ 的特征方程,$\lambda$ 为 $A$ 的特征根,$x$ 为 $A$ 的特征根 $\lambda$ 所对应的特征向量。

## 二、对几个统计量的解释

(1) 主成分 $Z_k$ 的方差贡献率

主成分 $Z_k$ 的方差贡献率的公式为:

$$\frac{\lambda_i}{\sum_{i=1}^{p}\lambda_i}$$

该值越大，表明 $Z_i$ 综合 $x_1, x_2, \cdots, x_p$ 信息的能力越强。其中 $Z_1$ 在总方差中占的比重最大，其余综合变量 $Z_2, Z_3, \cdots, Z_p$ 的方差依次递减，故各主成分综合原变量的信息能力大小是 $Z_1 \geqslant Z_2 \geqslant \cdots \geqslant Z_m$。

(2) 主成分 $Z_1, Z_2 \cdots, Z_m$ 的累计贡献率

累计贡献率表示 $m$ 个主成分提取了 $x_1, x_2, \cdots, x_p$ 的多少信息。在应用时，一般取累计贡献率为 70%～85%或以上所对应的前 $m$ 个主成分即可，在资料所含的变量个数、样品数及累计贡献率固定的前提下，$m/p$ 比值越小，说明此资料用主成分分析越合适。

(3) 因子负荷量

因子负荷量指第 $i$ 个主成分 $Z_i$ 与原变量 $x_i$ 的相关系数 $p(Z_i, x_i)$，即

$$p(Z_i, x_i) = \sqrt{\lambda_i} e_{ij} \quad (i = 1, 2, \cdots, p)$$

因子负荷量是主成分解释中非常重要的解释依据，由因子负荷量在主成分中的绝对值大小来刻画该主成分的主要意义及其成因。

(4) 前 $m$ 个主成分 $Z_1, Z_2, \cdots, Z_m$ 对原变量 $x_i$ 的贡献率 $v_i$

前 $m$ 个主成分 $Z_1, Z_2, \cdots, Z_m$ 对原变量 $x_i$ 的贡献率 $v_i$ 是 $x_i$ 与 $Z_1, Z_2, \cdots, Z_m$ 的全相关系数的平方和，表达了某个变量被提取了多少信息。

## 三、主成分分析步骤

通过上述主成分分析的基本原理，我们把计算步骤归纳如下：

(1) 计算相关系数矩阵

$$R = \begin{bmatrix} r_{11} & r_{21} & \cdots & r_{1p} \\ r_{21} & r_{22} & \cdots & r_{2p} \\ \cdots & \cdots & \cdots & \cdots \\ r_{p1} & r_{2p} & \cdots & r_{pp} \end{bmatrix}$$

其中 $r_{ij} = r_{ji}$，该矩阵为实对称矩阵(上三角或下三角)。

(2) 计算特征值与特征向量

首先解特征方程 $[\lambda I - R] = 0$，求得特征值 $\lambda i (i = 1, 2, \cdots, p)$

通常采用雅可比法(Jacobi)近似地求出特征方程的特征值(特征根)$\lambda_i$，并按大小排列，即 $\lambda_1 \geqslant \lambda_2 \geqslant \lambda_3 \geqslant \cdots \geqslant \lambda_i \geqslant \cdots \geqslant \lambda_p \geqslant 0$，然后求出 $\lambda_i$ 所对应的特征向量 $e_i$，这里要求 $\sum_{i=1}^{p} e_{ij} = 1$。

(3) 计算主成分贡献率及累计贡献率

主成分 $Z_i$ 贡献率 $v_i = \dfrac{\lambda i}{\sum_{i=1}^{p} \lambda k} (i = 1, 2, \cdots, p)$

累计贡献率 $\frac{\sum_{k=1}^{m}\lambda i}{\sum_{k=1}^{p}\lambda k}$，一般取累计贡献率达 85%～95%的特征值 $\lambda_1,\lambda_2,\cdots,\lambda_m$，所对应的主成分。

(4) 计算主成分载荷

$$p(Z_i,x_i)=\sqrt{\lambda_i}e_{ij}(i=1,2,\cdots,p)$$

(5) 计算主成分得分，得到主成分得分矩阵。

$$\begin{bmatrix} Z_{11} & Z_{21} & \cdots & Z_{1k} \\ Z_{21} & Z_{22} & \cdots & Z_{2k} \\ \cdots & \cdots & \cdots & \cdots \\ Z_{n1} & Z_{n2} & \cdots & Z_{nk} \end{bmatrix}$$

**【例 5.3】** 对于某区域地貌-水文系统，其 57 个流域盆地的九项地理要素：$x_1$ 为流域盆地总高度(m)，$x_2$ 为流域盆地山口的海拔高度(m)，$x_3$ 为流域盆地周长(m)，$x_4$ 为河道总长度(km)，$x_5$ 为河道总数，$x_6$ 为平均分叉率，$x_7$ 为河谷最大坡度(°)，$x_8$ 为河源数(个)及 $x_9$ 为流域盆地面积($km^2$)的原始数据如表所示。

表 5-3

| 序号 | $x_1$ | $x_2$ | $x_3$ | $x_4$ | $x_5$ | $x_6$ | $x_7$ | $x_8$ | $x_9$ |
|---|---|---|---|---|---|---|---|---|---|
| 1 | 760 | 5 490 | 1.704 | 2.481 | 30 | 2.785 | 31.8 | 20 | 0.143 |
| 2 | 1 891 | 4 450 | 2.765 | 4.394 | 30 | 5.833 | 37.0 | 26 | 0.312 |
| 3 | 325 | 5 525 | 1.500 | 2.660 | 36 | 3.042 | 21.1 | 25 | 0.162 |
| 4 | 515 | 4 760 | 2.750 | 5.320 | 117 | 4.844 | 30.1 | 98 | 0.221 |
| 5 | 513 | 6 690 | 1.142 | 2.080 | 32 | 5.100 | 25.7 | 26 | 0.101 |
| 6 | 1 570 | 8 640 | 6.130 | 10.210 | 76 | 4.290 | 24.9 | 61 | 1.360 |
| 7 | 2 210 | 8 415 | 8.760 | 15.000 | 66 | 4.500 | 26.6 | 56 | 2.990 |
| 8 | 515 | 7 040 | 1.300 | 2.160 | 13 | 3.500 | 22.2 | 10 | 0.089 |
| 9 | 1 192 | 6 258 | 8.447 | 30.606 | 286 | 6.500 | 29.1 | 225 | 2.057 |
| 10 | 1 540 | 6 280 | 5.174 | 11.383 | 82 | 4.070 | 23.3 | 63 | 0.763 |
| 11 | 950 | 8 520 | 2.880 | 6.870 | 62 | 3.650 | 27.2 | 47 | 0.476 |
| 12 | 850 | 9 460 | 7.480 | 7.790 | 30 | 4.900 | 11.6 | 24 | 1.750 |
| 13 | 1 237 | 5 937 | 2.046 | 2.993 | 28 | 2.720 | 29.6 | 10 | 0.252 |
| 14 | 553 | 7 480 | 4.120 | 22.800 | 407 | 4.310 | 21.0 | 305 | 0.740 |
| 15 | 281 | 7 050 | 3.360 | 8.240 | 83 | 4.190 | 8.20 | 67 | 0.481 |

（续表）

| 序号 | $x_1$ | $x_2$ | $x_3$ | $x_4$ | $x_5$ | $x_6$ | $x_7$ | $x_8$ | $x_9$ |
|---|---|---|---|---|---|---|---|---|---|
| 16 | 1 242 | 6 525 | 3.520 | 7.490 | 51 | 3.790 | 29.2 | 41 | 0.723 |
| 17 | 889 | 7 836 | 3.295 | 8.655 | 65 | 3.740 | 32.4 | 50 | 0.627 |
| 18 | 1 342 | 5 340 | 3.120 | 7.810 | 69 | 8.340 | 33.0 | 56 | 0.457 |
| 19 | 4 523 | 4 879 | 10.370 | 78.510 | 507 | 4.490 | 39.3 | 398 | 5.460 |
| 20 | 3 275 | 6 050 | 5.050 | 11.530 | 50 | 3.570 | 30.4 | 38 | 1.153 |
| 21 | 1 510 | 5 490 | 4.090 | 12.960 | 116 | 4.888 | 30.0 | 98 | 0.656 |
| 22 | 1 655 | 5 245 | 2.580 | 4.420 | 30 | 2.833 | 31.9 | 21 | 0.290 5 |
| 23 | 1 655 | 5 245 | 2.560 | 5.460 | 45 | 3.420 | 33.7 | 34 | 0.312 5 |
| 24 | 1 475 | 4 450 | 1.837 | 2.064 | 18 | 4.750 | 37.0 | 15 | 0.149 6 |
| 25 | 2 144 | 4 197 | 4.418 | 9.942 | 71 | 4.227 | 35.0 | 57 | 0.628 |
| 26 | 515 | 6 650 | 1.050 | 1.260 | 17 | 5.100 | 27.4 | 14 | 0.055 |
| 27 | 834 | 6 450 | 5.909 | 10.099 | 160 | 6.440 | 31.1 | 134 | 1.068 |
| 28 | 834 | 6 450 | 5.379 | 10.758 | 110 | 4.630 | 31.1 | 90 | 0.664 |
| 29 | 1 010 | 6 745 | 4.242 | 13.694 | 109 | 4.430 | 24.6 | 86 | 0.925 |
| 30 | 543 | 6 745 | 1.856 | 2.898 | 18 | 2.420 | 24.6 | 13 | 0.180 |
| 31 | 621 | 7 099 | 2.273 | 3.863 | 27 | 4.600 | 24.6 | 21 | 0.278 |
| 32 | 1 290 | 6 745 | 4.924 | 12.993 | 85 | 4.250 | 27.8 | 69 | 0.947 |
| 33 | 955 | 7 080 | 2.083 | 2.387 | 20 | 2.780 | 27.8 | 16 | 0.193 |
| 34 | 885 | 7 150 | 1.553 | 1.554 | 10 | 2.750 | 27.8 | 7 | 0.129 |
| 35 | 847 | 7 188 | 1.591 | 1.610 | 14 | 3.170 | 31.3 | 10 | 0.094 |
| 36 | 798 | 7 188 | 1.098 | 1.023 | 11 | 3.000 | 31.3 | 8 | 0.064 5 |
| 37 | 1 039 | 5 961 | 2.727 | 3.295 | 28 | 5.50 | 29.6 | 24 | 0.252 |
| 38 | 1 213 | 5 961 | 3.030 | 6.894 | 49 | 6.430 | 29.6 | 41 | 0.458 |
| 39 | 1 074 | 5 813 | 2.500 | 2.954 | 30 | 5.330 | 29.6 | 26 | 0.320 |
| 40 | 370 | 8 295 | 1.740 | 2.000 | 21 | 4.330 | 17.8 | 17 | 0.156 |
| 41 | 430 | 8 240 | 2.130 | 2.310 | 14 | 3.750 | 18.9 | 11 | 0.182 |
| 42 | 690 | 8 410 | 1.630 | 1.680 | 12 | 3.250 | 18.9 | 9 | 0.108 |
| 43 | 773 | 8 410 | 2.070 | 2.410 | 18 | 3.830 | 18.9 | 17 | 0.198 |
| 44 | 100 | 6 790 | 0.830 | 1.400 | 25 | 4.400 | 11.4 | 19 | 0.042 9 |
| 45 | 80 | 6 790 | 0.550 | 0.470 | 10 | 2.750 | 11.4 | 7 | 0.013 |
| 46 | 96 | 6 765 | 0.650 | 0.730 | 15 | 4.000 | 11.4 | 12 | 0.021 5 |

（续表）

| 序号 | $x_1$ | $x_2$ | $x_3$ | $x_4$ | $x_5$ | $x_6$ | $x_7$ | $x_8$ | $x_9$ |
|---|---|---|---|---|---|---|---|---|---|
| 47 | 2 490 | 6 535 | 11.970 | 59.450 | 363 | 2.87 | 28.0 | 293 | 4.930 |
| 48 | 1 765 | 6 575 | 7.350 | 21.760 | 140 | 3.46 | 26.7 | 114 | 1.940 |
| 49 | 1 158 | 6 862 | 2.689 | 4.717 | 34 | 3.230 | 32.8 | 26 | 0.358 |
| 50 | 1 070 | 7 055 | 2.178 | 3.448 | 26 | 2.700 | 32.8 | 18 | 0.273 |
| 51 | 1 495 | 7 055 | 2.917 | 3.939 | 27 | 2.670 | 32.8 | 18 | 0.299 5 |
| 52 | 1 601 | 6 949 | 2.803 | 4.205 | 28 | 3.080 | 32.8 | 21 | 0.320 |
| 53 | 1 251 | 5 135 | 7.760 | 23.150 | 160 | 3.860 | 29.5 | 131 | 1.192 |
| 54 | 1 587 | 5 095 | 6.160 | 17.020 | 119 | 4.710 | 29.9 | 98 | 1.390 |
| 55 | 1 230 | 5 120 | 4.740 | 8.460 | 54 | 3.790 | 23.4 | 43 | 0.811 |
| 56 | 1 290 | 4 960 | 2.040 | 2.800 | 24 | 6.250 | 37.0 | 21 | 0.191 |
| 57 | 2 400 | 4 920 | 2.260 | 3.290 | 27 | 5.160 | 36.2 | 23 | 0.258 |

**软件运算指导 5.3——利用 SPSS 进行主成分分析**

1. 在主菜单中单击“分析(Analyze)”，从下拉菜单中依次选择“分类：降维(Data Rednctton：Factor)”菜单项，弹出判别分析主对话框。

2. 选择变量，点击向右的箭头按钮，将变量移到“变量(variable)”栏中。

3. 点击“描述(Descriptive)”按钮，打开“描述(Descriptive)”子对话框。在此对话框的“统计量(Statistics)”下选择“原始分析结果(Initial Solution)，计算并生成初始解，包括变量的初始共同度、因子特征值、累计贡献率等；“相关矩阵(Correlation)”下选择“系数(Coefficients)”和“显著性水平(Significance Levels)。单击“继续(Continue)”按钮，返回“因子分析(Factor Analyze)”主对话框。

4. 点击“抽取(Extraction)”按钮，打开“抽取(Extraction)”子对话框。在此对话框的“方法(Method)”选择“主成分分析(Principle Components)”；“分析(Analyze)”下选择“相关性矩阵(Correlation Matrax)；“抽取(Extract)”下选择“因子的固定数量(Nunber of Factor)，并在其右端的矩形框键入提取因子数目，或者选择“基于特征值的(Eigenvalues over)”，确定提取特征值大于该数值的因子；“输出(Display)”下选择“未旋转的因子解(Unrotated fator)”和“碎石图(Scree Plot)，单击“继续(Continue)”按钮，返回主对话框。

5. 主对话框中的“旋转(Rotation)”按钮：选择“最大方差法”，使因子载荷大的更大，小的更小，使找到的因子更容易解释。

6. 点击“确定(OK)”按钮，显示结果清单。

1. 什么是系统聚类分析？系统聚类方法有几种？其距离是如何计算的？

2. 聚类分析:假设某地区共有 8 个地域单元,各单元之间的距离矩阵为

$$
\begin{pmatrix}
0 \\
1.23 & 0 \\
2.65 & 1.98 & 0 \\
3.65 & 2.67 & 1.69 & 0 \\
2.24 & 3.67 & 2.16 & 1.58 & 0 \\
1.79 & 2.65 & 3.42 & 2.12 & 3.78 & 0 \\
2.49 & 1.89 & 3.93 & 1.76 & 2.06 & 1.43 & 0 \\
2.88 & 3.23 & 0.86 & 3.39 & 2.25 & 1.15 & 1.11 & 0
\end{pmatrix}
$$

试用最大距离、最短距离聚类法对这 8 个地域单元进行聚类分析,并画出聚类过程谱系图。

3. 试述判别分析的实质。

4. 聚类分析数据的处理方法。

5. 聚类分析的统计量包括哪两种?

6. 判别分析的概念,与聚类分析的联系与区别是什么?

7. 主成分分析的步骤有哪些?

8. 采用主成分分析方法对我国 31 个省市自治区经济发展基本情况进行综合评估。共选取 7 项指标,即国内生产总值 $X_1$(亿元)、居民消费水平 $X_2$(元)、固定资产投资 $X_3$(亿元)、货物周转量 $X_4$(亿吨公里)、居民消费价格指数 $X_5$(上年 100)、商品零售价格指数 $X_6$(上年 100)、工业总产值 $X_7$(亿元)。原始数据资料见下表。

**表 5-4 我国 31 个省市自治区经济发展基本情况**

| 序号 | 省份 | $X_1$ | $X_2$ | $X_3$ | $X_4$ | $X_5$ | $X_6$ | $X_7$ |
|---|---|---|---|---|---|---|---|---|
| 1 | 北京 | 6 886.3 | 14 835 | 2 827.2 | 582.1 | 101.5 | 99.7 | 5 974.0 |
| 2 | 天津 | 3 697.6 | 9 484 | 1 495.1 | 1 293.0 | 101.5 | 99.9 | 6 119.1 |
| 3 | 河北 | 10 096.1 | 4 311 | 4 139.7 | 5 068.1 | 101.8 | 101.1 | 10 194.4 |
| 4 | 山西 | 4 179.5 | 4 172 | 1 826.6 | 1 690.9 | 102.3 | 100.3 | 4 173.9 |
| 5 | 内蒙古 | 3 895.6 | 4 620 | 2 643.6 | 1 437.1 | 102.4 | 101.5 | 2 327.5 |
| 6 | 辽宁 | 8 009.0 | 6 449 | 4 200.4 | 3 350.5 | 101.4 | 100.1 | 9 140.6 |
| 7 | 吉林 | 3 620.3 | 5 135 | 1 741.1 | 605.9 | 101.5 | 101.1 | 3 551.7 |
| 8 | 黑龙江 | 5 511.5 | 4 822 | 1 737.3 | 1 167.4 | 101.2 | 100.4 | 3 955.7 |
| 9 | 上海 | 9 154.2 | 18 396 | 3 509.7 | 12 128.1 | 101.0 | 99.4 | 14 594.2 |
| 10 | 江苏 | 18 305.7 | 7 163 | 8 165.4 | 2 993.2 | 102.1 | 100.3 | 29 476.7 |
| 11 | 浙江 | 13 437.9 | 9 701 | 6 520.1 | 3 417.0 | 101.3 | 100.9 | 21 227 |
| 12 | 安徽 | 5 375.2 | 3 888 | 2 525.1 | 1 566.1 | 101.4 | 100.6 | 4 236.4 |
| 13 | 福建 | 6 568.9 | 6 793 | 2 316.7 | 1 573.1 | 102.2 | 100.6 | 7 516.1 |

（续表）

| 序号 | 省份 | $X_1$ | $X_2$ | $X_3$ | $X_4$ | $X_5$ | $X_6$ | $X_7$ |
|---|---|---|---|---|---|---|---|---|
| 14 | 江西 | 4 056.8 | 3 821 | 2 176.6 | 885.2 | 101.7 | 100.9 | 2 736.7 |
| 15 | 山东 | 18 516.9 | 5 899 | 9 307.3 | 551.0 | 101.7 | 100.6 | 24 678.5 |
| 16 | 河南 | 10 587.4 | 4 092 | 4 311.6 | 2 352.5 | 102.1 | 101.7 | 9 236.8 |
| 17 | 湖北 | 6 520.1 | 4 883 | 2 676.6 | 1 415.7 | 102.9 | 102.1 | 5 329.2 |
| 18 | 湖南 | 6 511.3 | 4 894 | 2 629.1 | 1 628.6 | 102.3 | 102.3 | 4 341.9 |
| 19 | 广东 | 22 366.5 | 9 821 | 6 977.9 | 3 860.3 | 102.3 | 101.1 | 2 242.3 |
| 20 | 广西 | 4 075.8 | 3 928 | 1 661.2 | 1 098.3 | 102.4 | 101.1 | 2 242.3 |
| 21 | 海南 | 894.6 | 4 145 | 367.2 | 448.8 | 101.5 | 100.9 | 429.4 |
| 22 | 重庆 | 3 070.5 | 4 782 | 1 933.2 | 625.5 | 100.8 | 98.7 | 2 598.8 |
| 23 | 四川 | 7 385.1 | 4 130 | 3 585.2 | 916.6 | 101.7 | 100.6 | 5 303.6 |
| 24 | 贵州 | 1 979.1 | 3 140 | 998.2 | 646.5 | 101.0 | 101.3 | 1 546.2 |
| 25 | 云南 | 3 472.9 | 3 749 | 1 777.6 | 680.6 | 101.4 | 100.1 | 244.1 |
| 26 | 西藏 | 251.2 | 3 019 | 181.4 | 40.7 | 101.5 | 100.8 | 24.9 |
| 27 | 陕西 | 3 675.7 | 3 594 | 1 882.2 | 1 028.8 | 101.2 | 100.1 | 3 150.8 |
| 28 | 甘肃 | 1 934.0 | 3 453 | 870.4 | 983.2 | 101.7 | 99.9 | 1 695.8 |
| 29 | 青海 | 543.3 | 3 888 | 329.8 | 147.1 | 100.8 | 100.7 | 388.1 |
| 30 | 宁夏 | 606.1 | 4 413 | 443.3 | 255.2 | 101.5 | 100.4 | 605.2 |
| 31 | 新疆 | 2 604.2 | 3 847 | 1 339.1 | 806.6 | 100.7 | 99.4 | 1 656.0 |

资料来源：《中国统计年鉴(2006)》

# 第六章　地理系统的决策优化

优化决策理论和方法是在第二次世界大战中提出后，逐步形成和发展的。近二十多年来由于科学技术的飞速发展，国防与经济建设的现代化，以及经济和信息的全球化等因素，优化决策变得日益重要，同时也变得更加复杂。

系统决策，是指在具有相对稳定的约束条件及准则的前提下，在多个(或无限)且常常是相互冲突的目标情况下作抉择，但其结果应该是既聚集了个人意见又体现出集体理性行为决策的最优选择。集体理性行为体现在决策的系统性、决策方案的客观性与决策实施过程的可控性。

优化问题，即在有限的约束条件下，实现系统尽可能大的目标。最优化的方法很多，有古典的微分法和拉格朗日乘子法，也有近代的规划论方法，如线性规划、非线性规划、动态规划、目标规划等。

地理系统是一个复杂的巨系统。而研究系统优化问题的最优化理论除了研究简单系统的决策优化问题外，也开始对复杂系统的决策优化问题进行研究。计量地理学吸取了复杂系统理论，应用了更多的现代数学领域的决策寻优方法。本章只讨论 AHP 决策分析与线性规划较简单的决策优化方法。

## 第一节　AHP 决策分析

### 一、AHP 决策分析法简介

1. 概述

美国运筹学家 T. L. Saaty 于 20 世纪 70 年代提出的层次分析法(Analytical Hierarchy Process，简称 AHP 方法)，是一种定性与定量相结合的决策分析方法。它是一种将决策者对复杂系统的决策思维过程模型化、数量化的过程。应用这种方法，决策者通过将复杂问题分解为若干层次和若干因素，在各因素之间进行简单的比较和计算，就可以得出不同方案的权重，为最佳方案的选择提供依据。

层次分析法的特点是：① 思路简单明了，它将决策者的思维过程条理化、数量化，便于计算，容易被人们所接受；② 所需要的定量数据较少，但对问题的本质，包含的因素及其内在关系分析得清楚；③ 可用于复杂的非结构化的问题，以及多目标、多准则、多时段等各种类型问题的决策分析，具有较广泛的实用性。

2. 基本原理

层次分析法的基本原理可以用以下的简单事例分析来说明。假设有 $n$ 个物体 $A_1$，

$A_2, \cdots, A_n$，它们的重量分别记为 $W_1, W_2, \cdots, W_n$。现将每个物体的重量两两进行比较如表 6-1。

**表 6-1　指标之间两两比较的重要程度矩阵表**

| | $A_1$ | $A_2$ | … | $A_n$ |
|---|---|---|---|---|
| $A_1$ | $W_1/W_1$ | $W_1/W_2$ | … | $W_1/W_n$ |
| $A_2$ | $W_2/W_1$ | $W_2/W_2$ | … | $W_2/W_n$ |
| … | … | … | … | … |
| $A_n$ | $W_n/W_1$ | $W_n/W_2$ | … | $W_n/W_n$ |

若以矩阵来表示各物体的这种相互重量关系，即：

$$A=\begin{bmatrix} W_1/W_1 & W_1/W_2 & \cdots & W_1/W_n \\ W_2/W_1 & W_2/W_2 & \cdots & W_2/W_n \\ & \cdots & & \\ W_n/W_1 & W_n/W_2 & \cdots & W_n/W_n \end{bmatrix}$$

上式中，$A$ 称为判断矩阵。若取重量向量 $W=[W_1, W_2, \cdots, W_n]^T$，则有：

$$AW=n \cdot W$$

这就是说，$W$ 是判断矩阵 $A$ 的特征向量，$n$ 是 $A$ 的一个特征值。事实上，根据线性代数知识，我们不难证明，$n$ 是矩阵 $A$ 的唯一非零的，也是最大的特征值，而 $W$ 为其所对应的特征向量。

上述事实提示我们，如果有一组物体，需要知道它们的重量，而又没有衡器，那么我们就可以通过两两比较它们的相互重量，得出每对物体重量比的判断，从而构成判断矩阵；然后通过求解判断矩阵的最大特征值 $\lambda_{max}$ 和它所对应的特征向量，就可以得出这一组物体的相对重量。根据这一思路，在地理科学研究中，对于一些无法测量的因素，只要引入合理的标度，我们也可以用这种方法来度量各因素之间的相对重要性，从而为有关决策提供依据。上述思路就是层次分析法的基本原理。

## 二、AHP 决策分析法的计算

### 1. 计算步骤

AHP 决策分析法的基本过程，大体可以分为如下五个基本步骤。

(1) 建立层次结构模型

运用 AHP 进行层次分析，首先要将所含的因素进行分组，把每一组作为一个层次，按照最高层(目标层)、若干中间层(准则层)以及最低层(措施层)的形式排列起来。这种层次结构常用结构图来表示(见图 6-1)，图 6-1 中标明了上下层元素之间的关系。如果某一个元素与下一层的所有元素均有联系，则称这个元素与下一层次存在有完全层次的关系；如果某一个元素只与下一层的部分元素有联系，则称这个元素与下一层次存在有不完全层次关系。层次之间可以建立子层次，子层次从属于主层次中的某一个元素，它的元素与下一层的元素有联系，但不形成独立层次。

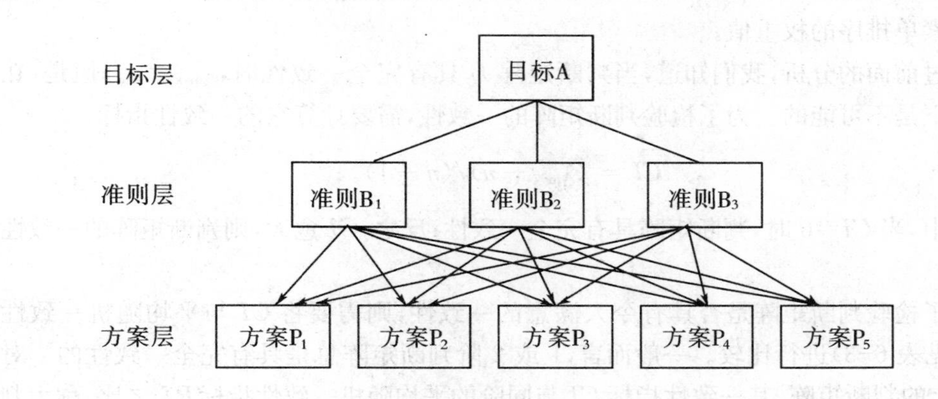


图 6-1　层次分析结构模型

(2) 构造判断矩阵

本步骤是层次分析法的一个关键步骤。判断矩阵表示针对上一层次中的某元素而言，评定该层次中各有关元素相对重要性的状况，其形式如下：

表 6-2　A-B 判断矩阵

| $A$ | $B_1$ | $B_2$ | … | $B_n$ |
|---|---|---|---|---|
| $B_1$ | $B_{11}$ | $B_{12}$ | … | $B_{1n}$ |
| $B_2$ | $B_{21}$ | $B_{22}$ | … | $B_{2n}$ |
| … | … | … | … | … |
| $B_n$ | $B_{n1}$ | $B_{n2}$ | … | $B_{nn}$ |

其中，$b_{ij}$ 表示对于 $A$ 而言，元素 $B_i$ 对 $B_j$ 的相对重要性的判断值。$b_{ij}$ 一般取 1，3，5，7，9 等 5 个等级标度，其意义为：1 表示 $B_i$ 与 $B_j$ 同等重要，3 表示 $B_i$ 较 $B_j$ 重要一点，5 表示 $B_i$ 较 $B_j$ 重要得多，7 表示 $B_i$ 较 $B_j$ 更重要，9 表示 $B_i$ 较 $B_j$ 极端重要。而 2，4，6，8 表示相邻判断的中值。当 5 个等级不够用时，可以使用 2，4，6，8 等数值。

显然，对于任何判断矩阵都应满足：

$$b_{ii}=1,$$

$$b_{ji}=1/b_{ij}$$

(3) 层次单排序

层次单排序的目的是对于上层次中的某元素而言，确定本层次与之有联系的元素重要性次序的权重值。它是本层次所有元素对上一层次而言的重要性排序的基础。

层次单排序的任务可以归结为计算判断矩阵的特征根和特征向量问题，即对于判断矩阵 $B$，计算满足：

$$BW = \lambda_{max} W。$$

式中：$\lambda_{max}$为$B$的最大特征根；$W$为对应于$\lambda_{max}$的正规化特征向量；$W$的分量$W_i$就是对应元素单排序的权重值。

通过前面的分析，我们知道，当判断矩阵$B$具有完全一致性时，$\lambda_{max}=n$。但是，在一般情况下是不可能的。为了检验判断矩阵的一致性，需要计算它的一致性指标：

$$CI = (\lambda_{max} - n)/(n-1)。$$

式中，当$CI=0$时，判断矩阵具有完全一致性；反之，$CI$愈大，则判断矩阵的一致性就愈差。

为了检验判断矩阵是否具有令人满意的一致性，则需要将$CI$与平均随机一致性指标$RI$（见表6-3）进行比较。一般而言，1或2阶判断矩阵总是具有完全一致性的。对于2阶以上的判断矩阵，其一致性指标$CI$与同阶的平均随机一致性指标$RI$之比，称为判断矩阵的随机一致性比例，记为$CR$。一般，当$CR=CI/RI<0.10$时，我们就认为判断矩阵具有令人满意的一致性；否则，当$CR\geqslant 0.10$时，就需要调整判断矩阵，直到满意为止。

**表6-3　平均随机一致性指标**

| 阶数 | 1 | 2 | 3 | 4 | 5 | 6 | 7 | 8 | 9 | 10 | 11 | 12 | 13 | 14 | 15 |
|---|---|---|---|---|---|---|---|---|---|---|---|---|---|---|---|
| RI | 0 | 0 | 0.58 | 0.90 | 1.22 | 1.24 | 1.32 | 1.41 | 1.45 | 1.49 | 1.52 | 1.54 | 1.56 | 1.58 | 1.59 |

(4) 层次总排序

利用同一层次中所有层次单排序的结果，就可以计算针对上一层次而言的本层次所有元素的重要性权重值，这就称为层次总排序。层次总排序需要从上到下逐层顺序进行。对于最高层，其层次单排序就是其总排序。若上一层次所有元素$A_1, A_2, \cdots, A_m$的层次总排序已经完成，得到的权重值分别为$a_1, a_2, \cdots, a_m$，与$a_j$对应的本层次元素$B_1, B_2, \cdots, B_n$的层次单排序结果为$[b_1^j, b_2^j, \cdots, b_n^j]^T$（这里，若$b_j$与$a_i$无关），则$b_j^j$为0。那么，得到的层次总排序如下表。

**表6-4　层次总排序表**

| 层次$A$ | $A_1$ | $A_2$ | $\cdots$ | $A_m$ | $B$层次的总排序 |
|---|---|---|---|---|---|
| | $a_1$ | $a_2$ | $\cdots$ | $a_m$ | |
| $B_1$ | $b_1^1$ | $b_1^2$ | $\cdots$ | $b_1^m$ | $\sum_{i=1}^{m} a_i b_{1i}$ |
| $B_2$ | $b_2^1$ | $b_2^2$ | $\cdots$ | $b_2^m$ | $\sum_{i=1}^{m} a_i b_{2i}$ |
| $\cdots$ | $\cdots$ | $\cdots$ | $\cdots$ | $\cdots$ | $\cdots$ |
| $B_n$ | $b_n^1$ | $b_n^2$ | $\cdots$ | $b_n^m$ | $\sum_{i=1}^{m} a_i b_{ni}$ |

显然

$$\sum_{j=1}^{n}\sum_{i=1}^{m}a_i b_{ji}=1$$

即层次总排序为归一化的正规向量。

(5) 一致性检验

为了评价层次总排序的计算结果的一致性，类似于层次单排序，也需要进行一致性检验。为此，需要分别计算下列指标：

$$CI=\sum_{i=1}^{m}a_i CI_i,$$

$$RI=\sum_{i=1}^{m}a_i RI_i,$$

$$CR=CI/RI。$$

式中，$CI$ 为层次总排序的一致性指标，$CI_i$ 为与 $a_i$ 对应的 $B$ 层次中判断矩阵的一致性指标；$RI$ 为层次总排序的随机一致性指标，$RI_i$ 为与 $a_i$ 对应的 $B$ 层次中判断矩阵的随机一致性指标；$CR$ 为层次总排序的随机一致性比例。同样，当 $CR<0.10$ 时，则认为层次总排序的计算结果具有令人满意的一致性；否则，就需要对本层次的各判断矩阵进行调整，从而使层次总排序具有令人满意的一致性。

2. 计算方法

(1) 和积法

第一步，将判断矩阵每一列归一化。

$$\overline{b_{ij}}=\frac{b_{ij}}{\sum_{k=1}^{n}b_{kj}}\quad(i,j=1,2,\cdots,n)$$

第二步，对按列归一化的判断矩阵，再按行求和。

$$\overline{W_i}=\sum_{j=1}^{n}\overline{b_{ij}}\quad(j=1,2,\cdots,n)$$

第三步，将向量 $\overline{W_i}=[\overline{W_1},\overline{W_2},\cdots,\overline{W_n}]^T$ 归一化。

$$W=\frac{\overline{W_i}}{\sum_{i=1}^{n}\overline{W_i}}\quad(i=1,2,\cdots,n)$$

所得到的 $W=[W_1,W_2,\cdots,W_n]^T$ 为所求的特征向量。

第四步，计算最大特征 $\lambda_{max}$。

$$\lambda_{max}=\sum_{i=1}^{n}\frac{(AW)_i}{nW_i}$$

式中，$(AW)_i$ 表示向量 $AW$ 的第 $i$ 个分量。

(2) 方根法

第一步,计算判断矩阵每一行元素的乘积。

$$U_{ij}=\prod_{j=1}^{n}b_{ij}\quad(i,j=1,2,\cdots,n)$$

第二步,计算 $U_{ij}$ 的 $n$ 次方根 $U_i$。

$$U_i=\sqrt{U_{ij}}\quad(i=1,2,\cdots,n)$$

第三步,将向量 $U_i$ 归一化,得特征向量 $W_i$。

$$W_i=U_i\Big/\sum_{i=1}^{n}U_i$$

第四步,计算最大特征 $\lambda_{\max}$。

$$\lambda_{\max}=\sum_{i=1}^{n}\frac{(AW)_i}{nW_i}$$

式中,$(AW)_i$ 同样表示向量 $AW$ 的第 $i$ 个分量。

3. AHP 分析法的应用

层次分析法(简称为 AHP)主要是为一些基于多种属性的主观评价和决策过程建立模型,常常被运用于多目标、多准则、多要素、多层次的非结构化的复杂决策问题,特别是战略决策问题的研究,具有十分广泛的实用性。

**【例 6.1】** 对湖南省云山国家森林公园的动植物类型进行旅游功能的评价:该区域包含的动植物类型有① 落叶阔叶林;② 常绿阔叶林;③ 针叶林;④ 藤本类;⑤ 草本;⑥ 蕨类;⑦ 哺乳类;⑧ 爬行类;⑨ 鸟类;⑩ 两栖类。试从观赏、游憩、保健药用、狩猎、科研 5 个旅游功能确定动植物类型旅游综合功能的大小,为公园的决策提供指导。

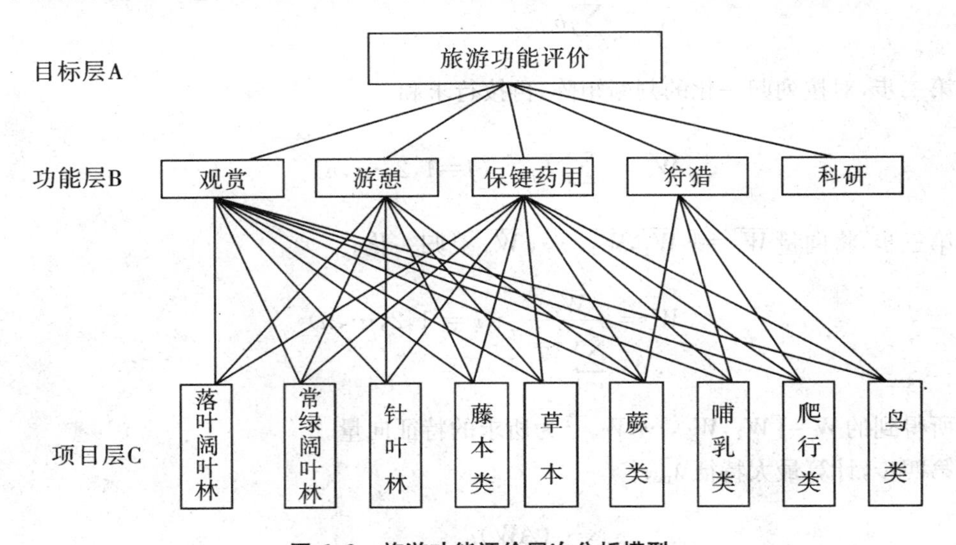


**图 6-2　旅游功能评价层次分析模型**

根据层次分析模型(图 6-2)建立的判断矩阵为表 6-5 至表 6-9,总排序结果见表 6-10。

表 6-5　判断矩阵 A—B

| $A$ | $B_1$ | $B_2$ | $B_3$ | $B_4$ | $W$ |
|---|---|---|---|---|---|
| $B_1$ | 1 | 3 | 5 | 3 | 0.55 |
| $B_2$ | $\frac{1}{3}$ | 1 | 3 | 1 | 0.18 |
| $B_3$ | $\frac{1}{5}$ | $\frac{1}{3}$ | 1 | $\frac{1}{3}$ | 0.08 |
| $B_4$ | $\frac{1}{3}$ | 1 | 3 | 1 | 0.18 |

$\lambda_{max}=4.058\,871$，$CI=(\lambda_{max}-n)/(n-1)=(4.058\,871-4)/(4-1)=0.019\,624$，$RI=0.9$，$CR=CI/RI=\frac{0.019\,624}{0.9}=0.021\,80<0.1$。

表 6-6　判断矩阵 $B_1$—C

| $B_1$ | $C_1$ | $C_2$ | $C_3$ | $C_4$ | $C_5$ | $C_6$ | $C_7$ | $C_8$ | $C_9$ | $C_{10}$ | $W$ |
|---|---|---|---|---|---|---|---|---|---|---|---|
| $C_1$ | 1 | 1 | 5 | 3 | 1 | 7 | 5 | 7 | 3 | 5 | 0.21 |
| $C_2$ | 1 | 1 | 5 | 3 | 1 | 7 | 5 | 7 | 3 | 5 | 0.21 |
| $C_3$ | $\frac{1}{5}$ | $\frac{1}{5}$ | 1 | 1 | $\frac{1}{5}$ | 3 | 1 | 3 | $\frac{1}{3}$ | 1 | 0.05 |
| $C_4$ | $\frac{1}{3}$ | $\frac{1}{3}$ | 1 | 3 | $\frac{1}{3}$ | 5 | 1 | 3 | $\frac{1}{3}$ | 3 | 0.08 |
| $C_5$ | 1 | 1 | 5 | 3 | 1 | 7 | 5 | 7 | 3 | 5 | 0.21 |
| $C_6$ | $\frac{1}{7}$ | $\frac{1}{7}$ | $\frac{1}{3}$ | $\frac{1}{5}$ | $\frac{1}{7}$ | 1 | $\frac{1}{3}$ | 1 | $\frac{1}{5}$ | $\frac{1}{3}$ | 0.02 |
| $C_7$ | $\frac{1}{5}$ | $\frac{1}{5}$ | 1 | 1 | $\frac{1}{5}$ | 3 | 1 | 3 | $\frac{1}{3}$ | 1 | 0.05 |
| $C_8$ | $\frac{1}{7}$ | $\frac{1}{7}$ | $\frac{1}{3}$ | $\frac{1}{3}$ | $\frac{1}{7}$ | 1 | $\frac{1}{3}$ | 1 | $\frac{1}{5}$ | $\frac{1}{3}$ | 0.02 |
| $C_9$ | $\frac{1}{3}$ | $\frac{1}{3}$ | 3 | 3 | $\frac{1}{3}$ | 5 | 3 | 5 | 1 | 3 | 0.11 |
| $C_{10}$ | $\frac{1}{5}$ | $\frac{1}{5}$ | 1 | $\frac{1}{3}$ | $\frac{1}{5}$ | 3 | 1 | 3 | $\frac{1}{3}$ | 1 | 0.05 |

$\lambda_{max}=10.63$，$CI=(\lambda_{max}-n)/(n-1)=0.07$，$RI=1.49$，$CR=CI/RI=\frac{0.07}{1.49}<0.1$。

表 6-7　判断矩阵 $B_2$—C

| $B_2$ | $C_1$ | $C_2$ | $C_3$ | $C_4$ | $C_5$ | $C_6$ | |
|---|---|---|---|---|---|---|---|
| $C_1$ | 1 | $\frac{1}{3}$ | $\frac{1}{3}$ | 3 | 3 | 5 | 0.16 |
| $C_2$ | 3 | 1 | 1 | 5 | 5 | 7 | 0.33 |
| $C_3$ | 3 | 1 | 1 | 5 | 5 | 7 | 0.33 |
| $C_4$ | $\frac{1}{3}$ | $\frac{1}{5}$ | $\frac{1}{5}$ | 1 | 1 | 3 | 0.07 |
| $C_5$ | $\frac{1}{3}$ | $\frac{1}{5}$ | $\frac{1}{5}$ | 1 | 1 | 3 | 0.07 |
| $C_6$ | $\frac{1}{5}$ | $\frac{1}{7}$ | $\frac{1}{7}$ | $\frac{1}{3}$ | $\frac{1}{3}$ | 1 | 0.03 |

$\lambda_{max}=6.196, CI=(\lambda_{max}-n)/(n-1)=0.039$；

$RI=1.24, CR=CI/RI=\frac{0.039}{1.24}<0.1$。

**表 6-8　判断矩阵 $B_3$—C**

| $B_1$ | $C_1$ | $C_2$ | $C_3$ | $C_4$ | $C_5$ | $C_6$ | $C_7$ | $C_8$ | $C_9$ | $C_{10}$ | W |
|---|---|---|---|---|---|---|---|---|---|---|---|
| $C_1$ | 1 | 1 | 1 | $\frac{1}{5}$ | $\frac{1}{7}$ | $\frac{1}{3}$ | 3 | $\frac{1}{7}$ | 1 | $\frac{1}{7}$ | 0.03 |
| $C_2$ | 1 | 1 | 1 | $\frac{1}{5}$ | $\frac{1}{7}$ | $\frac{1}{3}$ | 3 | $\frac{1}{7}$ | 1 | $\frac{1}{7}$ | 0.03 |
| $C_3$ | 1 | 1 | 1 | $\frac{1}{5}$ | $\frac{1}{7}$ | $\frac{1}{3}$ | 3 | $\frac{1}{7}$ | 1 | $\frac{1}{7}$ | 0.03 |
| $C_4$ | 5 | 5 | 5 | 1 | $\frac{1}{3}$ | 3 | 7 | $\frac{1}{3}$ | 5 | $\frac{1}{3}$ | 0.12 |
| $C_5$ | 7 | 7 | 7 | 3 | 1 | 5 | 1 | 9 | 1 | 7 | 0.22 |
| $C_6$ | 3 | 3 | 3 | $\frac{1}{3}$ | $\frac{1}{5}$ | 1 | 5 | $\frac{1}{5}$ | 3 | $\frac{1}{5}$ | 0.07 |
| $C_7$ | $\frac{1}{3}$ | $\frac{1}{3}$ | $\frac{1}{3}$ | $\frac{1}{7}$ | 1 | $\frac{1}{5}$ | 1 | 1 | $\frac{1}{3}$ | 1 | 0.02 |
| $C_8$ | 7 | 7 | 7 | 3 | $\frac{1}{9}$ | 5 | 1 | 9 | 1 | $\frac{1}{7}$ | 0.22 |
| $C_9$ | 1 | 1 | 1 | $\frac{1}{5}$ | 1 | $\frac{1}{3}$ | 3 | 1 | 1 | 1 | 0.05 |
| $C_{10}$ | 7 | 7 | 7 | 3 | $\frac{1}{7}$ | 5 | 1 | 7 | 1 | 7 | 0.22 |

$\lambda_{max}=10.89, CI=(\lambda_{max}-n)/(n-1)=0.099$；

$RI=1.49, CR=CI/RI=\frac{0.099}{1.49}<0.1$。

**表 6-9　判断矩阵 $B_4$—C**

| $B_4$ | $C_7$ | $C_8$ | $C_9$ | $C_{10}$ | W |
|---|---|---|---|---|---|
| $C_7$ | 1 | 5 | 1 | 3 | 0.39 |
| $C_8$ | $\frac{1}{5}$ | 1 | $\frac{1}{5}$ | $\frac{1}{3}$ | 0.07 |
| $C_9$ | 1 | 5 | 1 | 3 | 0.39 |
| $C_{10}$ | $\frac{1}{3}$ | 3 | $\frac{1}{3}$ | 1 | 0.15 |

$\lambda_{max}=4.04388, CI=(\lambda_{max}-n)/(n-1)=0.0146$；

$RI=0.90, CR=CI/RI=\frac{0.0146}{0.90}<0.1$。

表 6-10　层次总排序及一致性检验

| | $B_1$ | $B_2$ | $B_3$ | $B_4$ | W | 排序 |
|---|---|---|---|---|---|---|
| $C_1$ | 0.55 | 0.18 | 0.08 | 0.18 | 0.15 | 2 |
| $C_2$ | 0.21 | 0.16 | 0.03 | | 0.18 | 1 |
| $C_3$ | 0.21 | 0.33 | 0.03 | | 0.09 | 6 |
| $C_4$ | 0.05 | 0.33 | 0.03 | | 0.07 | 7 |
| $C_5$ | 0.08 | 0.07 | 0.12 | | 0.14 | 3 |
| $C_6$ | 0.21 | 0.07 | 0.22 | | 0.02 | 10 |
| $C_7$ | 0.02 | 0.03 | 0.07 | | 0.10 | 5 |
| $C_8$ | 0.05 | | 0.02 | 0.39 | 0.04 | 9 |
| $C_9$ | 0.02 | | 0.22 | 0.07 | 0.14 | 4 |
| $C_{10}$ | 0.11 | | 0.05 | 0.39 | 0.07 | 8 |
| $CI_i$ | | | | | $CI=0.06$ | |
| $RI_i$ | | | | | $RI=1.34$ | |

$$CR = CI/RI = 0.04217 < 0.1。$$

**软件运算指导 6.1——利用 Excel 进行层次分析的求解(和积法)**

1. 把要计算的判断矩阵的数据输入到 Excel 的区域中。

2. 分别对各列求和得 $\sum_{k=1}^{n} b_{kj}$。

3. 对每个单元格数据分别除各列之和 $\overline{b_{ij}}$，存放于另一区域。

4. 分别对 $\overline{b_{ij}}$ 各行求和得 $\sum_{j=1}^{n} \overline{b_{ij}}$ 即为 $\overline{W_i}$。

5. 对 $\overline{W_i}$ 按列求和得 $\sum_{j=1}^{n} \overline{W_j}$。

6. 用各个单元格数据 $\overline{W_i}$ 除以 $\sum_{j=1}^{n} \overline{W_j}$ 得 $W=[W_1, W_2, \cdots, W_n]^T$ 即为特征向量。

7. 利用 MMULT 求算判断矩阵与特征向量的积得各分量($AW$)；(Ctrl＋Shift＋Enter)。

8. 对各分量$(AW)_i$除以相应的 $nW_i$。

9. 求和得最大特征根 $\lambda_{\max}$。

对上述示例中表 6-6 的数据，采用方根法的方法，利用 Excel 软件求解(见图 6-3)。图 6-3 是将数据输入 Excel 中，建立了 Excel 文件。

L17 fx

|  | A | B | C | D | E | F | G | H | I | J | K |
|---|---|---|---|---|---|---|---|---|---|---|---|
| 1 | 判断矩阵 |  |  |  |  |  |  |  |  |  |  |
| 2 | $B_1$ | $C_1$ | $C_2$ | $C_3$ | $C_4$ | $C_5$ | $C_6$ | $C_7$ | $C_8$ | $C_9$ | $C_{10}$ |
| 3 | $C_1$ | 1.00 | 1.00 | 5.00 | 3.00 | 1.00 | 7.00 | 5.00 | 7.00 | 3.00 | 5.00 |
| 4 | $C_2$ | 1.00 | 1.00 | 5.00 | 3.00 | 1.00 | 7.00 | 5.00 | 7.00 | 3.00 | 5.00 |
| 5 | $C_3$ | 0.20 | 0.20 | 1.00 | 1.00 | 0.20 | 3.00 | 1.00 | 3.00 | 0.33 | 1.00 |
| 6 | $C_4$ | 0.33 | 0.33 | 1.00 | 3.00 | 0.33 | 5.00 | 1.00 | 3.00 | 0.33 | 3.00 |
| 7 | $C_5$ | 1.00 | 1.00 | 5.00 | 3.00 | 1.00 | 7.00 | 5.00 | 7.00 | 3.00 | 5.00 |
| 8 | $C_6$ | 0.14 | 0.14 | 0.33 | 0.20 | 0.14 | 1.00 | 0.33 | 1.00 | 0.20 | 0.33 |
| 9 | $C_7$ | 0.20 | 0.20 | 1.00 | 1.00 | 0.20 | 3.00 | 1.00 | 3.00 | 0.33 | 1.00 |
| 10 | $C_8$ | 0.14 | 0.14 | 0.33 | 0.33 | 0.14 | 1.00 | 0.33 | 1.00 | 0.20 | 0.33 |
| 11 | $C_9$ | 0.33 | 0.33 | 3.00 | 3.00 | 0.33 | 5.00 | 3.00 | 5.00 | 1.00 | 3.00 |
| 12 | $C_{10}$ | 0.20 | 0.20 | 1.00 | 0.33 | 0.20 | 3.00 | 1.00 | 3.00 | 0.33 | 1.00 |

**图 6-3　将表 6-6 的数据输入 Excel 中的数据文件**

### 软件运算指导 6.2——利用 Excel 进行层次分析的求解(方根法)

1. 在 Excel 工作表 B3:K12 中输入表中判断矩阵的数据。

2. 计算判断矩阵每行元素的乘积。在单元格 M3 中输入"=B3 * C3 * D3 * E3 * F3 * G3 * H3 * I3 * J3 * K3",按住填充柄拖动到 M12,完成 $U_{ij}$ 的计算。

3. 计算 $U_{ij}$ 的 $n$ 次方根 $U_i$,并求和。在单元格 N3 中输入"=M3^(1/10)",按住填充柄拖动到 N12。在单元格 N12 中,输入"=SUM(N3:N12)",完成 $U_i$ 的求和。

4. 权重 $W_i$ 的计算。在单元格 O3 中输入"=N3/$N$13",按住填充柄拖动到 O12,完成各指标权重系数的计算。

5. 判断矩阵最大特征根 $\lambda_{max}$ 的计算。选中单元格区域 B14:B23,在编辑栏中输入

"=MMULT(B3:K12,O3:O12)",同时按"Ctrl+Shift+Enter"键。在单元格 C14 中,输入"=B14/O3/7",按住填充柄拖动到 C23。在单元格 E14 中,输入"=SUM(C14:C23)",完成 $\lambda_{max}$ 的计算。

6. 一致性检验。在单元格 E15 中,输入"=(E14-10)/(10-1)",得 CI=0.06。查表 3,$n$=10 时 RI=1.49,CR=0.042/1.49=0.042<0.10,表明该判断矩阵具有令人满意的一致性,不需要做调整。

|  | A | B | C | D | E | F | G | H | I | J | K | L | M | N | O |
|---|---|---|---|---|---|---|---|---|---|---|---|---|---|---|---|
| 1 | 判断矩阵 |  |  |  |  |  |  |  |  |  |  |  | 行内连乘 | 开n次方 | 权重W |
| 2 | $B_1$ | $C_1$ | $C_2$ | $C_3$ | $C_4$ | $C_5$ | $C_6$ | $C_7$ | $C_8$ | $C_9$ | $C_{10}$ |  |  |  |  |
| 3 | $C_1$ | 1.00 | 1.00 | 5.00 | 3.00 | 1.00 | 7.00 | 5.00 | 7.00 | 3.00 | 5.00 |  | 55125 | 2.979441483 | 0.211054341 |
| 4 | $C_2$ | 1.00 | 1.00 | 5.00 | 3.00 | 1.00 | 7.00 | 5.00 | 7.00 | 3.00 | 5.00 |  | 55125 | 2.979441483 | 0.211054341 |
| 5 | $C_3$ | 0.20 | 0.20 | 1.00 | 1.00 | 0.20 | 3.00 | 1.00 | 3.00 | 0.33 | 1.00 |  | 0.024 | 0.688685793 | 0.048784353 |
| 6 | $C_4$ | 0.33 | 0.33 | 1.00 | 3.00 | 0.33 | 5.00 | 1.00 | 3.00 | 0.33 | 3.00 |  | 1.60099335 | 1.048187443 | 0.074250329 |
| 7 | $C_5$ | 1.00 | 1.00 | 5.00 | 3.00 | 1.00 | 7.00 | 5.00 | 7.00 | 3.00 | 5.00 |  | 55125 | 2.979441483 | 0.211054341 |
| 8 | $C_6$ | 0.14 | 0.14 | 0.33 | 0.20 | 0.14 | 1.00 | 0.33 | 1.00 | 0.20 | 0.33 |  | 4.31919E-06 | 0.290763716 | 0.020596795 |
| 9 | $C_7$ | 0.20 | 0.20 | 1.00 | 1.00 | 0.20 | 3.00 | 1.00 | 3.00 | 0.33 | 1.00 |  | 0.02376 | 0.687993989 | 0.048735348 |
| 10 | $C_8$ | 0.14 | 0.14 | 0.33 | 0.33 | 0.14 | 1.00 | 0.33 | 1.00 | 0.20 | 0.33 |  | 7.19865E-06 | 0.306002578 | 0.021676268 |
| 11 | $C_9$ | 0.33 | 0.33 | 3.00 | 3.00 | 0.33 | 5.00 | 3.00 | 5.00 | 1.00 | 3.00 |  | 75 | 1.539948249 | 0.10908513 |
| 12 | $C_{10}$ | 0.20 | 0.20 | 1.00 | 0.33 | 0.20 | 3.00 | 1.00 | 3.00 | 0.33 | 1.00 |  | 0.008 | 0.617033863 | 0.043708754 |
| 13 |  |  |  |  |  |  |  |  |  |  |  |  |  | 14.11694008 | 1 |
| 14 |  | 2.185223117 | 1.035384114 | λmax= | 10.56001031 |  |  |  |  |  |  |  |  |  |  |
| 15 |  | 2.185223117 | 1.035384114 | CI= | 0.062223368 |  |  |  |  |  |  |  |  |  |  |
| 16 |  | 0.505292287 | 1.035767111 | CR= | 0.041760649 |  |  |  |  |  |  |  |  |  |  |
| 17 |  | 0.864351618 | 1.164104768 |  |  |  |  |  |  |  |  |  |  |  |  |
| 18 |  | 2.185223117 | 1.035384114 |  |  |  |  |  |  |  |  |  |  |  |  |
| 19 |  | 0.216468167 | 1.050979875 |  |  |  |  |  |  |  |  |  |  |  |  |
| 20 |  | 0.50492867 | 1.036062509 |  |  |  |  |  |  |  |  |  |  |  |  |
| 21 |  | 0.226368211 | 1.044313576 |  |  |  |  |  |  |  |  |  |  |  |  |
| 22 |  | 1.177941138 | 1.079836578 |  |  |  |  |  |  |  |  |  |  |  |  |
| 23 |  | 0.455792068 | 1.042793549 |  |  |  |  |  |  |  |  |  |  |  |  |

**图 6-4　Excel 的计算格式与计算结果**

# 第二节　地理系统的线性规划

## 一、线性规划的数学模型

1. 线性规划的地理意义和结构

(1) 线性规划的地理意义

在地理系统中，经常会遇到制定最优规划方案，以取得最大效益的问题，此类问题构成了运筹学的一个重要分支——数学规划，而线性规划(Linear Programming，简记 LP)则是数学规划的一个重要分支。线性规划是运筹学中研究较早、发展较快、应用广泛、方法较成熟的一个重要分支，它是辅助人们进行科学管理的一种数学方法。自从 1947 年 G. B. Dantzig 提出求解线性规划的单纯形方法以来，线性规划在理论上趋向成熟，在实用中日益广泛与深入。特别是在计算机能处理成千上万个约束条件和决策变量的线性规划问题之后，线性规划的适用领域更为广泛了，已成为现代管理中经常采用的基本方法之一。线件规划的目的，可以应用于科学研究、工程设计、活动安排、军事指挥、国土整治等方面，探求有限资源的最优配置或最有效的利用问题，以便有效地实现预定的计划，最终获得最优的经济效果。

线性规划所研究的问题主要有两类：一是在具有一定数量的人力、物力和资源情况下，尽量合理地安排使用它们，使完成的任务最多、最好；二是一项任务已定，如何统筹兼顾，尽量用最少的人力、物力和财力，最省地完成这项任务。总之，线性规划问题，就是依据现有的条件，用数学模型的方法，来寻找出一个最佳的利用方案。

(2) 线性规划的结构

如果一个规划问题中的目标函数和约束条件都是线性函数关系，则称这类规划问题为“线性规划”。线性规划问题是最简单、最常见、应用最早的规划问题。任何线性规划，均由决策变量、目标函数和约束条件三部分所构成，称线性规划的三要素。

① 决策变量：未知数。它是通过模型计算来确定的决策因素。又分为实际变量(求解的变量)和计算变量，计算变量又分松弛变量(上限)和人工变量(下限)。

② 目标函数：目标的数学表达式。目标函数是求变量的线性函数的极大值和极小值这样一个极值问题。

③ 约束条件：就是指为最佳地实现该项规划所应受到的限制条件。它包括：资源的限制(客观约束条件)，数量、质量要求的限制(主观约束条件)，特定技术要求和非负限制。

线性规划的实质，就是如何合理地安排、布局和调配经济工作，以实现最优的经济效果。

这项工作主要是决定目标函数中的各个变量值，并使其达到最大值或最小值，而约束条件主要是指资源和生产技术等。

2. 线性规划的数学模型

(1) 线性规划经典问题:生产计划问题

某工厂拥有 A、B、C 三种类型的设备,生产甲、乙、丙、丁四种产品。每件产品在生产中需要占用的设备机时数,每件产品可以获得的利润以及三种设备可利用的时数如表6-11所示。

**表 6-11 产品占用的机时数与设备能力**

| 每件产品占用的机时数(小时/件) | 产品甲 | 产品乙 | 产品丙 | 产品丁 | 设备能力(小时) |
|---|---|---|---|---|---|
| 设备A | 1.5 | 1.0 | 2.4 | 1.0 | 2 000 |
| 设备B | 1.0 | 5.0 | 1.0 | 3.5 | 8 000 |
| 设备C | 1.5 | 3.0 | 3.5 | 1.0 | 5 000 |
| 利润(元/件) | 5.24 | 7.30 | 8.34 | 4.18 | |

$$
\begin{aligned}
\max\quad & z=5.24x_1+7.30x_2+8.34x_3+4.18x_4 \\
\text{s. t.}\quad & 1.5x_1+1.0x_2+2.4x_3+1.0x_4\leqslant 2\,000 \\
& 1.0x_1+5.0x_2+1.0x_3+3.5x_4\leqslant 8\,000 \\
& 1.0x_1+3.0x_2+3.5x_3+1.0x_4\leqslant 5\,000 \\
& x_1\quad x_2\quad x_3\quad x_4\geqslant 0
\end{aligned}
$$

(2) 线性规划问题的表示:一般形式

$$\max(\min)z=c_1x_1+c_2x_2+\cdots+c_nx_n$$

$$
\begin{aligned}
\text{s. t.}\quad & a_{11}x_1+a_{12}x_2+\cdots a_{1n}x_n\leqslant(=,\geqslant)b_1 \\
& a_{21}x_1+a_{22}x_2+\cdots a_{2n}x_n\leqslant(=,\geqslant)b_2 \\
& \cdots\qquad\cdots\qquad\cdots \\
& a_{m1}x_1+a_{m2}x_2+\cdots a_{mn}x_n\leqslant(=,\geqslant)b_m \\
& x_1,x_1\cdots,x_n\geqslant 0
\end{aligned}
$$

(3) 线性规划问题的表示:矩阵形式

$$
C=\begin{bmatrix}c_1\\c_2\\\vdots\\c_n\end{bmatrix}\quad X=\begin{bmatrix}x_1\\x_2\\\vdots\\x_n\end{bmatrix}\quad b=\begin{bmatrix}b_1\\b_2\\\vdots\\b_n\end{bmatrix}\quad A=\begin{bmatrix}a_{11}&a_{12}&\cdots&a_{1n}\\a_{21}&a_{22}&\cdots&a_{2n}\\\cdots&\cdots&\cdots&\cdots\\a_{m1}&a_{m2}&\cdots&a_{mn}\end{bmatrix}
$$

$$
\begin{aligned}
&\max(\min)\ z=C^TX\\
&s.t.\ AX\leqslant(=,\geqslant)b\\
&X\geqslant 0
\end{aligned}
$$

(4) 线性规划问题的表示:标准形式

$$\max z=C^TX$$

$$\text{s. t.}\ AX=b$$

$$X\geqslant 0$$

## 二、线性规划的应用

1. 运输问题

假设某种物资(譬如煤炭、钢铁、石油等)有 $m$ 个产地,$n$ 个销地。第 $i$ 产地的产量为 $a_i(i=1,2,\cdots,m)$,第 $j$ 销地的需求量为 $b_j(j=1,2,\cdots,n)$,它们满足产销平衡条件 $\sum_{i=1}^{m}a_i=\sum_{j=1}^{n}b_j$。如果产地 $i$ 到销地 $j$ 的单位物资的运费为 $c_{ij}$,试问如何安排该种物资调运计划,才能使总运费达到最小?

设 $x_{ij}$ 表示由产地 $i$ 供给销地 $j$ 的物资数量,则上述问题可以表述为求一组实值变量 $x_{ij}(i=1,2,\cdots,m;j=1,2,\cdots,n)$,使其满足:

$$\sum_{i=1}^{m}x_{ij}=b_j,\ j=1,2,\cdots,n$$

$$\sum_{j=1}^{n}x_{ij}=a_i,\ i=1,2,\cdots,m$$

$$x_{ij}\geqslant 0$$

而且使

$$Z=\sum_{i=1}^{m}\sum_{j=1}^{n}C_{ij}X_{ij}\rightarrow \min$$

2. 资源利用问题

假设某地区拥有 $m$ 种资源,其中,第 $i$ 种资源在规划期内的限额为 $b_i(i=1,2,\cdots,m)$。这 $m$ 种资源可用来生产 $n$ 种产品,其中,生产单位数量的第 $j$ 种产品需要消耗的第 $i$ 种资源的数量为 $a_{ij}(i=1,2,\cdots,m;j=1,2,\cdots,n)$,第 $j$ 种产品的单价为 $c_j(j=1,2,\cdots,n)$。试问如何安排这几种产品的生产计划,才能使规划期内资源利用的总产值达到最大?

设第 $j$ 种产品的生产数量为 $x_j(j=1,2,\cdots,n)$,则上述资源利用问题就是:

$$\sum_{j=1}^{n}a_{ij}x_j\leqslant b_i\quad i=1,2,\cdots,m$$

$$x_j\geqslant 0\quad j=1,2,\cdots,n$$

在约束条件下,求一组实数变量 $x_j(j=1,2,\cdots,n)$,使

$$Z=\sum_{j=1}^{n}C_jX_j\rightarrow \max$$

3. 布局问题

20 个农场职工种 50 公顷田地,这些地可以种蔬菜、棉花或水稻,如果种这些农作物

每公顷所需的职工和预计的产值如表 6-12 所示。

**表 6-12　农作物每公顷所需职工及预计产值**

| 作物名称 | 每公顷需职工 | 每公顷预计产值(元) |
|---|---|---|
| 蔬菜 | $\frac{1}{2}$ | 11 000 |
| 棉花 | $\frac{1}{3}$ | 7 500 |
| 水稻 | $\frac{1}{4}$ | 6 000 |

问怎样安排,才能使每公顷地都种上作物,所有职工都工作,而且农作物的预计总产值达到最高?最高预计总产值是多少?

## 三、线性规划求解

线性规划的求解方法有多种,最常用的有图解法和单纯形法。线性规划的单纯形法本教材不做介绍,具体见相关参考书籍,在此仅介绍相关软件计算。

1. 线性规划的图解法

线性规划的图解法一般适应于两个变量的求解。

**【例 6.2】** 用图解法(见图 6-5)求解下列线性规划问题。

$$\max f = x_1 + 2x_2$$

$$\begin{cases} 2x_1 - 3x_2 \geqslant -9 \\ x_1 + x_2 \leqslant 6 \\ x_1 \geqslant 0 \\ x_2 \geqslant 0 \end{cases}$$

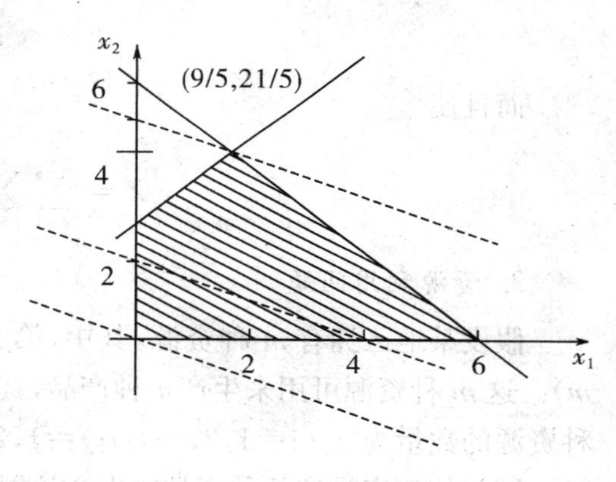


**图 6-5　线性规划的图解**

**解:**(1) 在坐标平面上求出约束条件所限定的可行解集合,约束条件中每个线性不等式都表示一个半平面。可行解即为四个半平面的公共部分。

(2) 考查目标函数,把 $f$ 看成参数,则 $f = x_1 + 2x_2$ 是坐标平面上的一束平行线,位于每条直线上任意一点的坐标所对应的目标函数都相等。这样的每条直线都称为等值线。

(3) 从图上可以看出,经过两直线的交叉点的等值线,取值最大。

$$x_1 = \frac{9}{5}, x_2 = \frac{21}{5}, \max f = \frac{51}{5}$$

2. 线性规划的软件计算

利用计算机求算线性规划结果的软件主要有 Excel 与 Lindo 两类软件。Lindo 是一个解决二次线性整数规划问题的方便而强大的工具。

**【例 6.3】** 根据表 6-13 中不同作物在不同土地类型的单产，如何安排面积布局，才能使每公顷作物的预计总产值达到最高？最高预计总产值是多少？

**表 6-13　不同作物在不同土地类型的单产**

| | 土地类型($B_j$) | | | | | 播种面积($a_i$) |
|---|---|---|---|---|---|---|
| | 1 | 2 | 3 | 4 | 5 | |
| 水稻($A_1$) | 800 | 700 | 900 | 650 | 600 | 600 |
| 小麦($A_2$) | 250 | 300 | 210 | 270 | 310 | 500 |
| 玉米($A_3$) | 400 | 380 | 350 | 370 | 330 | 350 |
| 谷子($A_4$) | 340 | 320 | 330 | 300 | 305 | 300 |
| 土地面积($b_j$) | 300 | 200 | 400 | 600 | 250 | 1 750 |

解题思路：

(1) 设置参数

不同类型的土地上种植的不同作物品种的相应面积为 $X_{ij}$，具体设置如表6-14。

**表 6-14　不同类型土地上不同作物品种面积参数**

| | 土地类型($B_j$) | | | | | 播种面积($a_i$) |
|---|---|---|---|---|---|---|
| | 1 | 2 | 3 | 4 | 5 | |
| 水稻($A_1$) | $X_{11}$ | $X_{12}$ | $X_{13}$ | $X_{14}$ | $X_{15}$ | 600 |
| 小麦($A_2$) | $X_{21}$ | $X_{22}$ | $X_{23}$ | $X_{24}$ | $X_{25}$ | 500 |
| 玉米($A_3$) | $X_{31}$ | $X_{32}$ | $X_{33}$ | $X_{34}$ | $X_{35}$ | 350 |
| 谷子($A_4$) | $X_{41}$ | $X_{42}$ | $X_{43}$ | $X_{44}$ | $X_{45}$ | 300 |
| 土地面积($b_j$) | 300 | 200 | 400 | 600 | 250 | 1 750 |

据表 6-14 可得对线性规划方程如下：

约束条件

$$X_{11}+X_{12}+X_{13}+X_{14}+X_{15}=600$$

$$X_{21}+X_{22}+X_{23}+X_{24}+X_{25}=500$$

$$X_{31}+X_{32}+X_{33}+X_{34}+X_{35}=350$$

$$X_{41}+X_{42}+X_{43}+X_{44}+X_{45}=300$$

$$X_{11}+X_{21}+X_{31}+X_{41}=300$$

$$X_{12}+X_{22}+X_{32}+X_{42}=200$$

$$X_{13}+X_{23}+X_{33}+X_{43}=400$$

$$X_{14}+X_{24}+X_{34}+X_{44}=600$$

$$X_{15}+X_{25}+X_{35}+X_{45}=250$$

$$X_{ij} \geqslant 0$$

目标函数

$$Z = 800X_{11} + 700X_{12} + 900X_{13} + 650X_{14} + 600X_{15} + 250X_{21} + 300X_{22} + 210X_{23} + 270X_{24} + 310X_{25} + 400X_{31} + 380X_{32} + 350X_{33} + 370X_{34} + 330X_{35} + 340X_{41} + 320X_{42} + 330X_{43} + 300X_{44} + 305X_{45}$$

**软件运算指导 6.2——利用 Excel 进行线性规划求解**

1. 在"工具"菜单中,单击"规划求解"命令。显示"规划求解参数"对话框。

2. 在对话框的"设置目标单元格"编辑框中键入单元格引用或目标单元格的名称。或者单击编辑框右侧的小按钮,将对话框折叠起来后,在工作表中单击目标单元格,编辑框中将显示出目标单元格的单元格引用。

3. 如果要使目标单元格中的数值最大,则单击"最大值"选项;如果要使目标单元格的数值最小,则单击"最小值"选项;如果要使目标单元格中的数值为确定值,则单击"目标值"复选框,然后在右侧的编辑框中输入数值。

4. 在"可变单元格"编辑框中键入每个可变单元格的名称或引用.用逗号分隔不相邻的引用。可变单元格必须直接或间接与目标单元格相联系。

5. 除了手工设定可变单元格外,本软件中的"规划求解"可以根据目标单元格自动设定可变单元格。在对话框中单击"推测"按钮可以自动设定可变单元格。

6. 在"约束"列表框中输入相应的约束条件。

7. 单击"求解"按钮关闭对话框。

8. 此时会显示出"规划求解结果"对话框。如果要在工作表中保存求解后的数值可以单击对话框中的"保存规划求解结果"选项。

**软件运算指导 6.3——利用 Lindo 进行线性规划求解**

首先运行 Lindo 程序,在程序主界面下利用程序包自带的文件编辑功能,编辑程序文件(*.ltx),文件内容如下:

max

$800X_{11}+700X_{12}+900X_{13}+650X_{14}+600X_{15}+250X_{21}+300X_{22}+210X_{23}+270X_{24}+310X_{25}+400X_{31}+380X_{32}+350X_{33}+370X_{34}+330X_{35}+340X_{41}+320X_{42}+330X_{43}+300X_{44}+305X_{45}$

ST

$$X_{11} + X_{12} + X_{13} + X_{14} + X_{15} = 600$$

$$X_{21} + X_{22} + X_{23} + X_{24} + X_{25} = 500$$

$$X_{31} + X_{32} + X_{33} + X_{34} + X_{35} = 350$$

$$X_{41} + X_{42} + X_{43} + X_{44} + X_{45} = 300$$

$$X_{11} + X_{21} + X_{31} + X_{41} = 300$$

$$X_{12} + X_{22} + X_{32} + X_{42} = 200$$

$$X_{13}+X_{23}+X_{33}+X_{43}=400$$

$$X_{14}+X_{24}+X_{34}+X_{44}=600$$

$$X_{15}+X_{25}+X_{35}+X_{45}=250$$

然后进行求解运行。

## 思考题

1. 建模并计算：$A$、$B$ 两种资源的拥有量分别为 15 和 12 个单位；生产单位数量的甲种产品需要消耗的 $A$、$B$ 两种资源的数量分别为 2 和 1 个单位，生产单位数量的乙种产品需要消耗的 $A$、$B$ 两种资源的数量分别为 1 和 2 个单位；甲、乙两种产品的价格（单价）分别为 8 和 10 个货币单位。试问：甲、乙两种产品各生产多少，才能使 $A$、$B$ 两种资源的使用价值（总产值）达到最大？（要求：运用线性规划方法建立模型）

2. 今年甲、乙两矿生产相同的矿石，甲、乙每月的产量分别为 10 万吨和 8 万吨；又有 $A$、$B$ 两工厂每月分别需要矿石 6 万吨和 12 万吨。已知甲、乙与 $A$、$B$ 的距离由右图标出（单位：千米），问怎样调运才能使总运输量（单位：万吨·千米）最小？最小总运输量是多少？怎样调运总运输量最大？最大总运输量是多少？

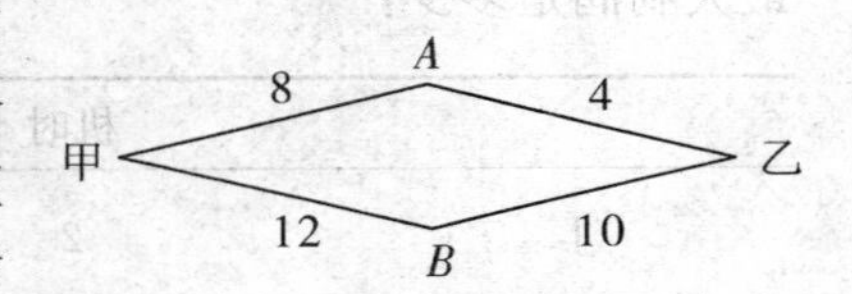


3. 某两个煤厂 $A_1$、$A_2$ 每月进煤数量分别为 60 吨和 100 吨，联合供应 3 个居民区 $B_1$、$B_2$、$B_3$。3 个居民区每月对煤的需求量依次分别为 50 吨、70 吨、40 吨，煤厂 $A_1$ 离 3 个居民区 $B_1$、$B_2$、$B_3$ 的距离依次分别为 10 千米、5 千米、6 千米，煤厂 $A_2$ 离 3 个居民区 $B_1$、$B_2$、$B_3$ 的距离依次分别为 4 千米、8 千米、12 千米。问如何分配供煤量使得运输量（单位：吨·千米）达到最小？最小运输量是多少？

4. 某人有楼房一幢，室内面积共 180 $m^2$，拟分隔成两类房间作为旅游客房。大房间每间面积为 18 $m^2$，可住游客 5 名，每名游客每天住宿费为 40 元；小房间每间面积为 15 $m^2$，可住游客 3 名，每名游客每天住宿费为 50 元；装修大房间每间需 1 000 元，装修小房间每间需 600 元。如果他只能筹款 8 000 元用于装修，且游客能住满客房，他应隔出大房间和小房间各多少间，能获得最大收益？最大收益是多少？

5. 某家电生产企业根据市场调查分析，决定调整产品生产方案，准备每周（按 120 个工时计算）生产空调、彩电、冰箱共 360 台，且冰箱至少生产 60 台。已知生产这些家电产品每台所需工时和每台产值如下表：

| 家电名称 | 空调器 | 彩电 | 冰箱 |
|---|---|---|---|
| 工时 | $\frac{1}{2}$ | $\frac{1}{3}$ | $\frac{1}{4}$ |
| 产值（千元） | 4 | 3 | 2 |

问每周应生产空调、彩电、冰箱各多少台，才能使产值最高？最高产值是多少(以千元为单位)？

6. 某商业规划处在商场内要装修Ⅰ、Ⅱ两种经营不同商品的铺位各若干个，已知装修一个铺位所需的人数及 $A$、$B$ 两种装修材料的消耗，如下表所示。

| | Ⅰ | Ⅱ | 现有数量 |
|---|---|---|---|
| 设备 | 1 | 2 | 8 人 |
| 原材料 $A$ | 4 | 0 | 16 kg |
| 原材料 $B$ | 0 | 4 | 12 kg |

该商场每个铺位Ⅰ可获利 2 万元，每个铺位Ⅱ可获利 3 万元，问应如何安排装修计划使商场获利最多？

7. 某工厂在计划内要安排生产Ⅰ、Ⅱ两种产品，生产每件产品所需机时、工时、获利情况如下表，在不超过总机时 100 和总工时 120 的条件下，应如何安排生产使获利最大？最大利润是多少？

| | 机时 | 工时 | 获利(千元) |
|---|---|---|---|
| Ⅰ | 2 | 4 | 6 |
| Ⅱ | 3 | 2 | 4 |

8. 简述层次分析法的基本思想及其步骤。

9. AHP 决策分析：下图是一个 AHP 结构模型，其中 A 为总目标层、O 为战略目标层、C 为发展战略层、S 为制约因素层、P 为方针措施层。

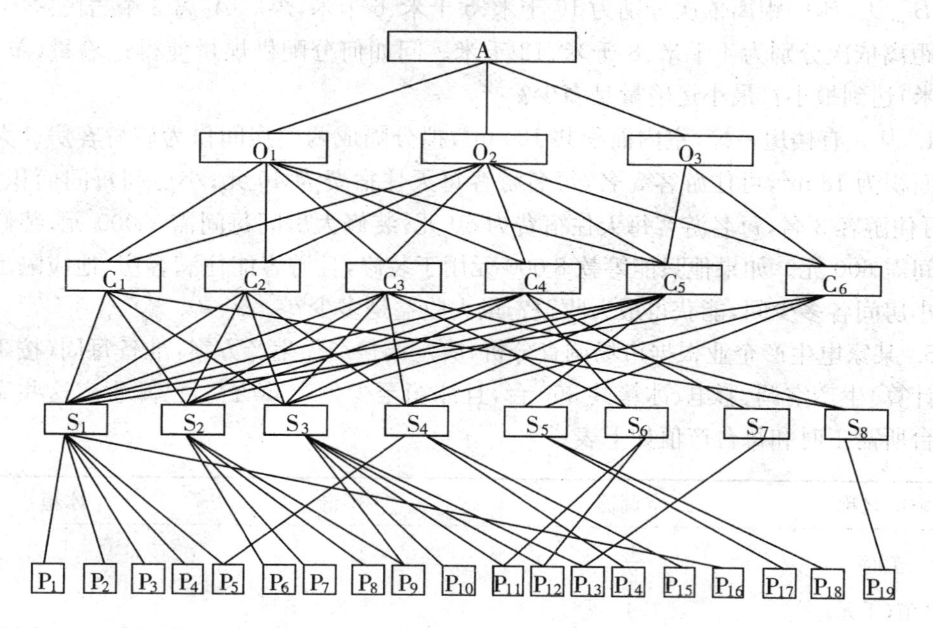

(1) 确定 A—O、O—C、C—S、S—P 判断矩阵的个数，确定 $C_2$—S 判断矩阵的阶数并写出它的形式。(用字母代替数字)

(2) 试结合本题叙述 AHP 决策分析的步骤。(不必写出判断矩阵)

10. 采伐与更新调整表

| 调整期现实 | 1 | 2 | 3 | 4 | 5 | 6 |
|---|---|---|---|---|---|---|
| $A_1=1028.8$ | | | | | $X_{18}$ | $X_{20}$ |
| $A_2=496.1$ | | | | $X_{14}$ | $X_{17}$ | $X_{19}$ |
| $A_3=334.0$ | | | | $X_{13}$ | $X_{16}$ | |
| $A_4=120.0$ | | | $X_{10}$ | $X_{12}$ | $X_{15}$ | |
| $A_5=423.5$ | | $X_6$ | $X_9$ | $X_{11}$ | | |
| $A_6=105.0$ | $X_3$ | $X_5$ | $X_8$ | | | |
| $A_7=1613.5$ | $X_2$ | $X_4$ | $X_7$ | | | |
| $A_8=7.0$ | $X_1$ | | | | | |
| 目标龄级分配 | $B_1=687.9$ | $B_2=688.0$ | $B_3=688.0$ | $B_4=688.0$ | $B_5=688.0$ | $B_6=688.0$ |

根据上表建立线性规划模型并用 Lindo 求解。

# 第七章　地理系统预测

预测是对事物或现象将要发生的或目前不明确的情况进行预先的估计和推测。预测要有一定的科学依据，要建立在对事物历史与现状的调查上，建立在对有关主要因素分析的基础上。系统预测就是根据系统发展变化的实际数据和历史资料，运用科学的理论、方法和各种经验、判断、知识，去推测、估计、分析事物在未来一定时期内的可能变化情况。其实质是充分分析、理解待测系统及其有关主要因素的演变，以便找出系统发展变化的固有规律，根据过去、现在估计未来，根据已知预测未知，从而推断该系统的未来发展状况。

由于预测对象、时间、范围、性质等的不同，可以有不同的预测方法分类。根据方法本身的性质特点，我们可将常用的预测方法分为三大类。第一类称为定性预测方法。这类方法主要是依据人们对系统过去和现在的经验、判断和直觉，如市场调查、专家打分、主观评价等做出预测，有德尔斐法、主观概率法、领先指标法等。第二、三类方法都是定量预测方法，主要定量方法有因果关系预测法与时间序列预测法。前章的回归模型可作为一种因果关系预测方法，马尔可夫(Markov)法、状态空间预测法、计量经济预测法以及系统动力学仿真方法等都是一种因果关系预测方法。

## 第一节　时间序列分析

时间序列分析是一种动态数据处理的统计方法。该方法基于随机过程理论和数理统计学方法，研究随机数据序列所遵从的统计规律，以用于解决实际问题。时间序列是按时间顺序的一组数据序列。时间序列分析就是利用这组数列，应用数理统计方法加以处理，以预测未来事物的发展。时间序列分析是定量预测方法之一，它的基本原理是：① 承认事物发展的延续性，应用过去数据，就能推测事物的发展趋势；② 考虑到事物发展的随机性，任何事物发展都可能受偶然因素影响，为此要利用统计分析中加权平均法对历史数据进行处理。

地理要素的空间分布是地理系统研究的中心内容，但时间与空间是不可分割的，因此，在研究空间分布的同时，需要分析地理要素随时间变化的过程与规律，一般采用时间序列分析方法。地理过程研究中时间序列分析指分析地理系统及要素在时间上的动态变化，阐明地理现象的发展过程和规律。

### 一、时间序列的组合形式

1. 时间序列的因素分析

在时间序列中，时间序列分析通常对各种可能发生影响的因素按性质不同分为四大类，即长期趋势（secular trend）、季节性变动（seasonal variation）、周期性波动（cyclical fluctuation）和不规则变动（irregular variation）。

（1）长期趋势 $T_t$

长期趋势是指由于受某种根本性因素的影响，时间序列在较长时间内朝着一定的方向持续上升或下降，以及停留在某一水平上的倾向。它反映了事物的主要变化趋势。

在时间数列的分析中，可以每小时、每天、每星期、每月、每年或每隔任何一段时间进行测量。尽管时间数列的资料一般呈现随机起伏的形态，但在一段较长的时间内，时间序列仍然呈现逐渐增加或逐渐减少的转变或变化。时间数列的逐渐转变称为时间数列的趋势，这种转变或趋势通常是长期因素影响的结果，如 GDP 总量的变化、人口总体统计特征的变化和游客偏爱的变化等都是长期因素。

（2）季节变动 $S_t$

季节性变动是指由于受自然条件和社会条件的影响，一年以内的有一定局部规律的、每年重复出现的变动。值得注意的是，如果序列按年值表列，就不存在季节性变动。

（3）循环变动 $C_t$

循环变动是以数年为周期的周期变动。它与长期趋势不同，不是朝单一方向持续发展，而是涨落相间的波浪式起伏变动。与季节变动也不同，它的波动时间较长，变动周期长短不一，短则在一年以上，长则数年、数十年，上次出现以后，下次何时出现，难以预料。

（4）不规则变动 $I_t$

不规则变动则是无规律的变动，是由于受各种偶然因素的影响而出现的随机变动。对于不规则变动，虽然没有科学的分析方法将它计算出来，但由于不规则变动是一种受随机因素的影响而出现的变动，所以从长期看，我们可以期望这些随机因素的影响会互相抵消，呈现出由于受主要因素影响的长期趋势。但是也有一些不规则变动是预见不到的但影响较明显的变动。不规则变动又可分为突然变动和随机变动。所谓突然变动，是指诸如战争、自然灾害、地震、意外事故、方针政策的改变所引起的变动，随机变动是指由于大量的随机因素所产生的影响。

2. 时间序列的组合形式

由上面的分析可知，时间序列是由长期趋势、季节变动、循环变动和不规则变动这四类因素组成。组合的形式，常见的有以下几种类型：

（1）加法型 $y_t = T_t + S_t + C_t + I_t$

（2）乘法型 $y_t = T_t \times S_t \times C_t \times I_t$

（3）混合型 $y_t = S_t \times T_t + C_t + I_t$

$$y_t = S_t + T_t \times C_t \times I_t$$

其中 $y_t$ 为时间序列的全变动，$T_t$ 为长期趋势，$S_t$ 为季节变动，$C_t$ 为循环变动，$I_t$ 为不规则变动。

对于一个具体的时间序列，要有哪几类变动组合，采取哪种组合形式，应根据所掌握的资料、时间序列的性质及研究的目的来确定。

## 二、时间序列的趋势分析方法

1. 平滑预测法

由于地理数据在一定时间标度的度量上，连续数据出现随机波动，使用平滑法，可以滤去短期中的不规则的变化，找出较长时间内的变化规律。时间序列分析的平滑法主要有以下三类。

（1）移动平均法

移动平均预测是根据时间序列逐项移动，依次计算包含一定项数的序时平均数，形成一个序时平均时间数序列以进行预测的方法。该方法在预测中用来测定短、近期的发展趋势，简单适用。其预测模型为：

$$\hat{Y}_{t+1} = \frac{Y_t + Y_{t-1} + Y_{t-2} + \cdots + Y_{t-n+1}}{n}$$

式中：$Y_{t+1}$为第 $t+1$ 期的预测值；$\overline{Y}_t$为第 $t$ 期的移动平均数；$Y_t, Y_{t-1}, \cdots, Y_{t-n+1}$ 被平均的 $n$ 个观察值；$n$ 移动平均数。

从式中可以看到，第 $t$ 期的移动平均数只能作为 $t+1$ 期的预测值，如果要预测数期以后的值，这种方法就无能为力了。但是，实际的逐月预测下个月的情况时，这种方法还是很适用的。

使用移动平均法进行预测能平滑掉需求的突然波动对预测结果的影响。但移动平均法运用时也存在着如下问题：① 加大移动平均法的期数（即加大 $n$ 值）会使平滑波动效果更好，但会使预测值对数据实际变动更不敏感。② 移动平均值并不能总是很好地反映出趋势。由于是平均值，预测值总是停留在过去的水平上而无法预计会导致将来更高或更低的波动。③ 移动平均法要有大量的过去数据的记录。

**【例 7.1】** 用移动平均法对 1990～1999 年某地农业总产值资料进行分析（见表 7-1）。

**表 7-1 滑动平均的农业总产值预测**

| 序号 | 1 | 2 | 3 | 4 | 5 | 6 | 7 | 8 | 9 | 10 | 11 |
|---|---|---|---|---|---|---|---|---|---|---|---|
| 年份 | 1990 | 1991 | 1992 | 1993 | 1994 | 1995 | 1996 | 199 | 1998 | 1999 | 2000 |
| 产值 | 7 662 | 8 157 | 9 084 | 10 995 | 15 750 | 20 340 | 22 353 | 23 788 | 24 541 | 24 519 | |
| 预测 | | | | 8 301 | 9 412 | 11 943 | 15 695 | 19 481 | 22 161 | 23 561 | 24 283 |
| 误差 | | | | | | 2 422 | 3 585 | 3 843 | 3 290 | 1 988 | 1 105 |

**软件运算指导 7.1——利用 Excel 进行移动平均预测**

1. 单击“工具”菜单中的“数据分析”命令，显示相应的对话框。
2. 在打开的“数据分析”对话框的列表框中单击“移动平均”选项。
3. 单击“确定”按钮，将打开“移动平均”对话框。
4. 在对话框中设置分析工具需要的参数。
   - 在对话框的“输入区域”编辑框中键入分析数据所在的单元格区域引用；

● 在“间隔”编辑框中键入移动时距；

● 在“输出区域”编辑框中键入结果数据放置的单元格区域。

5. 单击“确定”按钮。

(2) 滑动平均法

滑动平均法的一般表达式为：

$$\hat{Y}_t = \frac{Y_{t-l} + Y_{t-(l-1)} + \cdots + Y_{t-1} + Y_t + Y_{t+1} + \cdots + Y_{t+l}}{2l+1}$$

若 $l=1$，三点滑动平均：$\hat{Y}_t = \dfrac{Y_{t-1} + Y_t + Y_{t+1}}{3}$

若 $l=2$，五点滑动平均：$\hat{Y}_t = \dfrac{Y_{t-2} + Y_{t-1} + Y_t + Y_{t+1} + Y_{t+2}}{5}$

滑动平均法的最主要特点在于简捷性。它相对于其他动态测试数据处理方法而言，算法很简便，计算量较小，尤其可采用递推形式来计算，可节省存贮单元，快速且便于实时处理非平稳数据等，这些是滑动平均法的优点，也是这种古老算法至今仍有实用价值的主要原因。另一方面，滑动平均法又存在一定的主观性和任意性，因为其应用效果很大程度上取决于各种算法参数的选定。滑动平均法通常依据动态测试过程本身变化的机理，以及实际测试数据的具体变化状态，而靠经验来尽量合理地选定参数。

**【例 7.2】** 表 7-2 给出了中国 1998～2007 年的农业总产值，试用移动平均法和滑动平均法分析其变化趋势。

**表 7-2　中国 1998～2007 年的总产值及平滑结果**

| 序号 | 年份 | 总产值 | 移动平均法 | | 滑动平均法 | |
|---|---|---|---|---|---|---|
| | | | 三点移动 | 五点移动 | 三点滑动 | 五点滑动 |
| 1 | 1998 | 4 253.70 | | | | |
| 2 | 1999 | 4 466.48 | | | 4 519.84 | |
| 3 | 2000 | 4 839.35 | 4 519.84 | | 4 733.42 | 4 692.72 |
| 4 | 2001 | 4 894.43 | 4 733.42 | | 4 914.48 | 4 892.64 |
| 5 | 2002 | 5 009.65 | 4 914.48 | 4 692.72 | 5 052.46 | 5 019.64 |
| 6 | 2003 | 5 253.31 | 5 052.46 | 4 892.64 | 5 121.47 | 5 075.71 |
| 7 | 2004 | 5 101.46 | 5 121.47 | 5 019.64 | 5 158.16 | 5 348.57 |
| 8 | 2005 | 5 119.72 | 5 158.16 | 5 075.71 | 5 493.29 | 5 627.02 |
| 9 | 2006 | 6 258.69 | 5 493.29 | 5 348.57 | 5 926.78 | |
| 10 | 2007 | 6 401.92 | 5 926.78 | 5 627.02 | | |

运用移动平均法公式和滑动平均法公式进行计算，结果见表 7-2 中后面 4 列。

从表 7-2 中可以清楚地看出，用两种方法计算所得出的农业总产值的变化趋势及与原始数据的误差程度。显然，滑动平均法的计算结果优于移动平均法，其中，三点滑动平均法的计算结果与原始数据的误差较小。

**软件运算指导 7.2—利用 SPSS 进行移动/滑动平均预测**

1. 在主菜单中单击“转换”,从下拉菜单中依次选择“创建时间序列”菜单项,弹出“创建时间序列”主对话框。

2. 在弹出的对话框中单击“函数”下面的下拉条,选择“先前移动平均”方法,在“跨度”中输入 3、5,分别求算 3 点、5 点移动平均。

3. 按“确定”求得结果。

4. 同样上述步骤,、在弹出的对话框中单击“函数”下面的下拉条,选择“中心移动平均”方法,在“跨度”中输入 3、5,分别求算 3 点、5 点滑动平均。

(3) 指数平滑法

前述移动平均法是一种相等加权平均(权数为 $1/n$),显得过于简单化。指数平滑法是在移动平均法基础上发展起来的一种时间序列分析预测法,它是通过计算指数平滑值,配合一定的时间序列预测模型对现象的未来进行预测。其原理是任一期的指数平滑值都是本期实际观察值与前一期指数平滑值的加权平均。

按照距离预测期的远近给予大小不同的权数,其计算公式为:

$$\overline{Y}_{t+1} = \alpha Y_t + (1-\alpha)\overline{Y}_t。$$

应用指数平均法关键是平滑系数 $\alpha$ 的确定。指数平滑法的计算中,关键是 $\alpha$ 的取值大小,但 $\alpha$ 的取值又容易受主观影响,因此合理确定 $\alpha$ 的取值方法十分重要,一般来说,如果数据波动较大,$\alpha$ 值应取大一些,可以增加近期数据对预测结果的影响。如果数据波动平稳,$\alpha$ 值应取小一些。理论界一般认为有经验判断法与试算法。

① 经验判断法

这种方法主要依赖于时间序列的发展趋势和预测者的经验。当时间序列呈现较稳定的水平趋势时,应选较小的 $\alpha$ 值,一般可在 0.05～0.20 之间取值;当时间序列有波动,但长期趋势变化不大时,可选稍大的 $\alpha$ 值,常在 0.1～0.4 之间取值;当时间序列波动很大,长期趋势变化幅度较大,呈现明显且迅速地上升或下降趋势时,宜选择较大的 $\alpha$ 值,如可在 0.6～0.8 间选值,以使预测模型灵敏度高些,能迅速跟上数据的变化;当时间序列数据是上升(或下降)的发展趋势类型,$\alpha$ 应取较大的值,在 0.6～1 之间。

② 试算法

根据具体时间序列情况,参照经验判断法,来大致确定额定的取值范围,然后取几个 $\alpha$ 值进行试算,比较不同 $\alpha$ 值下的预测标准误差,选取预测标准误差最小的 $\alpha$。

在实际应用中预测者应结合对预测对象的变化规律做出定性判断且计算预测误差,并要考虑到预测灵敏度和预测精度是相互矛盾的,必须给予二者一定的考虑,采用折中的 $\alpha$ 值。

指数平滑法可分为一次平滑法与高次平滑法。

① 一次指数平滑法

一次指数平滑法计算公式为:

$$y_{t+1} = \alpha x_t + (1-\alpha) y_t。$$

式中，$x_t$为时期 $t$ 的实测值；$y_t$为时期 $t$ 的预测值；$\alpha$ 为平滑系数，又称加权因子，取值范围为 $0\leqslant\alpha\leqslant1$。

将 $y_t, y_{t-1}, \cdots, y_1$的表达式逐次代入 $y_{t+1}$中，展开整理后，得：

$$y_{t+1} = \alpha y_t + \alpha(1-\alpha)y_{t-1} + \alpha(1-\alpha)^2 y_{t-2} + \cdots + \alpha(1-\alpha)^{t-1} y_1。$$

**【例 7.3】** 某从事汽车租赁业务的经理着手调查客户对防雪汽车的需求情况。表 7-3是调查后得到的数据。试利用前 10 天调查的数据推断第 10 天应该储备多少辆防雪汽车以备第 11 天使用(请使用指数平滑法)？

**表 7-3　防雪汽车的需求情况表**

| 天 | 汽车租赁数目 | 天 | 汽车租赁数目 |
|---|---|---|---|
| 1 | 10 | 6 | 12 |
| 2 | 11 | 7 | 11 |
| 3 | 10 | 8 | 19 |
| 4 | 12 | 9 | 19 |
| 5 | 10 | 10 | 20 |

**软件运算指导 7.3——利用 Excel 进行指数平滑预测**

1. 单击“工具”菜单中的“数据分析”命令，显示相应的对话框。
2. 在打开的“数据分析”对话框的列表框中单击“指数平滑”选项。
3. 单击“确定”按钮，将打开“指数平滑”对话框。
4. 在对话框中设置分析工具需要的参数。
   - 在对话框的“输入区域”编辑框中键入分析数据所在的单元格区域引用。
   - 在“阻尼系数”编辑框中键入数据$(1-\alpha)$。
   - 在“输出区域”编辑框中键入结果数据放置的单元格区域。
5. 单击“确定”按钮。

② 二次指数平滑法

一次指数平滑法虽然克服了移动平均法的两个缺点。但当时间序列的变动出现直线趋势时，用一次指数平滑法进行预测，仍存在着明显的滞后偏差。因此，也必须加以修正，修正的方法与趋势移动平均法相同，即再作二次指数平滑，利用滞后偏差的规律来建立直线趋势模型。这就是二次指数平滑法。其计算公式为：

$$S_t^{(1)} = a y_t + (1-\alpha) S_{t-1}^{(1)}$$

$$S_t^{(2)} = a S_t^{(1)} + (1-\alpha) S_{t-1}^{(2)}$$

式中：$S_t^{(1)}$为一次指数平滑值；$S_t^{(2)}$为二次指数平滑值。当时间序列$\{y_t\}$从某时期开始呈直线趋势时，类似趋势移动平均法，可用直线趋势模型：

$$\hat{y}_{t+T} = a_t + b_t T。$$

其中：$a_t = 2S_t^{(1)} - S_t^{(2)}, b_t = (S_t^{(1)} - S_t^{(2)})a/(1-a)$。

**【例 7.4】** 用我国 1965～1985 年的发电总量表，试用二次指数平滑法预测 1986 和 1987 年的发电总量。

**解**：取 $\alpha=0.5$，初始值 $S_0^{(1)}-S_0^{(2)}$ 都取序列首相值 676，进行两次指数平滑，即将平滑结果再进行指数平滑。最后转到 Excel 中计算 $a_t$ 和 $b_t$ 以及 1986 年、1987 年的预测值。

**表 7-4　我国 1965～1985 年的发电总量数据及其计算**

| 年份 | $t$ | 发电总量 | 一次平滑 | 二次平滑 | $a_t$ | $b_t$ |
|---|---|---|---|---|---|---|
| 1965 | 1 | 676 | 676 | 676 | | |
| 1966 | 2 | 825 | 750.5 | 676 | | |
| 1967 | 3 | 774 | 762.25 | 713.25 | | |
| 1968 | 4 | 716 | 739.125 | 737.75 | | |
| 1969 | 5 | 940 | 839.562 5 | 738.437 5 | | |
| 1970 | 6 | 1 159 | 999.281 3 | 789 | | |
| 1971 | 7 | 1 384 | 1 191.641 | 894.140 6 | | |
| 1972 | 8 | 1 524 | 1 357.82 | 1 042.891 | | |
| 1973 | 9 | 1 668 | 1 512.91 | 1 200.355 | | |
| 1974 | 10 | 1 688 | 1 600.455 | 1 356.633 | | |
| 1975 | 11 | 1 958 | 1 779.228 | 1 478.544 | | |
| 1976 | 12 | 2 031 | 1 905.114 | 1 628.886 | | |
| 1977 | 13 | 2 234 | 2 069.557 | 1 767 | | |
| 1978 | 14 | 2 566 | 2 317.778 | 1 918.278 | | |
| 1979 | 15 | 2 820 | 2 568.889 | 2 118.028 | | |
| 1980 | 16 | 3 006 | 2 787.445 | 2 343.459 | | |
| 1981 | 17 | 3 093 | 2 940.222 | 2 565.452 | | |
| 1982 | 18 | 3 277 | 3 108.611 | 2 752.837 | | |
| 1983 | 19 | 3 514 | 3 311.306 | 2 930.724 | | |
| 1984 | 20 | 3 770 | 3 540.653 | 3 121.015 | | |
| 1985 | 21 | 4 107 | 3 823.826 | 4 379.93 | 3 960.29 | 419.64 |
| 1986 | | | 预测值： | 4 799.57 | | |

2. 拟合趋势线方程

该方法是在数学上借用了回归分析法，但这里的自变量却是时间。通常一组序列往往存在着某种形态变化的长期趋势，此时用适当的趋势线方程来拟合这个态势即为趋势线法。最常用的趋势线：

（1）直线型趋势线 $y_t=a+bt$

（2）指数型趋势线 $y_t=ab^t$

（3）抛物线型趋势线 $y_t=a+bt+ct^2$

上述三种趋势线方程中系数的求解可以用回归分析方法的最小二乘法实现。详见回归分析一章。

趋势线法的主要特点是计算简单，不需要复杂的检验。在数学上，它是借用了回归分析原理，但却不具备数理统计方面的性质，即不能保证求出的参数 $a,b$ 为有效估计量。有关其他趋势线的拟合模型不详述。

3. 自回归模型

当一个要素按时间顺序排列的观察值之间具有依赖关系或自相关性时，就可以建立该要素的自回归模型，并由此对其发展变化趋势进行预测。自相关性是建立自回归模型的基础。

(1) 时间序列的自相关性判断

时间序列的自相关序列前后期数值之间的相关关系，对这种相关关系程度的测定便是自相关系数。

一般，$k$ 阶自相关系数 $r_k$

$$r_k=\frac{\sum_{i=1}^{n-k}(y_t-\overline{y}_t)(y_{t+k}-\overline{y}_{t+k})}{\sqrt{\sum_{i=1}^{n-k}(y_t-\overline{y}_t)^2\sum_{i=1}^{n-k}(y_{t+k}-\overline{y}_{t+k})^2}},$$

$$\overline{y}_t=\frac{1}{n-k}\sum_{i=1}^{n-k}y_t,\overline{y}_{t+k}=\frac{1}{n-k}\sum_{i=1}^{n-k}y_{t+k}。$$

当 $k$ 为 1 时，称之为一阶自相关系数，计算公式为：

$$r_1=\frac{\sum_{i=1}^{n-1}(y_t-\overline{y}_t)(y_{t+1}-\overline{y}_{t+1})}{\sqrt{\sum_{i=1}^{n-1}(y_t-\overline{y}_t)^2\sum_{i=1}^{n-1}(y_{t+1}-\overline{y}_{t+1})^2}},$$

$$\overline{y}_t=\frac{1}{n-1}\sum_{i=1}^{n-1}y_t,\overline{y}_{t+1}=\frac{1}{n-1}\sum_{i=1}^{n-1}y_{t+1}。$$

当 $k$ 为 2 时，称之为二阶自相关系数，计算公式为：

$$r_2=\frac{\sum_{i=1}^{n-2}(y_t-\overline{y}_t)(y_{t+2}-\overline{y}_{t+2})}{\sqrt{\sum_{i=1}^{n-2}(y_t-\overline{y}_t)^2\sum_{i=1}^{n-2}(y_{t+2}-\overline{y}_{t+2})^2}},$$

$$\overline{y}_t=\frac{1}{n-2}\sum_{i=1}^{n-2}y_t,\overline{y}_{t+2}=\frac{1}{n-2}\sum_{i=1}^{n-2}y_{t+2}。$$

(2) 自回归模型的建立

判定一个时间序列具有显著的自相关性时，则可建立该时间序列的自回归模型。自回归预测模型也有线性和非线性之分，最常见的是线性自回归模型。

一般地，$p$ 阶线性自回归模型为：

$$y_t=\varphi_0+\varphi_1 y_{t-1}+\cdots+\varphi_p y_{t-p}+\varepsilon_p。$$

$\varphi_i(i=1,2,\cdots,p)$ 为待定估计的参数，可用最小二乘法求出。

当 $p=1$ 时为一阶线性自回归预测模型，$p=2$ 时为二阶线性自回归预测模型。

【例 7.5】 某地区 1996～2007 年 12 年自然灾害造成的成灾面积($10^2$ hm$^2$)的时间序列数据见表 7-5。试计算该时间序列的自相关系数 $r_1$ 和 $r_2$，并用自回归模型预测 2008 年的成灾面积。

**表 7-5 某地区 1996～2007 年成灾面积($10^2$ hm$^2$)**

| 年份 | 1996 | 1997 | 1998 | 1999 | 2000 | 2001 | 2002 | 2003 | 2004 | 2005 | 2006 | 2007 |
|---|---|---|---|---|---|---|---|---|---|---|---|---|
| 面积 | 50 | 52 | 53 | 53 | 55 | 56 | 58 | 59 | 60 | 61 | 61 | 62 |
| $y_{t+1}$ | 52 | 53 | 53 | 55 | 56 | 58 | 59 | 60 | 61 | 61 | 62 | |
| $y_{t+2}$ | 53 | 53 | 55 | 56 | 58 | 59 | 60 | 61 | 61 | 62 | | |

**解**：(1) 计算自相关系数

将表 7-5 中的数据代入自相关系数公式计算得：

$$r_1=\frac{\sum_{i=1}^{11}(y_t-\overline{y}_t)(y_{t+1}-\overline{y}_{t+1})}{\sqrt{\sum_{i=1}^{11}(y_t-\overline{y}_t)^2\sum_{i=1}^{11}(y_{t+1}-\overline{y}_{t+1})^2}}=0.976\,1,$$

$$r_2=\frac{\sum_{i=1}^{10}(y_t-\overline{y}_t)(y_{t+2}-\overline{y}_{t+2})}{\sqrt{\sum_{i=1}^{10}(y_t-\overline{y}_t)^2\sum_{i=1}^{10}(y_{t+2}-\overline{y}_{t+2})^2}}=0.906\,2。$$

(2) 自相关系数显著性检验

$r_1$的样本数 $n=11$，自由度 $f=11-2=9$，在置信度水平 $\alpha=0.01$ 下查相关系数的临界值检验表(表 4-3)得 $r_{0.01}=0.734\,8$，显然 $r_1>r_{0.01}$。这表明一阶自相关系数 $r_1$ 具有高度的显著性。进一步检验发现，二阶自相关系数 $r_2$ 也是高度显著的。所以，对于该序列可以建立线性自回归模型。

(3) 自回归模型的建立

$$\hat{y}_t=-3.808\,8+1.047\,5y_{t-1}。$$

(4) 运用模型进行预测

运用该模型进行预测计算：

$$\hat{y}_{2008}=-3.808\,8+1.047\,5\times y_{2007}=-3.808\,8+1.047\,5\times 62=61.13。$$

即，到 2008 年该地区自然灾害造成的成灾面积将达到 61.13($10^2$ hm$^2$)。

## 三、时间序列的季节变动分析

季节变动的预测方法的基本步骤：

(1) 将原时间序列求移动平均，目的是消除季节变动和不规则变动，保留长期趋势。

(2) 将原序列 $y$ 除以其对应的趋势方程值(或平滑值)，目的是分离出季节变动(含不

规则变动)，即

$$季节系数 = TSCI / 趋势方程值(TC 或平滑值) = SI。$$

一般用序列中若干年的季节系数之平均值作为季节系数的改进值。

(3) 将月度(或季度)的季节指标加总，以由计算误差导致的值去除理论加总值，得到一个校正系数，并以该校正系数乘以季节性指标从而获得调整后季节性指标。

(4) 进行预测。如果欲求下一年度的预测值，简单地延长趋势线即可；若要求各月(季)的预测值，只需以趋势值乘以各月份(季度)的季节性指标即可求得未来各月(季)的预测值。

求季节变动预测的数学模型(以直线为例)为

$$y_{t+T} = (a_t + b_t T)\theta_T。$$

其中，$y_{t+T}$是$t+T$时期的预测值，$a_t$、$b_t$为方程系数(参数)，$\theta_T$为$T$周期的季节系数。

**【例 7.6】** 某市 2003～2007 年各季度客流量 $y_i$($10^4$人次)如表 7-6 所示，试预测该市 2008 年各季的客流量。

**表 7-6　某市 2003～2007 年各季度客流量 $y_i$($10^4$人次)**

| | 1 | 2 | 3 | 4 |
|---|---|---|---|---|
| 2003 | 1 317.9 | 1 372.4 | 1 275.0 | 1 403.9 |
| 2004 | 1 434.8 | 1 444.1 | 1 296.1 | 1 462.6 |
| 2005 | 1 343.8 | 1 434.7 | 1 284.1 | 1 454.1 |
| 2006 | 1 262.8 | 1 477.9 | 1 339.7 | 1 424.3 |
| 2007 | 1 338.7 | 1 373.0 | 1 248.4 | 1 338.4 |
| 均值 | 1 339.6 | 1 420.4 | 1 288.7 | 1 416.7 |

**解：**(1) 求表 7-6 序列的三点滑动平均值，见表 7-7。

**表 7-7　三点滑动平均值**

| | 1 | 2 | 3 | 4 |
|---|---|---|---|---|
| 2003 | — | 1 321.8 | 1 350.4 | 1 371.2 |
| 2004 | 1 427.6 | 1 391.7 | 1 400.9 | 1 367.5 |
| 2005 | 1 413.7 | 1 354.2 | 1 391.0 | 1 333.7 |
| 2006 | 1 398.3 | 1 360.1 | 1 414.0 | 1 367.6 |
| 2007 | 1 378.7 | 1 320.0 | 1 319.9 | — |

(2) 用三次指数平滑法求预测模型系数。

$$S_t^{(1)} = ay_t + (1-\alpha)S_{t-1}^{(1)},$$

$$S_t^{(2)} = aS_t^{(1)} + (1-\alpha)S_{t-1}^{(2)}。$$

其中，$S_1 = S_2 = y_1$。

$t$ 的编号为 $t=1$ 对应于 2003 年的第 1 季度，……，$t=20$ 对应于 2007 年的第 4 季度。平滑系数的确定是预测成功与否的关键，经过多次尝试选择后，最后确定为 0.3。

预测模型为 $y_{t+T} = a_t + b_t T$，具体系数见表 7-8。

**表 7-8 预测模型系数**

| 年份 | 季 | $y_i$ | $S_t^{(1)}$ | $S_t^{(2)}$ | $a_t$ | $b_t$ |
|---|---|---|---|---|---|---|
| 2003 | 1 | 1 317.9 | 1 317.90 | 1 317.90 | 1 317.9 | 0 |
| | 2 | 1 372.4 | 1 334.25 | 1 322.81 | 1 345.695 | 4.905 |
| | 3 | 1 275.0 | 1 316.48 | 1 320.91 | 1 312.044 | −1.899 |
| | 4 | 1 403.9 | 1 342.70 | 1 327.44 | 1 357.96 | 6.538 95 |
| 2004 | 1 | 1 434.8 | 1 370.33 | 1 340.31 | 1 400.353 | 12.866 04 |
| | 2 | 1 444.1 | 1 392.46 | 1 355.96 | 1 428.968 | 15.645 37 |
| | 3 | 1 296.1 | 1 363.55 | 1 358.24 | 1 368.872 | 2.279 159 |
| | 4 | 1 462.6 | 1 393.27 | 1 368.75 | 1 417.79 | 10.509 59 |
| 2005 | 1 | 1 343.8 | 1 378.43 | 1 371.65 | 1 385.205 | 2.904 64 |
| | 2 | 1 434.7 | 1 395.31 | 1 378.75 | 1 411.871 | 7.097 796 |
| | 3 | 1 284.1 | 1 361.95 | 1 373.71 | 1 350.186 | −5.040 36 |
| | 4 | 1 454.1 | 1 389.59 | 1 378.47 | 1 400.712 | 4.765 577 |
| 2006 | 1 | 1 262.8 | 1 351.55 | 1 370.40 | 1 332.712 | −8.075 42 |
| | 2 | 1 477.9 | 1 389.46 | 1 376.12 | 1 402.801 | 5.718 285 |
| | 3 | 1 339.7 | 1 374.53 | 1 375.64 | 1 373.421 | −0.475 45 |
| | 4 | 1 424.3 | 1 389.46 | 1 379.79 | 1 399.137 | 4.146 414 |
| 2007 | 1 | 1 338.7 | 1 374.23 | 1 378.12 | 1 370.346 | −1.666 05 |
| | 2 | 1 373.0 | 1 373.86 | 1 376.84 | 1 370.883 | −1.277 21 |
| | 3 | 1 248.4 | 1 336.22 | 1 364.66 | 1 307.791 | −12.185 7 |
| | 4 | 1 338.4 | 1 336.88 | 1 356.32 | 1 317.43 | −8.334 19 |

（3）求预测模型。

根据表 7-8 计算预测模型为

$$y_{t+T} = a_t + b_t T = 1\,317.43 - 8.334\,19T。$$

（4）求季节性指标。

将表 7-6 中的数据分别除以表 7-7 中的各元素，得相应的季节系数，然后再把各季节性系数平均得季节性指标，见表 7-9。

**表 7-9 季节性指标校正值**

| 年份 | 1 | 2 | 3 | 4 |
|---|---|---|---|---|
| 2003 | — | 1.038 3 | 0.944 1 | 1.023 8 |
| 2004 | 1.005 0 | 1.037 7 | 0.925 2 | 1.069 5 |
| 2005 | 0.950 6 | 1.059 4 | 0.923 2 | 1.090 3 |
| 2006 | 0.903 1 | 1.086 6 | 0.947 5 | 1.041 5 |
| 2007 | 0.971 0 | 1.040 1 | 0.945 8 | — |
| 季节性指标 | 0.957 4 | 1.052 4 | 0.937 2 | 1.056 3 |
| 调节后的季节性指标 | 0.956 6 | 1.051 6 | 0.936 4 | 1.055 4 |

季节性指标之和理论上应等于 4，现等于 4.003 3，需要进行调整。调整方法为：① 求校正系数 $\theta=\frac{4}{4.0033}=0.9992$；② 将表 7-9 中的最后一行分别乘以 $\theta$，即得调整后的季节性指标（见表 7-9 最后一行）。

（5）求预测值。

将 2008 年四个季度的客流量预测值乘以表 7-9 中相应的调整后的季节性指标，即得 2008 年各季度客流量的最后预测值。根据预测模型求出 2008 年各季度的客流量：

$$\hat{y}_{20+1}=(a_{20}+b_{20}\times 1)\theta_1=(1317.43-8.33419\times 1)\times 0.9566$$
$$=1252.337,$$
$$\hat{y}_{20+2}=(a_{20}+b_{20}\times 2)\theta_2=(1317.43-8.33419\times 2)\times 1.05156$$
$$=1367.829,$$
$$\hat{y}_{20+3}=(a_{20}+b_{20}\times 3)\theta_3=(1317.43-8.33419\times 3)\times 0.9364$$
$$=1210.204,$$
$$\hat{y}_{20+4}=(a_{20}+b_{20}\times 4)\theta_4=(317.43-8.33419\times 4)\times 1.0554$$
$$=1355.255。$$

2008 年全年的客流量为 5185.625（$10^4$ 人次）。

## 第二节　马尔可夫预测

马尔可夫预测法，就是一种关于事件发生的概率预测方法。它是根据事件的目前状况来预测其将来各个时刻（或时期）变动状况的一种预测方法。马尔可夫预测法是地理预测研究中重要的预测方法之一。

### 一、基本概念

1. 状态

状态是指某一事件在某个时刻（或时期）出现的某种结果。一般而言，随着所研究的事件及其预测的目标不同，状态可以有不同的划分方式。譬如，在农业收成预测中，有“丰收”“平收”“欠收”等状态；在人口构成预测中，有“婴儿”“儿童”“少年”“青年”“中年”“老年”等状态；在经济发展水平预测中，有“落后”“较发达”“发达”等状态。

2. 状态转移过程

在事件的发展过程中，从一种状态转变为另一种状态，就称为状态转移。譬如，天气变化从“晴天”转变为“阴天”、从“阴天”转变为“晴天”、从“晴天”转变为“晴天”、从“阴天”转变为“阴天”等都是状态转移。

事件的发展，随着时间的变化而变化所做的状态转移，或者说状态转移与时间的关系，就称为状态转移过程，简称过程。

3. 马尔可夫过程

若每次状态的转移都仅与前一时刻的状态有关，而与过去的状态无关，或者说状态转移过程是无后效性的，则这样的状态转移过程就称为马尔可夫过程。在区域开发活动中，许多事件发展过程中的状态转移都是具有无后效性的，对于这些事件的发展过程，都可以用马尔可夫过程来描述。

4. 状态转移概率

在事件的发展变化过程中，从某一种状态出发，下一时刻转移到其他状态的可能性，称为状态转移概率。根据条件概率的定义，由状态 $E_i$ 转为状态 $E_j$ 的状态转移概率 $P(E_i \rightarrow E_j)$ 就是条件概率 $P(E_j|E_i)$，即：

$$P(E_i \rightarrow E_j) = P(E_j \mid E_i) = P_{ij}。$$

5. 状态转移概率矩阵

假定某一种被预测的事件有 $E_1, E_2, \cdots, E_n$ 共 $n$ 个可能的状态。记 $P_{ij}$ 为从状态 $E_i$ 转为状态 $E_j$ 的状态转移概率，作矩阵

$$P = \begin{bmatrix} P_{11} & P_{12} & \cdots & P_{1n} \\ P_{21} & P_{22} & \cdots & P_{2n} \\ \cdots & \cdots & \cdots & \cdots \\ P_{n1} & P_{n2} & \cdots & P_{nn} \end{bmatrix}$$

则称 $P$ 为状态转移概率矩阵。

如果被预测的某一事件目前处于状态 $E_i$，那么在下一个时刻，它可能由状态 $E_i$ 转向 $E_1, E_2, \cdots E_i, \cdots, E_n$ 中的任一个状态。所以 $P_{ij}$ 满足条件：

$$0 \leqslant P_{ij} \leqslant 1 (i = 1, 2, \cdots, n),$$

$$\sum_{j=1}^{n} P_{ij} = 1 (i = 1, 2, \cdots, n)。$$

一般地，我们将满足上述条件的任何矩阵都称为随机矩阵，或概率矩阵。不难证明，如果 $P$ 为概率矩阵，则对任何数 $m > 0$，矩阵 $Pm$ 都是概率矩阵。如果 $P$ 为概率矩阵，而且存在整数 $m > 0$，使得概率矩阵 $Pm$ 中诸元素皆非零，则称 $P$ 为标准概率矩阵。可以证明，如果 $P$ 为标准概率矩阵，则存在非零向量 $\alpha = [x_1, x_2, \cdots, x_n]$，而且 $x_i$ 满足：

$$0 \leqslant x_i \leqslant 1, \sum_{j=1}^{n} x_i = 1。$$

使得 $\alpha P = \alpha$，这样的向量称为平衡向量（终极向量）。

对于状态转移概率矩阵 $P$ 的计算，就是要求每个状态转移到其他任何一个状态的转移概率 $P_{ij}(i, j=1, 2, \cdots, n)$。为了求出每一个 $P_{ij}$，我们采用频率近似概率的思想来加以计算。

**【例 7.7】** 考虑某地区农业收成变化的三个状态，即“丰收”“平收”和“欠收”。记 $E_1$ 为“丰收”状态，$E_2$ 为“平收”状态，$E_3$ 为“欠收”状态。下表给出了该地区 1950～1988 年期间农业收成的状态变化情况。

**表 7-10　某地区农业收成变化的状态转移情况**

| 年份 | 1950 | 1951 | 1952 | 1953 | 1954 | 1955 | 1956 | 1957 | 1958 | 1959 |
|---|---|---|---|---|---|---|---|---|---|---|
| 序号 | 1 | 2 | 3 | 4 | 5 | 6 | 7 | 8 | 9 | 10 |
| 状态 | $E_1$ | $E_1$ | $E_2$ | $E_3$ | $E_2$ | $E_1$ | $E_3$ | $E_2$ | $E_1$ | $E_2$ |
| 年份 | 1960 | 1961 | 1962 | 1963 | 1964 | 1965 | 1966 | 1967 | 1968 | 1969 |
| 序号 | 11 | 12 | 13 | 14 | 15 | 16 | 17 | 18 | 19 | 20 |
| 状态 | $E_3$ | $E_1$ | $E_2$ | $E_3$ | $E_1$ | $E_2$ | $E_1$ | $E_3$ | $E_3$ | E1 |
| 年份 | 1970 | 1971 | 1972 | 1973 | 1974 | 1975 | 1976 | 1977 | 1978 | 1979 |
| 序号 | 21 | 22 | 23 | 24 | 25 | 26 | 27 | 28 | 29 | 30 |
| 状态 | $E_3$ | $E_3$ | $E_2$ | $E_1$ | $E_1$ | $E_3$ | $E_2$ | $E_2$ | $E_1$ | E2 |
| 年份 | 1980 | 1981 | 1982 | 1983 | 1984 | 1985 | 1986 | 1987 | 1988 | 1989 |
| 序号 | 31 | 32 | 33 | 34 | 35 | 36 | 37 | 38 | 39 | 40 |
| 状态 | $E_1$ | $E_3$ | $E_2$ | $E_1$ | $E_1$ | $E_2$ | $E_2$ | $E_3$ | $E_1$ | $E_2$ |

计算该地区农业收成变化的状态转移概率矩阵。

在 15 个从 $E_1$ 出发（转移出去）的状态转移中，有 3 个是从 $E_1$ 转移到 $E_1$ 的（即 1→2，24→25，34→35），有 7 个是从 $E_1$ 转移到 $E_2$ 的（即 2→3，9→10，12→13，15→16，29→30，35→36，39→40），有 5 个是从 $E_1$ 转移到 $E_3$ 的（即 6→7，17→18，20→21，25→26，31→32）。故：

$$P_{11} = P(E_1 \to E_1) = P(E_1 \mid E_1) = 0.2000,$$

$$P_{12} = P(E_1 \to E_2) = P(E_2 \mid E_1) = 0.4667,$$

$$P_{13} = P(E_1 \to E_3) = P(E_3 \mid E_1) = 0.3333。$$

按照上述同样的办法计算可以得到：

$$P_{21} = P(E_2 \to E_1) = P(E_1 \mid E_2) = 0.5385,$$

$$P_{22} = P(E_2 \to E_2) = P(E_2 \mid E_2) = 0.1538,$$

$$P_{23} = P(E_2 \to E_3) = P(E_3 \mid E_2) = 0.3077,$$

$$P_{31} = P(E_3 \to E_1) = P(E_1 \mid E_3) = 0.3636,$$

$$P_{32} = P(E_3 \to E_2) = P(E_2 \mid E_3) = 0.4545,$$

$$P_{33} = P(E_3 \to E_3) = P(E_3 \mid E_3) = 0.1818。$$

该地区农业收成变化的状态转移概率矩阵为：

$$\begin{bmatrix} 0.2000 & 0.4667 & 0.3333 \\ 0.5385 & 0.1538 & 0.3077 \\ 0.3636 & 0.4545 & 0.1818 \end{bmatrix}$$

6. 状态概率

状态概率记作 $\pi_j(k)$，表示事件在初始状态为已知的条件下，经过 $k$ 次状态转移后，第 $k$ 个时期处于状态 $E_j$ 的概率。

它可以看作首先经过 $k-1$ 次状态转移到达状态 $E_i(i=1,2,\cdots,n)$，然后再由 $E_i$ 经过一次状态转移到达 $E_j$。根据马尔可夫过程的无后效性及贝尔斯条件概率公式有：

$$\pi_j(k)=\sum_{i=1}^{n}\pi_i(k-1)P_{ij}(\ j=1,2,\cdots,n)。$$

根据上述公式可推算：

$$\pi(1)=\pi(0)P,$$

$$\pi(2)=\pi(1)P=\pi(0)P^2,$$

$$\pi(3)=\pi(2)P=\pi(1)P^2=\pi(0)P^3,$$

$$\cdots$$

$$\pi(k)=\pi(k-1)P=\cdots=\pi(0)P^k。$$

式中 $\pi(0)=[\pi_1(0),\ \pi_2(0),\ \pi(0),\ \cdots,\ \pi_n(0)]$ 为初始状态概率向量。

7. 稳态概率

马尔可夫链在一定条件下，经过 $k$ 步（$k$ 足够大）转移后，会达到稳定状态，且与初始状态无关。达到稳定状态的状态概率就是稳定状态概率，简称稳态概率。它可以用稳态概率向量来描述。

即：$$\lim_{k\to\infty}\pi(k)=\lim_{k\to\infty}\pi(k+1)=\pi。$$

设处于稳态的概率为 $(x_1,x_2,\cdots,x_n)$，则稳态概率可通过下式计算：

$$\begin{cases}(\pi_1,\ \pi_2,\cdots,\ \pi_n)=(\pi_1,\ \pi_2,\cdots,\ \pi_n)P,\\ \sum_{i=1}^{n}\pi_i=1。\end{cases}$$

## 二、马尔可夫预测

马尔可夫预测方法的基本要求是状态转移概率矩阵必须具有一定的稳定性。因此，必须具有足够的统计数据，才能保证预测的精度与准确性。换句话说，马尔可夫预测模型必须建立在大量的统计数据的基础之上。这一点也是运用马尔可夫预测方法预测地理事件的一个最为基本的条件。

1. 第 $k$ 个时刻(时期)的状态概率预测

若 $\pi(0)$已知,利用状态概率的递推公式,可求在第 $k$ 个时刻(时期)处于各种可能的状态的概率 $\pi(k)$,从而得该事件在第 $k$ 个时刻(时期)的状态概率预测。

**【例 7.8】** 对于例 7.7,如将 1989 年的农业收成状态记为 $\pi(0)=[0,1,0]$,则

1989 年:$\pi(0)=[0,1,0]$。

1990 年:$$\pi(1)=\pi(0)P=[0,1,0]\begin{bmatrix}0.2000 & 0.4667 & 0.3333\\0.5385 & 0.1538 & 0.3077\\0.3636 & 0.4545 & 0.1818\end{bmatrix}$$

$$=[0.5385,0.1538,0.3077]。$$

1991 年:$$\pi(2)=\pi(1)P=[0.5385,0.1538,0.3077]\begin{bmatrix}0.2000 & 0.4667 & 0.3333\\0.5385 & 0.1538 & 0.3077\\0.3636 & 0.4545 & 0.1818\end{bmatrix}$$

$$=[0.3024,0.4148,0.2837]。$$

由上述计算方法依次预测年度状态概率。

表 7-11

| 年份 | 1990 | | 1991 | | 1992 | | 1993 | | 1994 | | 1995 | | 1996 | |
|---|---|---|---|---|---|---|---|---|---|---|---|---|---|---|
| 状态 | $E_1$ | 0.5385 | $E_1$ | 0.3024 | $E_1$ | 0.3867 | $E_1$ | 0.3587 | $E_1$ | 0.3677 | $E_1$ | 0.3647 | $E_1$ | 0.3656 |
| 概率 | $E_2$ | 0.1528 | $E_2$ | 0.4148 | $E_2$ | 0.3337 | $E_2$ | 0.3589 | $E_2$ | 0.3509 | $E_2$ | 0.3532 | $E_2$ | 0.3524 |
| | $E_3$ | 0.3077 | $E_3$ | 0.2837 | $E_3$ | 0.2799 | $E_3$ | 0.2779 | $E_3$ | 0.2799 | $E_3$ | 0.2799 | $E_3$ | 0.2799 |

2. 终极状态概率预测

经过无穷多次状态转移后所得到的状态概率称为终极状态概率。

对于例 7.7 的稳态概率预测中,设稳态概率为 $\pi(\pi_1,\pi_2,\pi_3)$,由稳态概率公式得:

$$[\pi_1,\pi_2,\pi_3]=[\pi_1,\pi_2,\pi_3]\begin{bmatrix}0.2000 & 0.4667 & 0.3333\\0.5385 & 0.1538 & 0.3077\\0.3636 & 0.4545 & 0.1818\end{bmatrix}。$$

可计算得:$\pi_1=0.3653,\pi_2=0.3525,\pi_3=0.2799$。

**【例 7.9】** 设东南亚各国主要行销我国大陆、日本、中国香港三个市场的味精。目前市场占有情况的抽样调查表明,购买中国大陆味精的顾客占 40% ,购买日本、中国香港味精的顾客各占 30% 。顾客流动情况的调查结果见下表,表中第一行说明,上月购买中国大陆味精的顾客,本月仍有 40% 购买,各有 30% 转而购买日本和香港味精,表中其余各行的含义类似。设本月为第一个月,试预测第四个月味精市场的占有率和预测长期的市场占有率。

表 7-12　顾客流动变化

| | 中　国 | 日　本 | 香　港 |
| --- | --- | --- | --- |
| 中国大陆 | 40% | 30% | 30% |
| 日　本 | 60% | 30% | 10% |
| 香　港 | 60% | 10% | 30% |

**解**：(1) 预测第四个月的市场占有率，即求三步转移后的市场占有率。

已知 $\pi(0)=(0.4, 0.3, 0.3)$ 及转移概率矩阵 $P$ 为

$$P=\begin{bmatrix} p_{11} & p_{12} & p_{13} \\ p_{21} & p_{22} & p_{23} \\ p_{31} & p_{32} & p_{33} \end{bmatrix}=\begin{bmatrix} 0.4 & 0.3 & 0.3 \\ 0.6 & 0.3 & 0.1 \\ 0.6 & 0.1 & 0.3 \end{bmatrix},$$

$$P^3=\begin{bmatrix} 0.496 & 0.252 & 0.252 \\ 0.504 & 0.252 & 0.244 \\ 0.504 & 0.244 & 0.252 \end{bmatrix},$$

$$\pi(4)=\pi(0)\times P^3=[0.4\quad 0.3\quad 0.3]\begin{bmatrix} 0.496 & 0.252 & 0.252 \\ 0.504 & 0.252 & 0.244 \\ 0.504 & 0.244 & 0.252 \end{bmatrix}$$

$$=[0.5008\quad 0.2496\quad 0.2496]。$$

四个月后中国大陆味精市场占有率 50.08%，日本、中国香港各为 24.96%。

(2) 预测长期的市场占有率，转移概率满足遍历性，长期占有率与稳态分布一致。

由 $\pi P=\pi$，则

$$[\pi_1\quad \pi_2\quad \pi_3]\begin{bmatrix} 0.4 & 0.3 & 0.3 \\ 0.6 & 0.3 & 0.1 \\ 0.6 & 0.1 & 0.3 \end{bmatrix}=[\pi_1\quad \pi_2\quad \pi_3],$$

$$\pi_1+\pi_2+\pi_3=1,$$

得

$$\begin{cases} \pi_1=0.4\pi_1+0.6\pi_2+0.6\pi_3, \\ \pi_2=0.3\pi_1+0.3\pi_2+0.1\pi_3, \\ \pi_3=0.3\pi_1+0.1\pi_2+0.3\pi_3, \\ \pi_1+\pi_2+\pi_3=1。 \end{cases}$$

解方程组得 $\pi_1=0.5$，$\pi_2=0.25$，$\pi_3=0.25$。

终极市场占有率：中国大陆占 50%，日本、中国香港各占 25%。

**软件运算指导 7.4——利用 Excel 进行马尔可夫预测**

求出稳态概率向量，用“规划求解”模块解决。

1. 求出 $XP=X$ 的等价方程组 $(P-E)^TX^T=0$ 的系数矩阵。

2. 将所得结果与 $x_1+x_2+\cdots+x_n=1$ 联立，得到需求解的方程组。利用"规划求解"求方程组的解，需先设置待解变量的初始值。建立方程组模型，利用矩阵相乘得到方程式组的左边。

3. 单击"工具"，然后单击"规划求解"，屏幕弹出"规划求解参数"对话框，在这个对话框中输入相应参数。

4. 单击"选项"，屏幕弹出"规划求解选项"对话框，选中"采用线性模型"。

5. 单击"确定"，回到"规划求解参数"对话框，再单击"求解"，得到变量的解。

## 思考题

1. 移动平均法与指数平滑法各有什么特点？

2. 设一时间序列被分解为四个因素——长期趋势因素 $T$、循环变动因素 $C$、季节因素 $I$ 以及随机因素 $R$，即 $X=T\times C\times I\times R$，如何分解出 $I$ 和 $C$？

3. 某地区有 A、B、C 三个公司生产同种产品，该地区市场总客户数假定为 10 000 户，上一季度市场占有率分别是 A 占 50%、B 占 30%、C 占 20%。本季度市场情况发生如下变化：

$$
\begin{array}{c} \\ A \\ B \\ C \end{array}
\begin{array}{c} \begin{array}{ccc} A & B & C \end{array} \\ \begin{bmatrix} 3\,500 & 500 & 1\,000 \\ 300 & 2\,400 & 300 \\ 100 & 100 & 1\,800 \end{bmatrix} \end{array}。
$$

第 1 行表示原来购买 A 公司产品的客户有 3 500 户仍然购买 A 公司的产品，500 户转向购买 B 公司产品，1 000 户转向购买 C 公司产品。试预测：

(1) 第四季度的市场份额为多少？

(2) 达到均衡时的市场占有率。

# 第八章　地理空间分析

由于地理数据是具有空间属性的数据，一般可以进行空间分布和空间变异研究。地理空间分析是基于地理对象的位置和形态特征的空间数据分析技术，主要通过研究地理空间数据及其相应分析理论、方法和技术，探索、证明地理要素之间的关系，揭示地理特征和过程的内在规律和机理，是研究地理系统的一种重要手段。

以地理目标的空间布局为分析对象，从传统的地理信息统计与数据分析的角度出发，将空间分析分为3部分，即统计分析、地图分析和数学模型。目前，地理信息系统提供了一种认识和理解地理数据的新的方式，是地理空间数据处理、分析的重要手段和平台，是地理空间信息研究中必须掌握的一门技术。GIS中常用的空间分析包括空间查询、叠加分析、缓冲区分析、网络分析等几大模块。本章不讨论GIS课程内容。

## 第一节　地理数据空间均衡度

### 一、洛伦兹曲线与集中化指数

*1. 洛伦兹曲线*

20世纪初，奥地利(或说美国)统计学家洛伦兹(M. Lorenz)，首先使用累计频率曲线研究工业化的集中化程度。后来，这种曲线就被称之为洛伦兹曲线。

对于表8-1所示数据，衡量各产业部门之间的收入构成是否均衡(反之即集中)，利用绘制洛伦兹曲线，可直观地表达分布状态。

**表8-1　某地区农户家庭经营性纯收入水平及其构成**

| 部门代码 | 产业部门 | 2004 | | 1999 | |
|---|---|---|---|---|---|
| | | 收入(元) | 占总收入的比重(%) | 收入(元) | 占总收入的比重(%) |
| 1 | 种植业 | 2735.93 | 42.82 | 1645.53 | 56.73 |
| 2 | 林业 | 143.57 | 2.25 | 79.66 | 2.75 |
| 3 | 畜牧业 | 660.61 | 10.34 | 390.24 | 13.45 |
| 4 | 渔业 | 220.67 | 3.45 | 74.12 | 2.56 |
| 5 | 工业 | 441.57 | 6.91 | 167.38 | 5.77 |
| 6 | 建筑业 | 163.95 | 2.57 | 44.55 | 1.54 |
| 7 | 运输业 | 516.87 | 8.09 | 150.88 | 5.20 |

（续表）

| 部门代码 | 产业部门 | 2004 | | 1999 | |
|---|---|---|---|---|---|
| | | 收入(元) | 占总收入的比重(%) | 收入(元) | 占总收入的比重(%) |
| 8 | 商饮服务业 | 1112.72 | 17.42 | 211.62 | 7.30 |
| 9 | 其他 | 393.16 | 6.15 | 136.7 | 4.71 |
| 合计 | 家庭经营纯收入 | 6389.05 | 100 | 2900.68 | 100 |

洛伦兹曲线绘制步骤：① 将各产业部门的收入及其占总收入比重(百分比)，从大到小重新排序；② 逐次计算累计百分比；③ 以自然序号为横坐标($x$)，累计百分比为纵坐标($y$)；以(部门代码，累计百分比)为坐标点，连成一个上凸的曲线。

**表 8-2　某地区 1999 年农户家庭经营性纯收入大小排序的各部门比例及累计百分比**

| 自然序号 | 部门代码 | 产业部门 | 收入(元) | 占总收入的比重(%) | 累计百分比(%) |
|---|---|---|---|---|---|
| 1 | 1 | 种植业 | 1645.53 | 56.73 | 56.73 |
| 2 | 3 | 畜牧业 | 390.24 | 13.45 | 70.18 |
| 3 | 8 | 商饮服务业 | 211.62 | 7.30 | 77.48 |
| 4 | 5 | 工业 | 167.38 | 5.77 | 83.25 |
| 5 | 7 | 运输业 | 150.88 | 5.20 | 88.45 |
| 6 | 9 | 其他 | 136.7 | 4.71 | 93.16 |
| 7 | 2 | 林业 | 79.66 | 2.75 | 95.91 |
| 8 | 4 | 渔业 | 74.12 | 2.56 | 98.47 |
| 9 | 6 | 建筑业 | 44.55 | 1.54 | 100.00 |

**表 8-3　某地区 2004 年农户家庭经营性纯收入大小排序的各部门比例及累计百分比**

| 自然序号 | 部门代码 | 产业部门 | 收入(元) | 占总收入的比重(%) | 累计百分比(%) |
|---|---|---|---|---|---|
| 1 | 1 | 种植业 | 2735.93 | 42.82 | 42.82 |
| 2 | 8 | 商饮服务业 | 1112.72 | 17.42 | 60.24 |
| 3 | 3 | 畜牧业 | 660.61 | 10.34 | 70.58 |
| 4 | 7 | 运输业 | 516.87 | 8.09 | 78.67 |
| 5 | 5 | 工业 | 441.57 | 6.91 | 85.58 |
| 6 | 9 | 其他 | 393.16 | 6.15 | 91.73 |
| 7 | 4 | 渔业 | 220.67 | 3.45 | 95.18 |
| 8 | 6 | 建筑业 | 163.95 | 2.57 | 97.75 |
| 9 | 2 | 林业 | 143.57 | 2.25 | 100.00 |

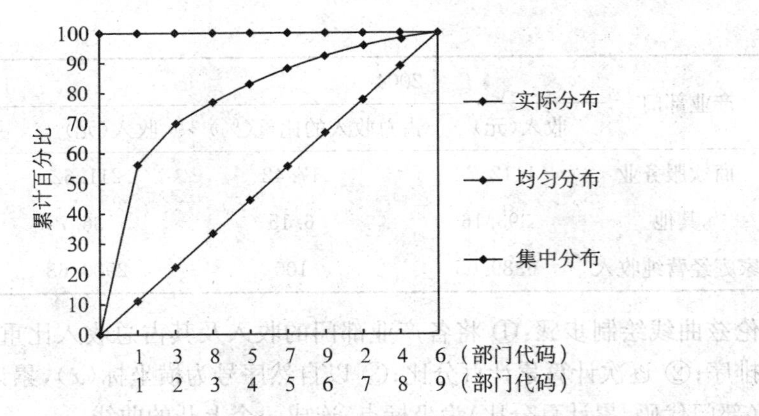


**图 8-1　某地区 1999 年农户家庭经营性纯收入构成的洛伦兹曲线**

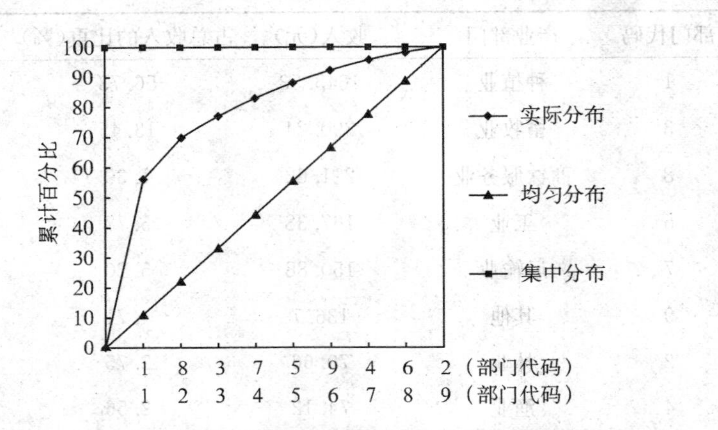


**图 8-2　2004 年农户家庭经营性纯收入构成的洛伦兹曲线**

用表 8-3 中 2004 年的数据，输入到 Excel 软件中(见图 8-3)，进行洛伦兹曲线绘制。

|  | A | B | C | D | E |
|---|---|---|---|---|---|
| 1 | 自然序号 | 部门代码 | 产业部门 | 收入 | 收入比重（百分比） |
| 2 |  | 1 | 种植业 | 2735.93 | 42.82 |
| 3 |  | 2 | 林业 | 143.57 | 2.25 |
| 4 |  | 3 | 畜牧业 | 660.61 | 10.34 |
| 5 |  | 4 | 渔业 | 220.67 | 3.45 |
| 6 |  | 5 | 工业 | 441.57 | 6.91 |
| 7 |  | 6 | 建筑业 | 163.95 | 2.57 |
| 8 |  | 7 | 运输业 | 516.87 | 8.09 |
| 9 |  | 8 | 商饮服务业 | 1112.72 | 17.42 |
| 10 |  | 9 | 其它 | 393.16 | 6.15 |
| 11 |  |  | 家庭经营纯收入(Σ) | 6389.05 | 100 |

**图 8-3　Excel 数据文件**

## 软件运算指导 8.1——用 Excel 软件进行洛伦兹曲线绘制

1. 将各产业部门的收入及其占总收入比重(百分比),从大到小重新排序。

2. 逐次计算累计百分比,并在“种植业”前插入一行(见图 8-4)。

4. 按要求计算均匀分布累计(见图 8-5)。

3. 绘图步骤。可利用折线图与散点图两种类型进行绘制。【绘图步骤 1】选择单元格 F2:G12,进入【绘制图表】,选择图表类型为【折线图】,选择相应折线图类型。

【绘图步骤 2】选择已绘图形按右键,弹出【数据源】对话框,图表数据区域选择“\$F\$1:\$G\$9”,水平(分类)轴进行编辑修改,轴标签区域选择 B3:B11,或者 C3:C11 都可。

选择坐标轴,按右键出现快捷菜单,选择“设置坐标轴格式”,修改坐标最大值为 100(见图 8-6)。

| | A | B | C | D | E |
|---|---|---|---|---|---|
| 1 | | | 产业部门 | 收入 | 收入比重(百分比) |
| 2 | | 1 | 种植业 | 2735.93 | 42.82 |
| 3 | | 3 | 商饮服务业 | 1112.72 | 17.42 |
| 4 | | 8 | 畜牧业 | 660.61 | 10.34 |
| 5 | | 5 | 运输业 | 516.87 | 8.09 |
| 6 | | 7 | 工业 | 441.57 | 6.91 |
| 7 | | 9 | 其它 | 393.16 | 6.15 |
| 8 | | 2 | 渔业 | 220.67 | 3.45 |
| 9 | | 4 | 建筑业 | 163.95 | 2.57 |
| 10 | | 6 | 林业 | 143.57 | 2.25 |
| 11 | | | 家庭经营纯收入(Σ) | 6389.05 | |

**图 8-4　排序的数据文件**

| | A | B | C | D | E | F | G |
|---|---|---|---|---|---|---|---|
| 1 | 自然序号 | 部门代码 | 产业部门 | 收入 | 收入比重(百分比) | 收入比重累计 | 均匀分布累计 |
| 2 | 0 | 0 | | | | 0 | 0 |
| 3 | 1 | 1 | 种植业 | 2735.93 | 42.82 | 42.82 | 11.11 |
| 4 | 2 | 3 | 商饮服务业 | 1112.72 | 17.42 | 60.24 | 22.22 |
| 5 | 3 | 8 | 畜牧业 | 660.61 | 10.34 | 70.58 | 33.33 |
| 6 | 4 | 5 | 运输业 | 516.87 | 8.09 | 78.67 | 44.44 |
| 7 | 5 | 7 | 工业 | 441.57 | 6.91 | 85.58 | 55.55 |
| 8 | 6 | 9 | 其它 | 393.16 | 6.15 | 91.73 | 66.66 |
| 9 | 7 | 2 | 渔业 | 220.67 | 3.45 | 95.18 | 77.77 |
| 10 | 8 | 4 | 建筑业 | 163.95 | 2.57 | 97.75 | 88.88 |
| | 9 | 6 | 林业 | 143.57 | 2.25 | 100.00 | 100.00 |
| 11 | | | 家庭经营纯收入(Σ) | 6389.05 | | | |

**图 8-5　已进行相关计算的数据文件**

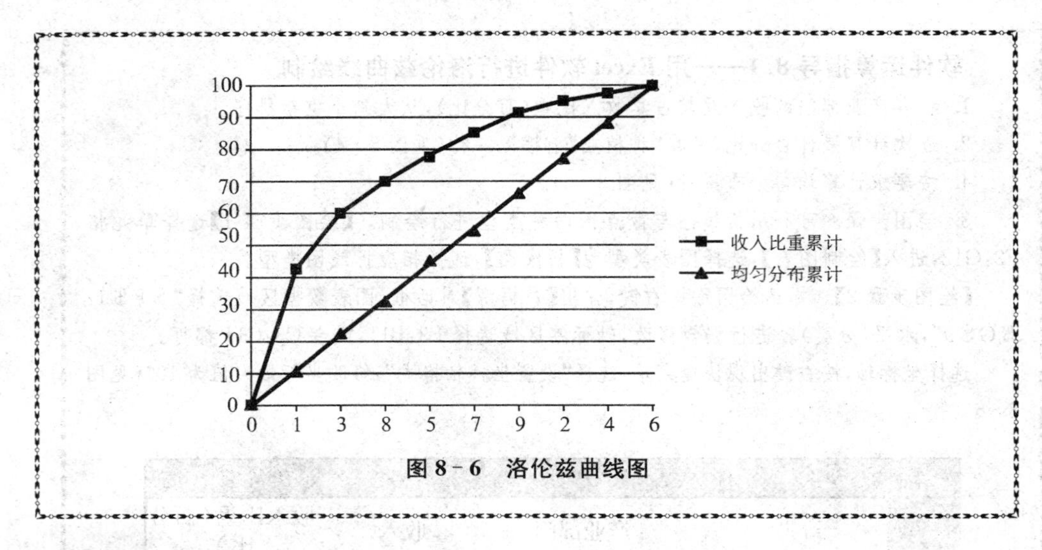


**图 8-6 洛伦兹曲线图**

2. 集中化指数

由图 8-6 中的洛伦兹曲线离开对角线的远近虽可以较直观地描述分配分布的集中化程度，但它只是一种定性的描述。为了进行定量描述，必须引入集中化指数（用 $I$ 表示），它是对地理要素的空间集中程度或经济要素专门化程度作比较的数量指标。

假若洛伦兹曲线的解析式为：

$$Y = f(X) \quad (X = 0, 1, 2, \cdots, n)。 \tag{8.1}$$

显然，该曲线下方区域的面积为：

$$A = \int_0^n f(X)\mathrm{d}X。 \tag{8.2}$$

当数据均匀分布时，$A$ 就变成了对角线以下三角形的面积（$R$）；当数据集中于一点时，$A$ 就变成了整个正方形的面积（$M$）。构造如下指数：

$$I = \frac{R - A}{M - R}。 \tag{8.3}$$

显然，$I$ 越大，就说明数据分布的集中化程度越高；反之，$I$ 越小，就说明数据分布的集中化程度越低（越均衡）。这个指数 $I$，就被称为集中化指数。

在实际应用中，由于难以得到洛伦兹曲线函数的解析式，因而无法用公式（8.2）计算面积 $A$。故，常常采用如下近似取值方法，即：

$A$——实际数据的累计百分比总和。在计算过程中，一般是在洛伦兹曲线图上，将横轴等分成 $n$ 等份。

$R$——均匀分布时的累计百分比总和。

$M$——集中分布时的累计百分比总和。

由（8.3）式可以看出，当地理数据集中分布于一点时，$A = M$，所以 $I = 1$；当地理数据均匀分布时，$A = R$，所以 $I = 0$。也就是说，集中化指数在[0,1]区间上取值。可见，通过计算集中化指数，可以定量化地比较地理数据分布的集中化程度。

例如，根据表 8-1 中的数据，用 (8.3)式，可以计算某地区 1999 年农户家庭经营性纯收入构成的集中化指数：

$$A = \sum_i P_i = 56.73 + 71.18 + \cdots + 100 = 763.63$$

$$R = 10 + 20 + \cdots + 100 = 550$$

$$M = 100 + 100 + \cdots + 100 = 10 \times 100 = 1\,000$$

$$I_{1999} = \frac{550 - 500}{1000 - 550} = 65.91$$

## 二、基尼系数

### 1. 用于计算基尼系数的洛伦兹曲线

洛伦兹曲线在经济学上常用作地区之间收入差距或财富不平等的分析手段，以衡量财富、土地和工资收入是否公平。

它利用频率累积数绘制成的曲线来刻画不平等(集中或分散)程度。洛伦兹曲线在坐标轴中的意义是：坐标横轴和纵轴上的点都是由累计百分比构成，曲线上任意一点的含义是某一百分比的人口拥有的财富百分比。洛伦兹曲线为向内凸的曲线，与横坐标成 45°夹角时，称为绝对均匀线。曲线距离绝对均匀线越近，表示地区间收入差距越小，财富分配越平等；反之，则表示地区间收入差距越大，财富分配越不平等。洛伦兹曲线如图 8 - 7 表示。

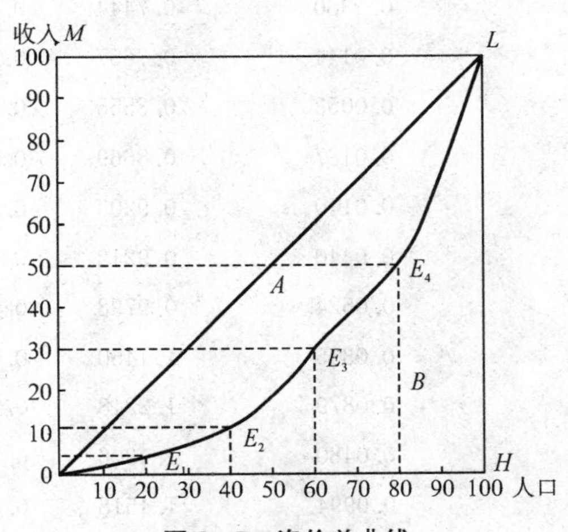


**图 8 - 7 洛伦兹曲线**

洛伦兹曲线的绘制步骤如下：① 列出每一个区域(部门)的人口与收入占全区(各部门总计)的比重 $p$ 与 $w$；② 计算每一区域(部门)的比率 $w/p$；③ 根据 $w/p$ 值，由小到大将每一地区(部门)排序；④ 按照上述顺序分别计算 $p$ 和 $w$ 的累计值 $X$ 和 $Y$；⑤ 以 $X$ 为横坐标，以 $Y$ 为纵坐标，在直角坐标系中依次连接各点，得到一条下凸的洛伦兹曲线。

**【例 8-1】** 根据表 8-4 中的数据，我们就可以按照上述步骤①～⑤作出某地区收入分配的洛伦兹曲线（图 8-8）。

**表 8-4　某地区各亚区的收入分配情况**

| 亚区代码 | 人口占全区的比重($p_i$) | 收入占全区的比重($w_i$) | $w_i/p_i$ | $p_i$的累计($X_i$) | $w_i$的累计($Y_i$) |
|---|---|---|---|---|---|
| 24 | 0.0279 | 0.0102 | 0.3660 | 0.0279 | 0.0102 |
| 28 | 0.0203 | 0.0101 | 0.4984 | 0.0482 | 0.0203 |
| 26 | 0.0021 | 0.0012 | 0.5822 | 0.0503 | 0.0215 |
| 25 | 0.0340 | 0.0201 | 0.5921 | 0.0843 | 0.0417 |
| 20 | 0.0356 | 0.0211 | 0.5930 | 0.1198 | 0.0627 |
| 27 | 0.0286 | 0.0171 | 0.5983 | 0.1484 | 0.0798 |
| 30 | 0.0045 | 0.0027 | 0.6136 | 0.1528 | 0.0826 |
| 23 | 0.0660 | 0.0413 | 0.6252 | 0.2188 | 0.1238 |
| 14 | 0.0328 | 0.0206 | 0.6283 | 0.2516 | 0.1444 |
| 4 | 0.0261 | 0.0169 | 0.6474 | 0.2777 | 0.1613 |
| 12 | 0.0474 | 0.0313 | 0.6591 | 0.3252 | 0.1926 |
| 29 | 0.0041 | 0.0027 | 0.6608 | 0.3293 | 0.1953 |
| 22 | 0.0245 | 0.0163 | 0.6679 | 0.3537 | 0.2117 |
| 16 | 0.0733 | 0.0529 | 0.7208 | 0.4271 | 0.2645 |
| 18 | 0.0510 | 0.0380 | 0.7444 | 0.4781 | 0.3025 |
| 5 | 0.0188 | 0.0144 | 0.7657 | 0.4969 | 0.3169 |
| 21 | 0.0062 | 0.0053 | 0.8555 | 0.5032 | 0.3222 |
| 7 | 0.0216 | 0.0187 | 0.8669 | 0.5248 | 0.3410 |
| 31 | 0.0153 | 0.0140 | 0.9203 | 0.5400 | 0.3550 |
| 17 | 0.0478 | 0.0440 | 0.9212 | 0.5878 | 0.3990 |
| 3 | 0.0534 | 0.0524 | 0.9798 | 0.6412 | 0.4513 |
| 8 | 0.0292 | 0.0335 | 1.1450 | 0.6704 | 0.4848 |
| 15 | 0.0719 | 0.0879 | 1.2218 | 0.7423 | 0.5727 |
| 6 | 0.0336 | 0.0480 | 1.4306 | 0.7759 | 0.6207 |
| 19 | 0.0685 | 0.0994 | 1.4518 | 0.8444 | 0.7201 |
| 13 | 0.0275 | 0.0403 | 1.4665 | 0.8719 | 0.7604 |
| 10 | 0.0589 | 0.0883 | 1.4984 | 0.9308 | 0.8487 |
| 11 | 0.0371 | 0.0621 | 1.6759 | 0.9679 | 0.9108 |
| 2 | 0.0079 | 0.0169 | 2.1266 | 0.9758 | 0.9277 |
| 1 | 0.0109 | 0.0255 | 2.3290 | 0.9867 | 0.9532 |
| 9 | 0.0133 | 0.0468 | 3.5303 | 1.0000 | 1.0000 |

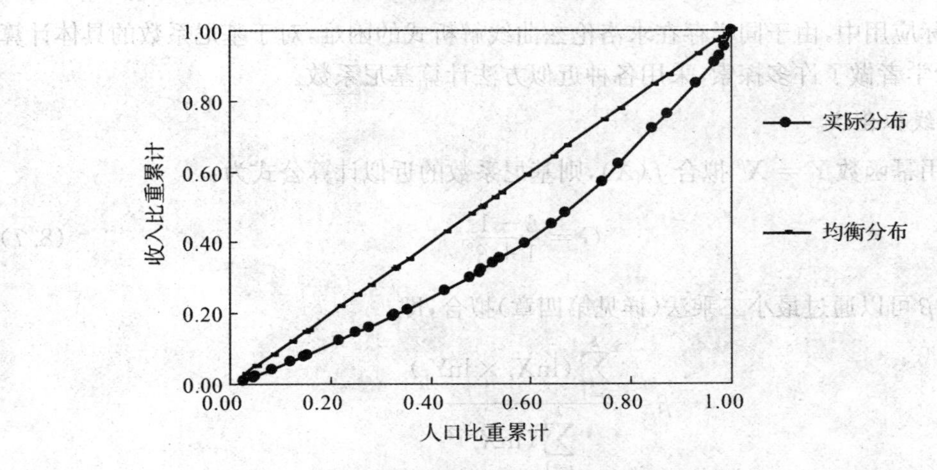


**图 8-8　某地区收入分配的洛伦兹曲线**

2. 基尼系数计算

洛伦兹曲线可以直观显示空间分布的差异性，但是无法对差异（或均衡、不均衡）的程度进行定量描述。基尼系数（Gini coefficient），是 20 世纪初意大利经济学家基尼，根据洛伦兹曲线所定义的判断收入分配公平程度的指标，是国际上用来综合考察居民内部收入分配差异状况的一个重要分析指标，其经济含义是在全部居民收入中，用于进行不平均分配的那部分收入占总收入的百分比。

基尼系数是比例数值，在 0 和 1 之间，最大为“1”，表示居民之间的收入分配绝对不平均，即 100%的收入被一个单位的人全部占有了；最小等于“0”表示居民之间的收入分配绝对平均，即人与人之间收入完全平等，没有任何差异。但这两种情况只是在理论上的绝对化形式，在实际生活中一般不会出现。

基尼系数主要通过两组数据的对比分析，纵、横坐标均以累计百分比表示，从而做出洛伦兹曲线，然后再计算得出的集中化指数。它是通过对人口和收入两组数据进行比较分析，然后将纵、横坐标均以累计百分比表示，作出洛伦兹曲线，再计算集中化指数而得到的一个判断收入分配不平等程度的指标。

假若上述洛伦兹曲线的解析表达式为：

$$Y = f(X),\ X \in [0,1]。\tag{8.4}$$

则该曲线下方区域的面积为：

$$A = \int_0^1 f(X)\mathrm{d}X。\tag{8.5}$$

显然，对应于绝对均衡分布，其洛伦兹曲线就是正方形的对角线，其下方区域的面积为 $R = \frac{1}{2}$。

这样，模仿公式(8.3)，基尼系数($G$)就可以按照如下公式计算：

$$G = \frac{1/2 - \int_0^1 f(X)}{1/2} = 1 - 2\int_0^1 f(X)\mathrm{d}X。\tag{8.6}$$

在实际应用中，由于同样存在求洛伦兹曲线解析式的困难，对于基尼系数的具体计算方法，不少学者做了许多探索，采用各种近似方法计算基尼系数。

1. 曲线拟合法

如果用幂函数 $Y = X^\beta$ 拟合 $f(X)$，则基尼系数的近似计算公式为：

$$G = \frac{\beta - 1}{1 + \beta}。 \tag{8.7}$$

式中，$\beta$ 可以通过最小二乘法（详见第四章）拟合，即

$$\beta = \frac{\sum_{i=1}^{k}(\ln X_i \times \ln Y_i)}{\sum_{i=1}^{k}(\ln X_i)^2}。$$

下面，以例 8－1 的数据说明求解过程，逐次计算累计百分比。

表 8－5

| | 1 | 2 | 3 | 4 | 5 | 6 | 7 | 8 | 9 | 10 |
|---|---|---|---|---|---|---|---|---|---|---|
| 人口累计 | 0.0 | 0.1 | 0.2 | 0.3 | 0.4 | 0.5 | 0.6 | 0.7 | 0.8 | 0.9 |
| 收入累计 | 0.0 | 0.0109 | 0.0416 | 0.0921 | 0.1624 | 0.2525 | 0.3624 | 0.4921 | 0.6416 | 0.8109 |
| 絕对平均累计 | 0.0 | 0.1 | 0.2 | 0.3 | 0.4 | 0.5 | 0.6 | 0.7 | 0.8 | 0.9 |

**软件运算指导 8.2——用 Excel 软件绘制洛伦兹曲线求基尼系数**

1. 将各产业部门的收入及其占总收入比重（百分比），从大到小重新排序。

2. 逐次计算累计百分比，并在“种植业”前插入一行（见图 8－9）。

3. 选择单元格 C2:C12，进入【图表向导－4 步骤之 1－图表类型】对话框，选择“*X Y* 散点图”，在“下一步”取消图例，完成后得到图 8－10 所示 *XY* 散点图。选择散点图中数据点，右键选择“添加趋势线”，如图 8－10。

4. 在【添加趋势线】对话框中，切换到“类型”选项卡，在“趋势预测/回归分析类型”中，可以根据题意及定积分计算方便，选择“多项式”，“阶数”可调节为 2（视曲线与点拟合程度调节），如图 8－11。

5. 切换到“选项”选项卡，选中“显示公式”复选框，“设置截距＝0”视情况也可选中，如图 8－12。确定后，如图 8－13，其中的公式，就是通过回归求得的拟合曲线的方程。

6. 为求曲边形 *OALC* 的面积，可用定积分求曲线 *OCL* 下面积，先用不定积分求其原函数：

$$F(x) = \int (0.99x^2 + 0.01x)\mathrm{d}x = [0.33x^3 + 0.005x^2]$$

再求其定积分：

$$\int_0^1 (0.99x^2 + 0.01x)\mathrm{d}x = [0.33x^3 + 0.005x^2]_0^1 = 0.335$$

即 曲边形 *OALC* 的面积＝0.335

$S$（月牙形面积）＝△*OAL* 的面积－曲边形 *OALC* 的面积＝0.5－0.335＝0.165

7. 基尼系数 $G=S$(月牙形面积)/△$OAL$ 的面积=0.165/0.5=0.33

|  | A | B | C |
|---|---|---|---|
| 1 | 人口累计 | 收入累计 | 絕对平均累计 |
| 2 | 0 | 0 | 0 |
| 3 | 0.1 | 0.0109 | 0.1 |
| 4 | 0.2 | 0.0416 | 0.2 |
| 5 | 0.3 | 0.0921 | 0.3 |
| …… | …… | …… | …… |
| 12 | 1.0 | 1.0 | 1.0 |

图 8－9　Excel 格式数据

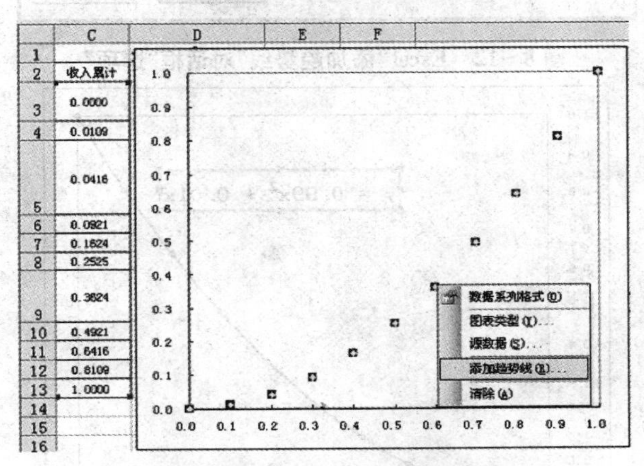


图 8－10　Excel 散点图

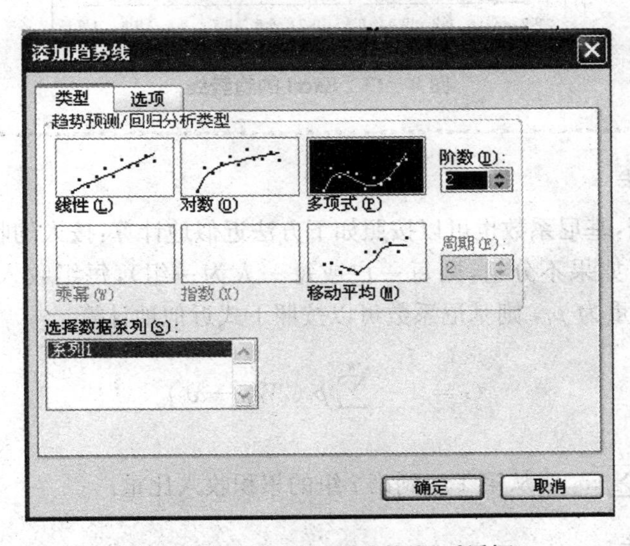


图 8－11　Excel“添加趋势线”对话框

度的各向异性(即各个方向表现出的自相关性有所区别)等特征。

3. 变异分析

区域化变量可以通过两个最基本的函数,即协方差函数和半变异函数来实现。

(1) 协方差函数

协方差又称半方差,区域化随机变量之间的差异,定义为区域化变量 $Z(x)$的自协方差函数,即

$$\mathrm{Cov}[Z(x),Z(x+h)]=E[Z(x)Z(x+h)]-E[Z(x)]E[Z(x+h)]$$

是一个依赖于空间点 $x$ 和向量 $h$ 的函数。

地统计学中协方差函数计算公式可表示为

$$C^*(h)=\frac{1}{N(h)}\sum_{l=1}^{N(h)}[Z(x_l+h)]-\overline{Z}(x_l)][Z(x_l+h)]-\overline{Z}(x_l+h)]$$

$$\overline{Z}(x_i)=\frac{1}{N}\sum_{i=1}^{N}Z(x_i),\overline{Z}(x_i+h)=\frac{1}{N}\sum_{i=1}^{N}Z(x_i+h)$$

$N(h)$是分隔距离为 $h$ 时的样本点对总数($N$ 为样本单元数)。

若 $\overline{Z}(x_i)=\overline{Z}(x_i+h)=m$ (常数),则

$$C^*(h)=\frac{1}{N(h)}\sum_{i=1}^{N(h)}[Z(x_i)]\,\overline{Z}(x_i+h)]-m^2,\ m=\frac{1}{N}\sum_{i=1}^{n}Z(x_i)$$

(2) 半变异函数

半变异函数又称半变差函数、半变异矩,是地统计分析的特有函数。区域化变量 $Z(x)$在点 $x$ 和$x+h$ 处的值 $Z(x)$与 $Z(x+h)$差的方差的一半称为区域化变量 $Z(x)$的半变异函数,记为 $\gamma(h)$,$2\gamma(h)$称为变异函数。

在一维条件下,当空间点 $x$ 在一维 $x$ 轴上变化时,定义半变异系数为

$$\gamma(x,h)=\frac{1}{2}Var[Z(x)-Z(x+h)]$$

$$=\frac{1}{2}E[Z(x)-Z(x+h)]^2-\frac{1}{2}\{E[Z(x)]-E[Z(x+h)]\}^2$$

在二阶平稳假设条件下,对任意的 $h$ 有 $E[Z(x+h)]=E[Z(x)]$,上式可改写成

$$\gamma(x,h)=\frac{1}{2}E[Z(x)-Z(x+h)]^2$$

当 $\gamma(x,h)$与 $x$ 无关时,$\gamma(x,h)$趋向于 $\gamma(h)$,

$$\gamma(h)=\frac{1}{2}E[Z(x)-Z(x+h)]^2$$

具体表示为:

$$\gamma^*(h)=\frac{1}{2N(h)}\sum_{i=1}^{N(h)}[Z(x_i)-Z(x_i+h)]^2$$

也有将 $\gamma(h)$ 称为变异函数,两者使用上不引起本质上的差别。

半变异函数具有如下性质:① $\gamma(0)=0$,在 $h=0$ 时,变异函数为 0;② $\gamma(h)=\gamma(-h)$,即 $\gamma(h)$ 关于直线 $h=0$ 是对称的,它是一个偶函数;③ $\gamma(h)\geqslant 0$,$\gamma(h)$ 表示的方差只能大于或等于 0;④ $|h|\to\infty$ 时,$\gamma(h)\to c(0)$,或 $\gamma(\infty)=c(0)$,即当空间距离增大时,变异函数接近先验方差 $c^*(0)=\frac{1}{N(h)}\sum_{l=1}^{n}[Z(x_l)]^2-m^2$;⑤ $[-\gamma(h)]$ 必须是一个条件非负定函数,由 $[-\gamma(x_i-x_j)]$ 构成的变异函数矩阵在条件 $\sum_{i=1}^{n}\lambda_i=0$ 时,为非负定的。

**【例 8.4】** 一维半变异函数的计算。设 $Z(x)$ 是一维区域化随机变量,满足二阶平稳和本征假设,并且 $Z(x_1)=4, Z(x_2)=3, Z(x_3)=4, Z(x_4)=5, Z(x_5)=7, Z(x_6)=9, Z(x_7)=7, Z(x_8)=8, Z(x_9)=7, Z(x_{10})=7$,点之间分隔距离 $h=1(m)$,见图 8-18,当 $h=1,2,\cdots,8$ 时,计算 $\gamma^*(h)$。

图 8-18 一维空间数据

$$\gamma^*(1)=\frac{1}{2\times 9}[(4-3)^2+(3-4)^2+(4-5)^2+(5-7)^2+(7-9)^2+(9-7)^2+(7-8)^2+(8-7)^2+(7-7)^2]=\frac{1}{18}\times 17=0.94$$

$$\gamma^*(2)=\frac{1}{2\times 8}[(4-4)^2+(3-5)^2+(4-7)^2+(5-9)^2+(7-7)^2+(9-8)^2+(7-7)^2+(8-7)^2]=\frac{1}{16}\times 31=1.94$$

$$\gamma^*(3)=\frac{1}{2\times 7}[(4-5)^2+(3-7)^2+(4-9)^2+(5-7)^2+(7-8)^2+(9-7)^2+(7-7)^2]=\frac{1}{14}\times 31=3.57$$

$$\gamma^*(4)=\frac{1}{2\times 6}[(4-7)^2+(3-9)^2+(4-7)^2+(5-8)^2+(7-7)^2+(7-9)^2]=\frac{1}{12}\times 67=5.58$$

$$\gamma^*(5)=\frac{1}{2\times 5}[(4-9)^2+(3-7)^2+(4-8)^2+(5-7)^2+(7-7)^2]$$

$$=\frac{1}{10}\times 61=6.10$$

$$\gamma^*(6)=\frac{1}{2\times 4}[(4-7)^2+(3-8)^2+(4-7)^2+(5-7)^2]=\frac{1}{8}\times 47=5.87$$

$$\gamma^*(7)=\frac{1}{2\times 3}[(4-8)^2+(3-7)^2+(4-7)^2]=\frac{1}{6}\times 41=6.83$$

$$\gamma^*(8)=\frac{1}{2\times 2}[(4-7)^2+(3-7)^2]=\frac{1}{4}\times 25=6.25$$

**【例 8.5】** 设某地区降水量 $Z(x)$（单位：mm）是二维区域化随机变量，满足二阶平稳假设，其观测值的空间正方形网格数据如图 8-19 所示（点与点之间的距离为 $h=1$ km）。试计算其南北方向及西北和东南方向的变异函数。

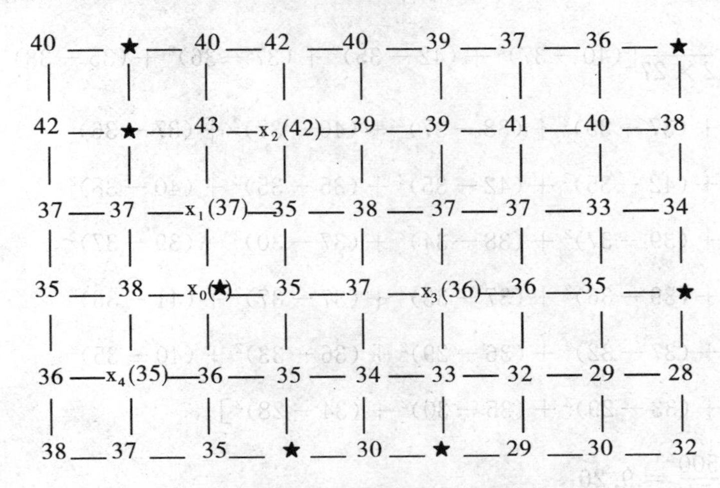


**图 8-19　空间正方形网格数据（点间距 h=1 *km*）**

**解**：图 8-19 显示，空间上有些点，由于某种原因没有采集到。如果没有缺失值，可直接对正方形网格数据结构计算变异函数；在有缺失值的情况下，也可以计算变异函数。只要“跳过”缺失点位置即可（见图 8-20）。

① 计算南北方向上的变异函数值：

$$\gamma^*(1)=\frac{1}{2\times 36}[(40-42)^2+(42-37)^2+(37-35)^2+(35-36)^2$$

$$+(36-38)^2+(38-37)^2+(38-35)^2+(35-37)^2$$

$$+(40-43)^2+(43-37)^2+(36-35)^2+(42-42)^2$$

$$+(42-35)^2+(35-35)^2+(35-35)^2+(40-39)^2$$

$$+(39-38)^2+(38-37)^2+(37-34)^2+(34-30)^2$$

$$+(39-39)^2+(39-37)^2+(37-36)^2+(36-33)^2$$

$$+(37-41)^2+(41-37)^2+(37-36)^2+(36-32)^2$$

$$+(32-29)^2+(36-40)^2+(40-33)^2+(33-35)^2$$
$$+(35-29)^2+(29-30)^2+(38-34)^2+(28-32)^2]$$
$$=\frac{385}{72}=5.35$$

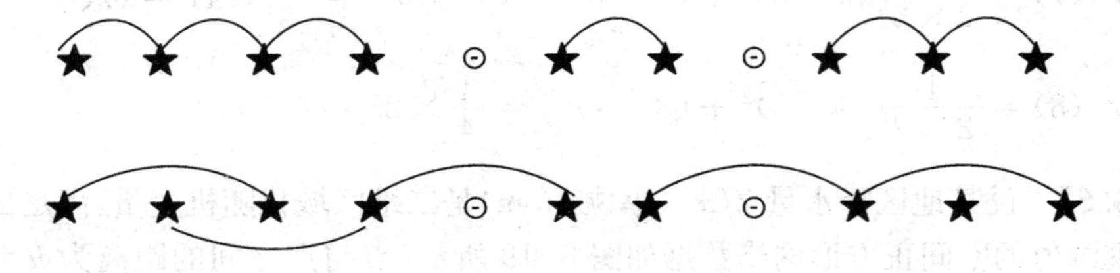

图 8-20　缺失值情况下样本数对的组成和计算过程，⊙为缺失值

$$\gamma^*(2)=\frac{1}{2\times 27}[(40-37)^2+(42-35)^2+(37-36)^2+(35-38)^2$$
$$+(37-35)^2+(38-37)^2+(40-37)^2+(37-36)^2$$
$$+(42-35)^2+(42-35)^2+(35-35)^2+(40-38)^2$$
$$+(39-37)^2+(38-34)^2+(37-30)^2+(39-37)^2$$
$$+(39-36)^2+(37-33)^2+(37-37)^2+(41-36)^2$$
$$+(37-32)^2+(36-29)^2+(36-33)^2+(40-35)^2$$
$$+(33-29)^2+(35-30)^2+(34-28)^2]$$
$$=\frac{500}{54}=9.26$$

$$\gamma^*(3)=\frac{1}{2\times 21}[(40-35)^2+(42-36)^2+(37-38)^2+(37-37)^2$$
$$+(43-36)^2+(37-35)^2+(42-35)^2+(42-35)^2$$
$$+(40-37)^2+(39-34)^2+(38-30)^2+(39-36)^2$$
$$+(39-33)^2+(37-36)^2+(41-32)^2+(37-29)^2$$
$$+(36-35)^2+(40-29)^2+(33-30)^2+(38-28)^2$$
$$+(34-32)^2=\frac{737}{42}=17.55$$

$$\gamma^*(4)=\frac{1}{2\times 13}[(40-36)^2+(42-38)^2+(40-36)^2+(43-35)^2$$
$$+(42-35)^2+(40-34)^2+(39-30)^2+(39-33)^2$$
$$+(37-32)^2+(41-29)^2+(36-29)^2+(40-30)^2+(38-32)^2]$$

$$= \frac{668}{26} = 25.69$$

$$\gamma^*(5) = \frac{1}{2\times5}[(40-38)^2 + (40-35)^2 + (40-30)^2 + (37-29)^2$$

$$+ (36-30)^2] = \frac{229}{10} = 22.90$$

② 同样计算西北—东南方向上的变异函数。东西方向上计算与南北向相同。西北—东南方向上的距离为$\sqrt{2}h$。譬如，$\gamma(5\sqrt{2})$的计算过程为

$$\gamma^*(5\sqrt{2}) = \gamma(7.07) = \frac{1}{2\times2}[(42-32)^2 + (40-30)^2] = \frac{200}{4} = 50.00$$

③ 同样计算获得的西北—东南方向上变异函数的其他计算结果。

④ 变异函数计算结果见表 8-8。

**表 8-8　变异函数计算结果**

| 方向 | 南—北 | | | | | 方向 | 西北—东南 | | | | |
|---|---|---|---|---|---|---|---|---|---|---|---|
| $h$ | 1 | 2 | 3 | 4 | 5 | $h$ | 1.41 | 2.82 | 4.24 | 5.65 | 7.07 |
| $N(h)$ | 36 | 27 | 21 | 13 | 5 | $N(h)$ | 32 | 21 | 13 | 8 | 2 |
| $\gamma^*(h)$ | 5.35 | 9.26 | 17.55 | 25.69 | 22.90 | $\gamma^*(h)$ | 7.06 | 12.95 | 30.85 | 58.13 | 50.00 |

(3) 变异分析

半变异函数把统计相关系数的大小作为一个距离的函数。图 8-21 为一典型的半变异函数图。

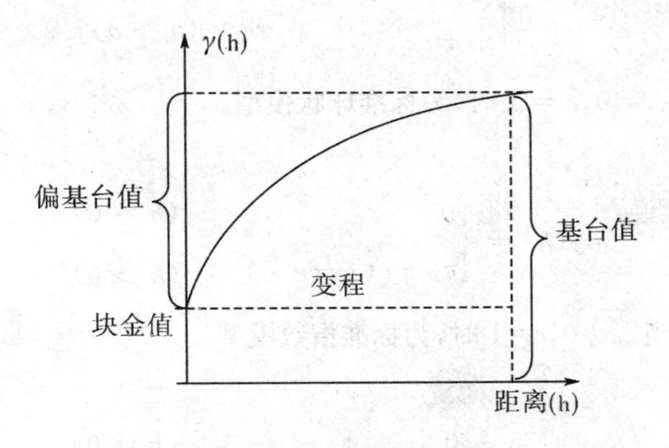


**图 8-21　半变异函数图**

图 8-21 显示，半变异值的变化随着距离的加大而增加。在半变异曲线图中有两个非常重要的点——间隔为 0 时的点和半变异函数趋近平稳时的拐点，由这两个点产生变异函数四个相应的参数——块金值(Nugget)、变程(Range)、基台值(Sill)、偏基台值(Partial Sill)，它们的含义表示如下：

基台值——当变异函数 $\gamma(h)$ 随着间隔距离 $h$ 的增大，从非零值达到一个相对稳定的

常数时，该常数称为基台值 $C_0+C$，它是系统或系统属性中最大的变异。

变程——变异函数 $\gamma(h)$ 达到基台值时的间隔距离 $a$ 称为变程。表示在$h \geqslant a$ 以后，区域化变量 $Z(x)$空间相关性消失。

块金值——当间隔距离 $h=0$ 时，$\gamma(0)=C_0$，该值称为或块金方差。表示区域化变量在小于抽样尺度时非连续变异，由区域化变量的属性或测量误差决定。

偏基台值——基台值与块金值的差值。

(4) 变异函数的理论模型

由区域化变量理论和变异函数的性质可知，实际上，理论变异函数模型是未知的，往往要从有效的空间取样数据中去估计，对各种不同的 $h$ 值可以计算出一系列的 $\gamma(h)$值。因此，需要用一个理论模型去拟合这一系列的 $\gamma(h)$值。到目前为止，地统计学有几种常见的变异函数理论模型。

① 纯块金效应模型

$$\gamma(h)=\begin{cases}0 & (h=0)\\ c_0 & (h>0)\end{cases}$$

$c_0>0$ 为先验方差。

该模型相当于区域化变量为随机分布，样本点间的协方差函数对于所有距离 $h$ 均等于 0，变量的空间相关不存在。

② 球状模型

$$\gamma(h)=\begin{cases}0 & (h=0)\\ c_0+c\left(\dfrac{3h}{2a}-\dfrac{h^3}{2a^3}\right) & (0<h\leqslant a)\\ c_0+c & (h>a)\end{cases}$$

$c$ 为拱高，当 $c_0=0$，$c=1$ 时，为标准球状模型。

③ 指数模型

$$\gamma(h)=\begin{cases}0 & (h=0)\\ c_0+c(1-e^{-\frac{h}{a}}) & (h>0)\end{cases}$$

$a$ 不是变程。当 $c_0=0$，$c=1$ 时，为标准指数模型。

④ 高斯模型

$$\gamma(h)=\begin{cases}0 & (h=0)\\ c_0+c(1-e^{-\frac{h^2}{a^2}}) & (h>0)\end{cases}$$

$a$ 不是变程。当 $c_0=0$，$c=1$ 时，为标准高斯函数模型。

⑤ 幂函数模型

$$\gamma(h)=Ah^{\theta},0<\theta<2$$

$\theta$ 为幂指数，$\theta$ 必须小于 2，$\theta$ 变化时，该模型可反映在原点附近的各种性状。

⑥ 对数模型

$$\gamma(h) = A\lg h$$

该模型不能描述点支撑上的区域化变量的结构。

⑦ 线性有基台值模型

$$\gamma(h) = \begin{cases} c_0 & (h = 0) \\ Ah & (0 < h < a) \\ c_0 + c & (h > a) \end{cases}$$

$a$ 为变程，$c_0 + c$ 为基台值。

⑧ 线性无基台值模型

$$\gamma(h) = \begin{cases} c_0 & (h = 0) \\ Ah & (h > 0) \end{cases}$$

基台值不存在，没有变程。

【例 8.6】　某地区降水量是一个区域化变量，其变异函数 $\gamma(h)$ 的实测值及距离 $h$ 的关系见表 8-9，试建立变异函数的球状模型。

表 8-9　变异函数观测值与距离

| $\gamma(h)$ | 2.1 | 4.3 | 5.7 | 6.5 | 7.8 | 8.8 | 9.2 | 10.3 | 10.5 | 10.9 | 11.2 | 12.4 |
|---|---|---|---|---|---|---|---|---|---|---|---|---|
| $h$ | 0.6 | 1.1 | 2.2 | 2.5 | 3.1 | 3.8 | 4.9 | 5.1 | 6.2 | 7.5 | 9.5 | 9.8 |

**解**：球状模型的变异函数公式为

$$\gamma(h) = \begin{cases} 0 & (h = 0) \\ c_0 + c\left(\dfrac{3h}{2a} - \dfrac{h^3}{2a^3}\right) & (0 < h \leqslant a) \\ c_0 + c & (h > a) \end{cases}$$

当 $0 < h \leqslant a$ 时，有

$$\gamma(h) = c_0 + \left(\frac{3c}{2a}\right)h - \left(\frac{c}{2a^3}\right)h^3$$

如记 $y = r(h)$，$b_0 = c_0$，$b_1 = \dfrac{3c}{2a}$，$b_2 = -\dfrac{1}{2}\dfrac{c}{a^3}$，$x_1 = h$，$x_2 = h^3$，则有

$$y = b_0 + b_1 x_1 + b_2 x_2$$

把原始数据(表 8-9)对代入 $y = b_0 + b_1 x_1 + b_2 x_2$ 进行最小二乘拟合，得

$$y = 2.048 + 1.731 x_1 - 0.0792 x_2$$

该模型显著性检验参数 $F = 114.054$，$R^2 = 0.962$，可见模型的拟合效果是很好的。

由 $y = 2.048 + 1.731x_1 - 0.00792x_2$ 与 $\gamma(h) = c_0 + \left(\frac{3c}{2a}\right)h - \left(\frac{c}{2a^3}\right)h^3$ 比较计算可知：$c_0 = 2.048, c = 1.154, a = 8.353$，所以球状变异函数模型为

$$\gamma^*(h) = \begin{cases} 0 & (h = 0) \\ 2.048 + 1.154 + \left(\frac{3}{2} \times \frac{h}{8.535} - \frac{1}{2} \times \frac{h^3}{8.535^3}\right) & (0 < h \leqslant 8.535) \\ 3.202 & (h > 8.535) \end{cases}$$

**软件运算指导 8.6——利用“ArcGIS 地统计分析”模块进行方差变异分析**

半变异/协方差函数云表示的是数据集中所有样点对的理论半变异值和协方差，并把它们用两点间距离的函数来表示，用此函数作图来表示。

在 ArcGIS 9.0 中生成数据的半变异/协方差函数云图主要步骤有：

(1) 在 ArcMap 中加载地统计数据点图层。

(2) 单击 Geostatistical Analyst 模块的下拉箭头选择 Explore Data 并点击 Semivariogram/Covariance Cloud 的命令。

(3) 检查中数据层层名对话框(Layer)的设置是否正确，在字段属性对话框(Attribute)选择参见趋势分析的字段名称。

(4) Lag Size 为最大步长，Number of Lags 为步长分组个数。

(5) 如果空间变异具有方向性，可以选择 Show Search Direction(方向搜索)，然后点击方向控制条、重设它或改变它的方向来浏览半变异函数云的某个方向子集。

4. 克立格插值

(1) 克立格法概述

克立格(Kriging)插值，又称空间局部估计或空间局部插值法，建立在变异函数理论及结构分析基础之上，是在有限区域内对区域化变量的取值进行无偏最优估计的一种方法。

克立格法根据待估样本点(或块段)有限邻域内若干已测定的样本点数据，考虑了样本点的形状、大小和空间相互位置关系，与待估样本点的相互空间位置关系，以及变异函数提供的结构信息，对待估样本点值进行的一种线性无偏最优估计。

① 适用条件

变异函数和相关分析的结果表明区域化变量存在空间相关性。其实质是利用区域化变量的原始数据和变异函数的结构特点，对未采样点的区域化变量的取值进行线性无偏最优估计。

② 克立格法的类型

克立格法是一簇空间局部插值模型的总称，有普通克立格法、泛克立格法、协同克立格法、对数正态克立格法、指示克立格法、析取克立格法等。

(2) 克立格估计量

对于研究区域内任一点 $x$ 的测量值 $Z(x)$，其估计值 $Z_v^*(x)$ 的估算公式为

$$Z_v^*(x) = \sum_{i=1}^{n} \lambda_i Z(x_i)。$$

估计值 $Z_v^*(x)$ 是实际值 $Z_v(x_i)$的克立格估计值。其中 $\lambda_i$ 为权重系数,是各已知样本 $Z(x_i)$在估计 $Z_v^*(x)$ 时影响大小的系数,估计 $Z_v^*(x)$ 的好坏取决于怎样计算或选择权重系数 $\lambda_i$。问题的关键在于求各点的权重系数。

(3) 求取权重系数的两个条件

设 $Z(x)$为区域化变量,满足二阶平稳和本征假设,数学期望为 $m$,协方差$c(h)$及变异系数 $\gamma(h)$存在。对于中心位于 $x_0$ 块段为 $V$,其平均值为 $Z_v(x_0)$ 的估计值以 $Z_v(x_0) = \frac{1}{V}\int_v Z(x)\mathrm{d}x$ 进行估计。

在待估块段 $V$ 的邻域内,有一组 $n$ 个已知样本数据 $v(x_i)(i=1,2,\cdots,n)$,其实测值为 $Z(x_i)(i=1,2,\cdots,n)$,见图 8-22。

① 是使 $Z_v^*(x)$ 的估计值是无偏的,即偏差的数学期望为 0。

② 是最优的,即使估计值 $Z_v^*(x)$ 和实际值 $Z_v(x)$之差的平方和最小,即

$$Var[Z_v^*(x) - Z_v(x)] = E[Z_v^*(x) - Z_v(x)]^2 \rightarrow \min。$$

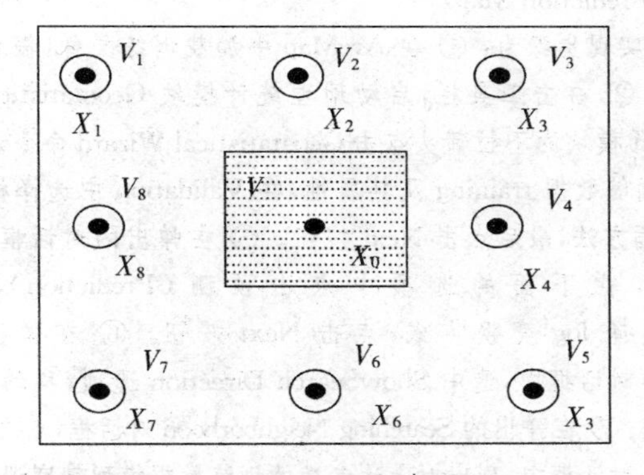


图8-22　待估块段 V 与其邻域内的已知样本

(4) 普通克立格法

① 协方差函数表示的普通克立格方程组

普通克立格方程组:

$$\begin{cases} \sum_{j=1}^{n} \lambda_j \,\bar{c}(v_i, v_j) - \mu = \bar{c}(v_i, V) \\ \sum_{i=1}^{n} \lambda_i = 1 \end{cases}$$

普通克立格方差

$$\sigma_E^2 = \bar{c}(v_i, V) - \sum_{i=1}^{n} \lambda_i \,\bar{c}(v_i, V) + \mu$$

其中，$\sum_{i=1}^{n}\lambda_i = 1$

② 用变异函数表示普通克立格方程组和克立格估计方差

普通克立格方程组：$k\lambda = D$。

方程组的解 $\lambda = k^{-1}D$。

普通克立格方差 $\sigma_k^2 = \lambda^T D - \overline{\gamma}(V,V)$。

$$\text{其中}, k = \begin{bmatrix} \overline{r}_{11} & \overline{r}_{12} & \cdots & \overline{r}_{1n} & 1 \\ \overline{r}_{21} & \overline{r}_{22} & \cdots & \overline{r}_{2n} & 1 \\ \cdots & \cdots & \cdots & \cdots & \cdots \\ \overline{r}_{n1} & \overline{r}_{n2} & \cdots & \overline{r}_{m} & 1 \\ 1 & 1 & \cdots & 1 & 1 \end{bmatrix}, \lambda = \begin{bmatrix} \lambda_1 \\ \lambda_2 \\ \vdots \\ \lambda_n \\ \mu \end{bmatrix}, D = \begin{bmatrix} \overline{r}(v_1, V) \\ \overline{r}(v_2, V) \\ \vdots \\ \overline{r}(v_n, V) \\ 1 \end{bmatrix}。$$

**软件运算指导 8.7——利用“ArcGIS 地统计分析”模块进行（普通）克立格插值**

1. 创建预测图（Prediction Map）

在 ArcGIS 中的实现步骤为：① 在 ArcMap 中加载训练文件（假设为 training）和测试文件（假设为 test）。② 右击工具栏，启动地理统计模块 Geostatistical Analyst。③ 单击 Geostatistical Analyst 模块的下拉箭头点击 Geostatistical Wizard 命令。④ 在弹出的对话框中，在 Dataset 选择训练数据 training 及其属性，在 Validation 中选择检验数据 test 及其属性，选择 Kriging 内插方法，最后点击 Next 按钮。⑤ 在弹出的对话框中，展开普通克立格（Ordinary Kriging），在下面的选项中点击预测（Prediction），在 DataSet1 里的 Transformation 里选择 log 变换方式，点击 Next 按钮。⑥ 在弹出的 Semivariogram/Covariance Modeling 对话框中，选中 ShowSearch Direction 选项，移动左图中的搜索方向，然后点击 Next 按钮。⑦ 在弹出的 Searching Neighborhood 对话框，点击 Next 按钮。⑧ 在弹出的 Cross Validation 对话框中，列出对上述参数的训练数据模型精度评价。在对不同参数得到模型的比较中，可参考 Prediction Error 中的几个指标。符合以下标准的模型是最优的：标准平均值（Mean Standardized）最接近于 0，均方根预测误差（Root-Mean-Square）最小，平均标准误差（Average Mean Error）最接近于均方根预测误差，标准均方根预测误差（Root-Mean-Square Standardized）最接近于 1。点击 Next 按钮。⑨ 在弹出的 Validation 对话框中，点击 Finish 按钮。

2. 创建分位数图（Quantile Map）

以类似方法可创建普通克立格的分位数图，对 training 创建分位数图。

3. 创建概率图（Probability Map）

以类似方法可创建普通克立格的概率图，对 training 创建概率图的结果。

4. 创建标准误差预测图（Prediction Standard Error Map）

以类似方法可创建普通克立格的标准误差预测图，对 training 创建标准误差预测图的结果。

# 第三节　地理模型及地理信息系统集成

现代地理学的发展，把地理环境及其人类活动的相互关系看作统一整体，采用定性和定量相结合的方法，解释地理现象的内在机制并预测未来演变。综合运用了多种数学方法，建立了一系列的分析、模拟、预测、规划、决策、调控等模型系统，而这些模型系统的运行，以前运用单个计算程序、计算机程序的支持，应用性不广。而 GIS 构造了空间分析模型和应用模型，提供了数据库系统、模型库系统，应用较广，技术成熟。

## 一、地理模型

### 1. 地理模型

地理模型是表达地理现象的状态，描述地理现象的过程，揭示地理现象的结构，说明地理现象的分级，认识该现象与其他地理现象之间联系的概念性和本质性的表征方式。当代信息社会的理论和方法，特别是分形学、混沌学、神经网络理论等研究方法论的发展，使人们从非线性角度、均质性和异质性、稳定性与变异性、渐变性与突变性等角度出发，用数学模型和计算机动态模拟技术，从更加量化和动态的深度去刻画和阐明区域地理要素及其综合属性和地理过程逐渐成为可能。

### 2. 地理模型类型

人们对地理现象及地理过程数值模拟及定量研究的进展，使人们对地理系统的认识更加深刻，"数字地球"概念的扩展与完善、地理信息系统技术与手段的成熟，以及数量地理学的建立与发展，促进了成熟的地理模型的广泛应用。地理模型应用的广泛和深入，使应用模型成为地理系统中数据处理与定量分析的工具，且其类型多种多样。

(1) 按模型结构可分为数学模型，统计模型以及概念模型。

(2) 按数据类型可分为非空间数据模型和空间数据模型。

(3) 从系统的角度可分为系统提供的模型和二次开发模型。二次开发模型又包括内部模型和外部模型。

## 二、GIS 与模型分析的关系

### 1. GIS 是客观现实世界抽象化的数字模型

客观现实世界极其复杂，运用各种数据采集手段和量测工具，如野外调查、遥感技术等，获取有关客观世界的数据，把各种来源和类型的地理空间数据数字化，输入计算机，按一定的规则组织管理，构建客观现实世界的抽象化数字模型，即 GIS。

存贮于 GIS 中的地理空间数据不是客观世界的完全再现，而是在地理认知的基础上对真实世界进行抽象和概括而形成的数字模型，在一定比例尺下表达客观事物的分类、分级、空间过程和空间格局。GIS 应用成功与否不仅在于空间信息技术的发达程度，更多地依赖于人类定义客观世界认知模型的恰当程度。在 GIS 中，对现实世界的理解是从数据、信息、知识到智慧逐渐深入的。

2. GIS是地理空间数据管理、显示与制图的集成工具

地理信息系统不仅是客观世界抽象化的数字模型，同时还是一种对空间数据进行采集、存储、管理、显示与制图的计算机系统和集成工具，这是地理信息系统最主要的功能之一。GIS处理的数据可以归纳为两大类：一类描述地理实体的空间位置和空间拓扑关系的图形图像信息；另一类描述地理实体的属性文字、数字信息等。通过数据的获取、管理、显示、分析与制图输出，保证了地理信息系统数据库中数据在内容与空间上的完整性、数值逻辑上的一致性与正确性。地理信息系统拥有所有大型数据库管理系统所具有的功能，如地学空间数据的采集、监测、编辑、存储与管理等，能够高效地组织海量数据，为解决空间复杂问题奠定基础。地理信息系统还为用户提供了许多用于显示地理空间数据的工具，其表达形式既可以是计算机屏幕显示，也可以是诸如报告、表格、地图等硬拷贝图件。GIS除了具有计算机辅助设计(CAD)、计算机辅助制图(CAC)等一般显示功能外，还具有多幅图层叠加、阴影透视、网状透视、用户格网、地图动画等高级显示功能。一个完备的地理信息系统应能提供一种良好的、交互式的制图环境，使地理信息系统的使用者能设计和印制出具有高品质的地图。

3. GIS是地理空间数据分析模拟与可视化的技术平台

地理信息系统支持多种数学模型综合运用，可以建立一系列具有分析、模拟、仿真、预测、规划、决策、调控等多功能的模型系统。这种模型系统的运行既需要海量地理数据构成的地理数据库支持，也依赖强有力的计算方法与计算机程序，最终的研究结论则以可视化的地图、统计图或者三维图等形式输出。GIS用户可以完成对空间数据的一系列处理、分析与建模任务，实现空间数据的可视化。

(1) 空间数据分析与建模

现实世界中，越来越多的地理现象都以数字形式表达，形成地理空间数据库。对数据库中的空间数据进行分析与建模以挖掘出有用的空间信息是GIS最具生命力的核心功能，也是GIS区别于其他计算机系统的主要标志之一。目前常用的GIS空间分析方法有缓冲区分析、叠加分析、网络分析、拓扑结构分析、三维分析等。对于复杂的地理空间问题可以为其建立空间分析模型，如数字地形模型(DTM)、空间统计分析模型、人工神经网络模型、粗集模型等。借助GIS进行地理模型分析是研究地球系统的重要途径，如综合评价模型、预测模型、规划模型、决策分析模型等应用分析模型在分析地理空间信息、探究地学研究对象的本质特征及其动态变化方面具有重要价值。

(2) 空间信息可视化

科学可视化技术贯穿GIS空间分析的始终，将分析结果以易于理解的方式直观地表达出来，最大限度地利用信息，实现信息共享。从某种角度讲，GIS可以称为“动态的地图”，它提供了比普通地图更为丰富和灵活的空间数据表现方式，如动态信息表达、虚拟现实等。地学专家对可视化在地学中的地位和作用已进行了深入探讨，提出了与可视化密切相关的地图可视化、地理可视化、GIS可视化、探析地图学(Exploratory Cartography)、

地学多维图解、虚拟地理环境等概念，但不同的专家有不同的理解，对其相互关系认识仍不明确。

## 三、GIS 集成类型

选用复杂多样的模型，为地理系统提供了分析、处理、优化、决策的最佳手段，为了考虑系统的整体性，对 GIS 中的应用模型实行如下的集成方式。

1. 外部工具型

主要通过模型对外部资料进行较为精确的处理，成为地理信息系统进行各种分析的资料，使其分析结果更为可靠。如通过 GIS 系统中输出的属性数据库数据，采用 SAS、SPSS、Excel 等软件中的线性规划模型、目标规划模型、主成分分析模型进行分析。

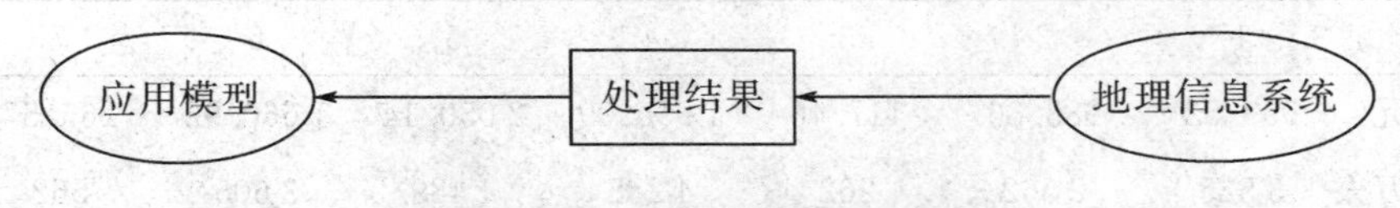


图 8-23　外部工具型集成方式

2. 松散整合型

应用模型在 GIS 环境外部利用其他软件或计算机高级程序语言来建立，与 GIS 的数据库利用中间文件作为数据交换媒介，在相互独立的 GIS 软件和空间分析软件之间增加数据交换接口，使得空间分析数据及相关的影响因素和空间分析结果能够在各种简单的或复合的图形中显示出来。这种方法是在短期内且费用较少的情况下向用户提供空间分析和功能的有效途径。

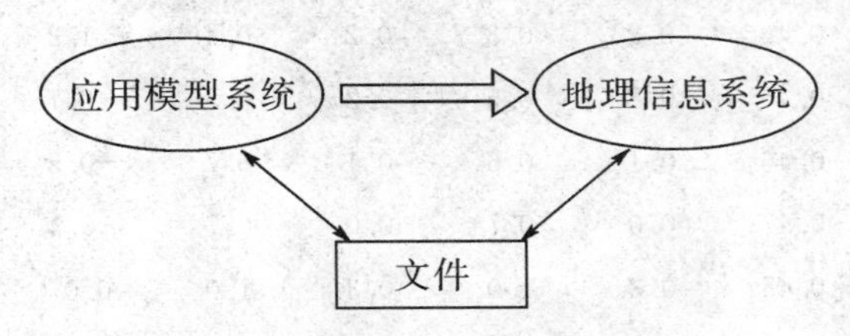


图 8-24　松散整合型集成方式

3. 系统内嵌型

在空间分析模块中，嵌入一个分析模型自生成子模块。如 GIS 软件查询分析模块中的叠加分类模型、专家打分模型、专家命题模型、缓冲区分析模型、网络分析模型等。

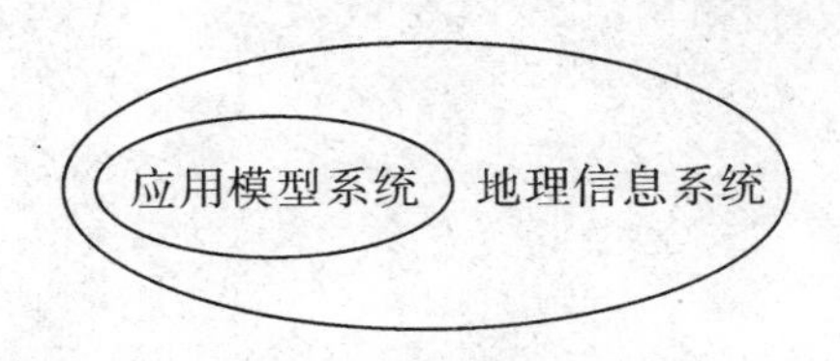


图 8-25　系统内嵌型集成方式

## 思考题

1. 根据文献积累，试讨论地统计分析方法近年来的主要应用领域，可以解决哪些实际问题。

2. 试述空间自相关应用的理论依据。

3. 试述全局空间自相关与局部空间自相关的不同。

4. 试述克立格法的概念及在地理研究中的作用与意义。

5. 试述应用模型与 GIS 的集成方式。

6. 某地区 8 个县域的 GDP 与人口数如下表：

| 地区 | 1 | 2 | 3 | 4 | 5 | 6 | 7 | 8 |
|---|---|---|---|---|---|---|---|---|
| GDP/亿元 | 993.53 | 983.36 | 117.46 | 1 955.09 | 2 050.14 | 1 660.92 | 265.57 | 4 010.25 |
| 总人口 $P$/万人 | 3 525 | 2 562 | 262 | 4 288 | 4 489 | 3 605 | 562 | 8 329 |

按照计算基尼系数题意与步骤，我们已进行了一些数据计算，如下表：

| 地区 | *GDP* /亿元 | 总人口 $P$/万人 | GDP /$P$ | GDP 的比重 | GDP 的累计比重 ($gi$) | 人口 $P$ 的比重 | 人口 $P$ 累计比 ($pi$) | $gi$ 的对数 $LN$ ($gi$) | $pi$ 的对数 $LN$ ($pi$) | $LN(gi)$ × $LN(pi)$ | $LN(pi)$ × $LN(pi)$ |
|---|---|---|---|---|---|---|---|---|---|---|---|
| 1 | 993.53 | 3525 | 0.28 | 0.1 | 0.1 | 0.1 | 0.1 | −2.3 | −2.3 | 5.30 | 5.30 |
| 2 | 983.36 | 2562 | 0.38 | 0.1 | 0.2 | 0.1 | 0.2 | −1.6 | −1.6 | 2.59 | 2.59 |
| 3 | 117.46 | 262 | 0.45 | 0.0 | 0.2 | 0.0 | 0.2 | −1.6 | −1.6 | 2.59 | 2.59 |
| 4 | 1955.09 | 4288 | 0.46 | 0.2 | 0.3 | 0.2 | 0.4 | −1.2 | −0.9 | 1.10 | 0.84 |
| 5 | 2050.14 | 4489 | 0.46 | 0.2 | 0.5 | 0.2 | 0.5 | −0.7 | −0.7 | 0.48 | 0.48 |
| 6 | 1660.92 | 3605 | 0.46 | 0.1 | 0.6 | 0.1 | 0.7 | −0.5 | −0.4 | 0.18 | 0.13 |
| 7 | 265.57 | 562 | 0.47 | 0.0 | 0.7 | 0.0 | 0.7 | −0.4 | −0.4 | 0.13 | 0.13 |
| 8 | 4010.25 | 8329 | 0.48 | 0.3 | 1.0 | 0.3 | 1.0 | 0.0 | 0.0 | 0.00 | 0.00 |
| 合计 | | | | | | | | −8.3 | −7.9 | 12.37 | 12.06 |

如果用幂函数 $y=ax^b$ 进行曲线拟合，试在上述已计算出的数据基础上，算出基尼系数。

# 第九章　综合应用实例

## 实例一　张家界生态旅游资源的可持续承载力预警

生态承载力是指生态系统的自我维持、自我调节能力，资源与环境系统的供容能力及其可维育的社会经济活动强度和具有一定生活水平的人口数量。生态承载力既包含了资源与环境的支持力部分，还包含了社会经济的发展力部分，是生态、经济、社会、人口与资源几个子系统之间相互作用的反映，子系统之间均具有显著的相互作用、相互影响甚至相互制约的关系。生态系统承载力存在上下两个阈值限值，即可持续区间，如果超出了可持续区间，就不能正常发挥其功能，以至于偏离可持续发展轨道，必须适时地进行预测与调控。

可持续承载预警，是一个以生态承载力为指标，用可持续承载状态来衡量区域系统运行与发展过程中是否偏离可持续发展轨道而出现危机，或者发生经济社会发展与资源环境保护严重冲突。该系统涵盖了从发现警情、分析与辨识警兆、寻找警源、判断警度到排警决策的全过程。张家界旅游区属于世界自然遗产中的风光遗产，由于旅游地本身的生命周期和旅游资源本身的生态承载力决定了旅游区旅游容量的大小，且这个旅游生态系统十分复杂，必须进行综合预测、调控和管理。因此，基于可持续预警进行生态承载力调控，可以及时反映可持续状态的调控效果，为张家界区域系统的可持续发展提供科学依据。

### 一、应用方法

1. 数据来源和预处理

对于资源类、环境类、经济类数据主要为二类资源清查数据、环境公报等现有资料进行收集和整理；对于图面资料采用 GIS 分析与网络方法。利用 GIS 软件建立图斑文件，借助 GIS 的统计功能来获取要素斑块的面积和周长，并计算每种景观要素、各区域的斑块数目，总面积、斑块平均面积和总周长，并根据图面处理数据计算。

(1) 景观丰富度指数

$$R_i = \frac{n_i}{N} \times 100\%$$

式中：$R_i$ 表示第 $i$ 区域旅游景观丰富度；$n_i$ 表示第 $i$ 区域旅游景观类型数；$N$ 表示整个研究区域旅游景观类型总数。

(2) 景观多样性指数

$$H = \sum_{k=1}^{n} P_k \ln(P_k)$$

式中：$H$ 是多样性指数；$P_k$ 是景观类型 $k$ 在景观中出现的概率；$n$ 是景观类型总数。

(3) 景观均匀度指数

$$E = \frac{H}{H_{\max}} = \frac{\sum_{k=1}^{n} P_k \ln(P_k)}{\ln(n)}$$

式中：$H$ 是多样性指数；$H_{\max}$ 是其最大值。显然，当 $E$ 趋于 1 时，景观分布的均匀程度亦趋于最大。

2. 预警模型

人工神经网络(ANN)是一种模拟人的神经系统而建立起来的非线性动力学模型，整个网络的信息处理是通过神经元之间的相互作用来完成的，具有强大的非线性映射能力、学习能力、容错能力等特性，对解决非线性问题有着独特的先进性。适宜处理知识背景不清楚，推理规则不明确等复杂类型模式识别且难以建模的问题。BP 神经网络模型即误差反向传播神经网络，是目前应用最广泛的一种神经网络模型。它是对神经系统的数学抽象和粗略的逼近和模仿，由输入层、隐含层、输出层组成。神经元是其基本处理单元，神经元之间有连线，知识由各神经元之间的连接强度表达，网络的记忆存储行为表现为各单元之间连接权重的动态演化过程，网络学习的目的就是寻找一组合适的连接强度。神经网络模型结构如图 9-1 所示。

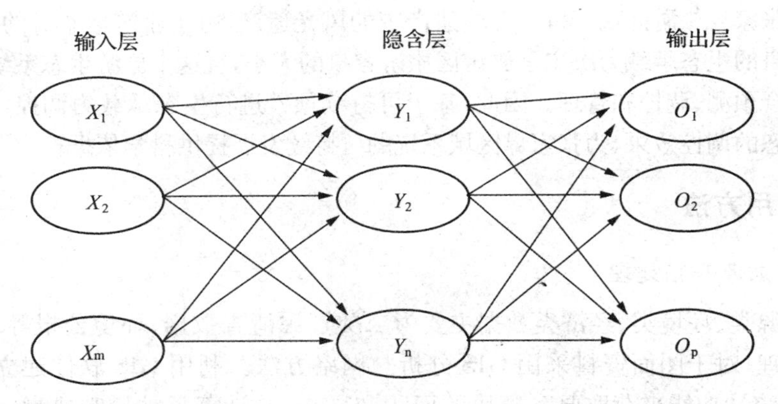


**图 9-1　三层 *BP* 人工网络模型结构图**

BP 神经网络隐含层和输出层上的某神经元 $j$ 的输出 $O_j$ 由下式确定：

$$O_j = f_j(Net_j) = f_j\left(\sum w_{ij} x_i + \theta_j\right),$$

式中：$f_j$ 表示神经元 $j$ 对应的激发函数，主要采用 Sigmoid 函数 $f(x)=\frac{1}{1+e^{-x}}$；$\theta_j$ 表示神经元 $j$ 的阈值；$x_i$ 表示对神经元 $j$ 的各个输入；$w_{ij}$ 表示对应输入和该神经元的连接权值。

3. 可持续承载预警方法

预警是对一个系统的现状和未来进行测度，预报不正常状态的时空范围和危害程度，对于已有问题提出解决措施，对于即将出现的问题给出防范措施的报警和调控。大致分为警源分析、警兆辨识、警情动态监测、警度预报、控制决策等几个部分。

可持续承载预警，是针对一个由众多因素构成的复杂系统中的承载状态，由于超载而偏离可持续发展轨道或出现危机或发生经济社会发展与资源环境保护严重冲突而建立的报警和排警。该系统通过发现警情、分析与辨识警兆、寻找警源、判断警度以及排警决策的全过程来揭示并预报区域运行与发展的信号。

结合 BP 神经网络模型进行预警形成 BP 预警模型(图 9－2)。输入层节点数由警兆指标数确定；输出层节点数由警度划分的等级数确定(如警度分为五级：无警、轻警、中警、重警、巨警)输出。

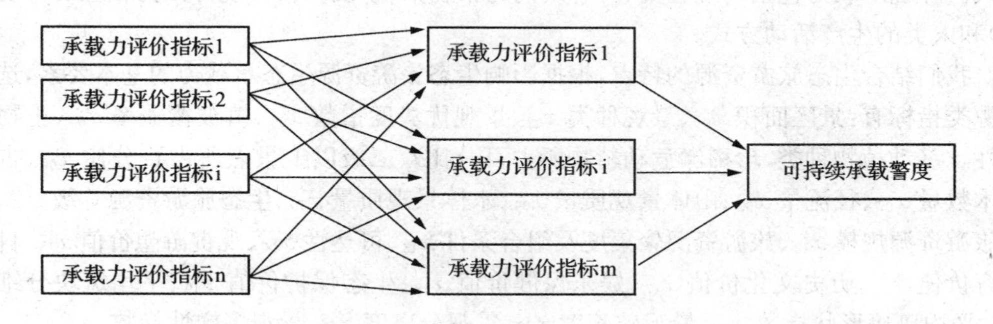


**图 9－2　基于 BP 模型的可持续预警框架**

在 BP 神经网络模型中，对于预警指标的构建，在收集的资源、环境、社会经济指标中，采用主成分分析法筛选取出主导因子作为预警输入指标。

可持续承载警度，先对预警指标采用层次分析方法进行赋权，构建指标体系框架，再采用状态空间法求算可持续承载指标，通过可持续承载状态进行警度区间的划分。状态空间是欧氏几何空间用于定量描述系统状态的一种有效方法。通常由表示系统各要素状态向量的三维状态空间轴组成。利用状态空间法中的承载状态点，可表示一定时间尺度内区域的不同承载状况。利用状态空间中的原点同系统状态点所构成的矢量模数表示区域承载力的大小。状态空间法的数学表达式为：

$$RCC^{sus}=RCC-M=\sqrt{\sum_{i=1}^{n}w_i^2}-\sqrt{\sum_{i=1}^{n}(w_iRCS_i^*)^2}$$

其中：
$$RCC=\sqrt{\sum_{i=1}^{n}(w_iRCC_i^*)^2}=\sqrt{\sum_{i=1}^{n}w_i^2}$$

$$M=\sqrt{\sum_{i=1}^{n}(w_iRCS_i^*)^2}$$

式中：$RCC$ 为区域承载力的大小；$M$ 值的大小即定量地代表现状区域发展状况；$RCC_i$ 为区域系统指项标的时段理想值。

## 二、结果综合分析

1. 预警指标分析

(1) 预警指标选取

可持续承载预警,主要是正确反映区域系统的生态承载力状态,指标选取必须满足层次性、完备性、简明性和动态性的特点,应该包含资源类、环境类、社会经济类指标,即从资源承载、环境承载、生态弹性和生态承压等方面来考虑。在资源承载力方面,综合考虑:① 生态系统中资源的丰富度;② 人类对资源的需求(数量、质量);③ 人类对资源的利用方式。环境承载力包括环境容量(可容纳的污染物数量,反映在环境方面为相应的环境容量)和人类的生产活动方式。

我们结合生态旅游资源的特点,根据影响生态旅游资源生态承载力的基本要素,选取资源类指标有:景区面积 $x_{01}$、景观种类 $x_{02}$、景观优势度指数 $x_{03}$、植被覆盖率 $x_{04}$、生物多样性 $x_{05}$(动植物种类、珍稀濒危动植物所占百分比)、二级以上景点所占百分比 $x_{06}$、古树名木数量 $x_{07}$、径流量 $x_{08}$、山体景观质量 $x_{09}$、水体景观质量 $x_{10}$、生态旅游资源等级 $x_{11}$、生态旅游资源规模 $x_{12}$、旅游资源聚集度及组合条件 $x_{13}$、可达性 $x_{14}$、观赏游憩价值 $x_{15}$、科研教育价值 $x_{16}$、历史文化价值 $x_{17}$、娱乐保健价值 $x_{18}$、生态保护价值 $x_{19}$、平均斑块分维数 $x_{20}$、平均斑块形状指数 $x_{21}$、景观破碎度 $x_{22}$、景观分离度 $x_{23}$、景观多样性指数 $x_{24}$。

环境类指标有:大气空气质量 $y_{01}$(二氧化硫含量、二氧化氮含量、可吸入颗粒物含量)、地表水质量 $y_{02}$(高锰酸钾指数、溶解氧、饱和度、总磷)、各区域面积占总面积的百分比 $y_{03}$、土壤环境质量 $y_{04}$。

社会经济类指标有:游览设施 $z_{01}$、人均 GDP $z_{02}$、旅游收入占国内生产总值的百分比 $z_{03}$、人均旅游收入 $z_{04}$、旅游者满意度 $z_{05}$、旅游地拥挤度 $z_{06}$、社会文化习俗 $z_{07}$、社区居民心理 $z_{08}$、管理人员比率 $z_{09}$、科技人员比率 $z_{10}$、社区参与情况 $z_{11}$。

生态弹性力指标从三个方面考虑:① 生态系统各主要构成因子均具有较高的分值;② 生态系统各构成因子间有较强的调节和互补能力;③ 生态系统组成与结构配置合理。

所有状态变量由于存在着相关性,我们以 1996 年、1998 年、2000 年、2004 年的原始数据,采用主成分分析法对可持续承载评价指标变量进行主要因子提取。对于各年度所变换的原始资料阵,组成主成分分析矩阵,进行 $R$ 分析,计算各主成分的贡献率及前 $K$ 个主成分的累计贡献率(表 9-1)。根据设置的主成分累计贡献率(95%),剔除了 26 个因子,确定区域可持续承载评价指标体系由 13 个指标因子组成。

**表 9-1　可持续承载评价指标主成分分析表**

| 评价因子 | $x_{01}$ | $x_{04}$ | $x_{05}$ | $x_{15}$ | $x_{19}$ | $y_{01}$ | $y_{02}$ | $y_{04}$ | $z_{02}$ | $z_{12}$ | $z_{21}$ | $z_{31}$ | $z_{33}$ |
|---|---|---|---|---|---|---|---|---|---|---|---|---|---|
| 特征值 | 13.32 | 4.65 | 2.46 | 1.85 | 1.53 | 1.21 | 1.02 | 0.89 | 0.80 | 0.73 | 0.68 | 0.50 | 0.44 |
| 贡献率 | 0.625 | 0.085 | 0.048 | 0.039 | 0.038 | 0.023 | 0.023 | 0.017 | 0.012 | 0.013 | 0.013 | 0.011 | 0.008 |
| 累计贡献率 | 0.625 | 0.710 | 0.758 | 0.797 | 0.835 | 0.858 | 0.881 | 0.898 | 0.910 | 0.923 | 0.936 | 0.947 | 0.955 |

(2) 预警指标赋权

根据上述建立的评价指标,采用层次分析法($AHP$ 法),建立 $AHP$ 评价模型,评价各个生态承载力评价指标进行重要性分析，评定生态承载力评价指标在指标体系中的权重分配。从资源类指标、环境类指标、社会经济类指标与生态弹性力指标四个方面构建区域可持续发展评价指标体系框架(表 9-2)。

**表 9-2 可持续承载力评价指标体系框架**

| 评价目标 | 评价项目 | 评价指标层 | |
|---|---|---|---|
| | | 名称 | 权重 |
| 警源(可持续承载力)指标 | 资源类指标 | 景区面积 $X_{01}$ | 0.05 |
| | | 植被覆盖率 $X_{04}$ | 0.07 |
| | | 生物多样性 $X_{05}$ | 0.07 |
| | | 观赏游憩价值 $X_{15}$ | 0.08 |
| | | 生态保护价值 $X_{19}$ | 0.10 |
| | | 资源利用方式(景观破碎度) $X_{22}$ | 0.05 |
| | 环境类指标 | 大气环境质量 $Y_{01}$ | 0.09 |
| | | 水环境质量 $Y_{02}$ | 0.07 |
| | | 土壤环境质量 $Y_{04}$ | 0.07 |
| | 社会经济类指标 | 人均 GDP$Z_{01}$ | 0.05 |
| | | 人口密度 $Z_{09}$ | 0.07 |
| | | 第三产业比重 $Z_{03}$ | 0.05 |
| | | 旅游地拥挤度(旅游人数、通达性) $Z_{06}$ | 0.05 |
| | 生态弹性 | 气候 $a_{01}$ | 0.04 |
| | | 地物覆盖 $a_{02}$ | 0.03 |
| | | 土壤 $a_{03}$ | 0.03 |
| | | 水文 $a_{04}$ | 0.03 |

(3) 预警指标关系分析

由于生态承载力既包含了资源与环境的支持力部分，还包含了社会经济的发展力部分，是生态、经济、社会、人口与资源几个子系统之间相互作用的反映，子系统之间均具有显著的相互作用、相互影响甚至相互制约的关系。在这个复杂巨系统中，几个子系统相互耦合，各子系统的支持作用和消耗作用的合力来量化生态承载力。

通过指标选取，13 个指标分别隶属于资源、环境、生态、社会、经济、人口等，其中资源类有景区面积、植被覆盖率、生物多样性、观赏游憩价值、生态保护价值、资源利用方式(景观破碎度)，环境类有大气环境质量、水环境质量、土壤环境质量，生态类有气候、地物覆盖、土壤、水文，社会经济类有人均 GDP、第三产业比重、人口类有人口密度。这些指标能综合反映生态旅游资源的资源储备量、环境容载量、生态恢复能力、人口适度容纳规模、经济与社会的宽松环境。资源储备量是资源总量(+)与资源消耗(-)的差量，环境容载量是环境处理(+)与环境污染(-)的抵消，生态恢复能力是生态旅游资源干扰(-)与恢复

(+)的相互平衡,人口适度容纳规模是人口现状规模(−)小于人口最大规模(+)的结果,经济与社会的宽松环境是提高质量(+)与影响质量(−)两种因素的作用。这些指标的正向作用(+)表达生态旅游资源系统生态承载力的承压状态,负向作用(−)表达生态旅游资源系统生态承载力的压力状态,如图 9-3。

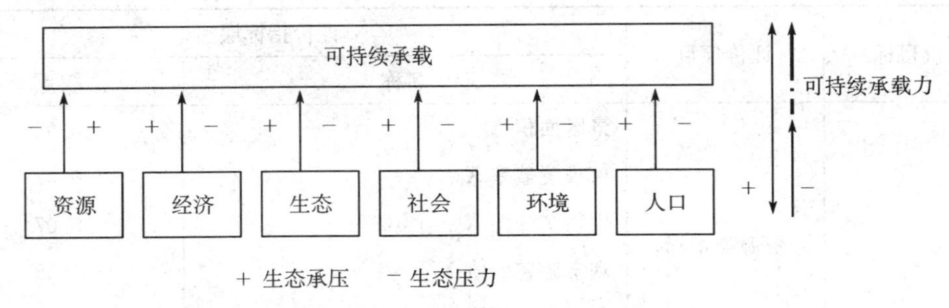


**图 9-3　可持续承载力与子系统相互关系**

在 13 个指标中,景区面积、植被覆盖率、生物多样性、观赏游憩价值、生态保护价值、大气环境质量、水环境质量、土壤环境质量、气候、地物覆盖、土壤、水文为反向指标,即数值越大,说明该指标体现出的生态压力越小,采用的标准化公式为理想状态数据与现状之比,人均 GDP、第三产业比重、人口密度、资源利用方式(景观破碎度)为正向指标,即数值越大,说明该指标体现出的生态压力越大,采用的标准化公式为现状与理想状态数据之比。对于理想状态,按照毛汉英提出,衡量某个区域人地关系是否处于和谐状态或PRED 间关系协调与否,主要看是否满足以下四个标准:① 自然系统是否合理;② 经济系统是否高效;③ 社会系统在总体上是否健康协调发展;④ 生态环境系统是否向良性循环发展。根据这四个标准,参考全国和东部沿海地区的实际情况,确定张家界生态旅游资源的理想值。从图 9-4 中可以看出,对于理想状态标准值为 1 时,各个指标大于 1 的都说明该指标处于一种超载状态。

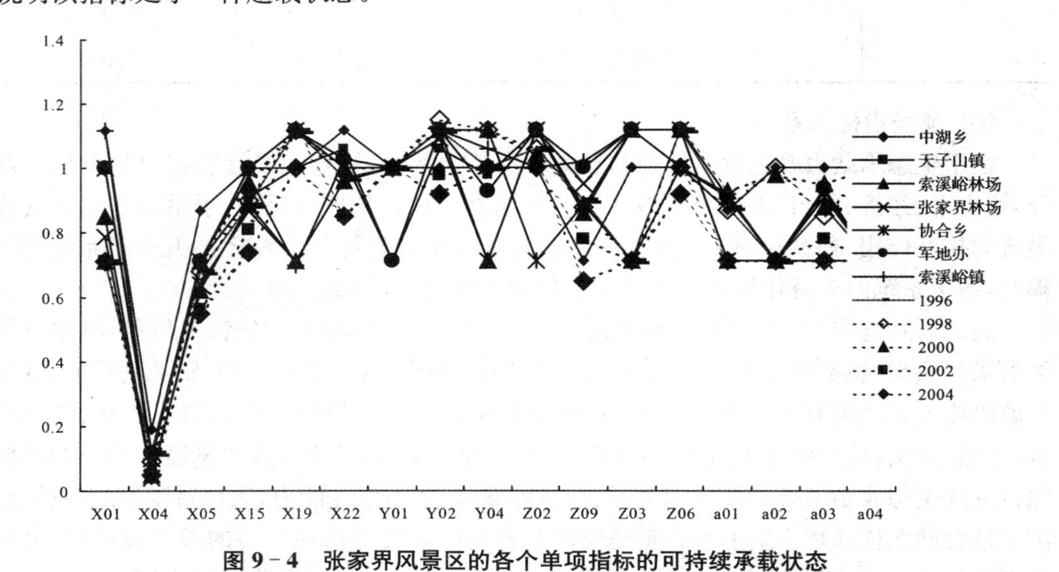


**图 9-4　张家界风景区的各个单项指标的可持续承载状态**

2. 警限确定与警区划分

对于生态旅游资源的可持续承载预警，关键是判断生态承力的承载状态，通过承载状态进行警限的确定和警度区间的划分。

首先依据我们设计的承载状况计算步骤，利用状态空间法计算可持续承载指数，根据可持续承载指数来判断是否超载，其中大于 0 说明处于不超载状态，小于 0 为超载状态，即以可持续承载指数为 0 作为预警的警限。

在衡量生态旅游资源系统是否处于可持续承载状态时，按照高吉喜的观点，需要考虑生态系统的自我维持、自我调节及其抵抗各种压力与扰动的能力大小，即生态弹性力。在上述可持续承载指数计算时，是从资源、环境承载力和生态弹性力来考虑的，对于资源、环境承载力满载(=0)的情况下，可持续承载指数还不为负数，但生态弹性力可以说已失去其支持条件，因此，在这种情况下是一种不超载的不可持续状态。

通过计算生态弹性指数为 0.009 5，根据可持续承载指数进行警度区间的划分(表 9-3)，并计算出武陵源区各区域及各年度的生态承载力的可持续承载现状(图 9-5 和图 9-6)。

**表 9-3 警度区间及灯区划分**

| 警度区间 | 载荷状态 | 可持续状态 | 警度等级 | 类似信号灯 |
|---|---|---|---|---|
| $RCC^{sus} \leqslant 0$ | 超载 | 不可持续 | 重警 | 红灯 |
| $0 < RCC^{sus} \leqslant 0.009\,5$ | 不超载 | 不可持续 | 中警 | 黄灯 |
| $RCC^{sus} > 0.009\,5$ | 不超载 | 可持续 | 轻警 | 绿灯 |

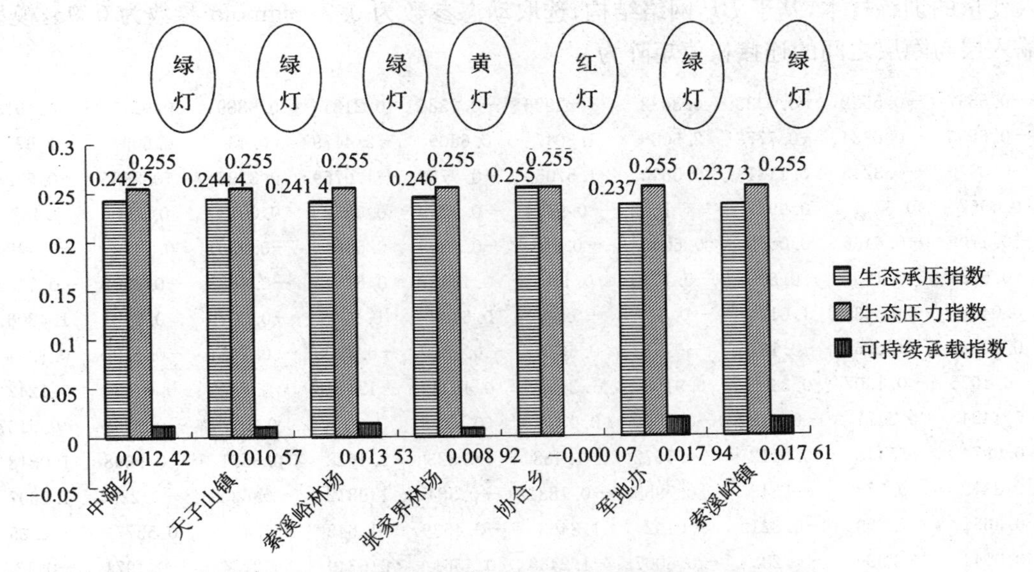


**图 9-5 张家界风景区各景区生态承载指数及承载状态**

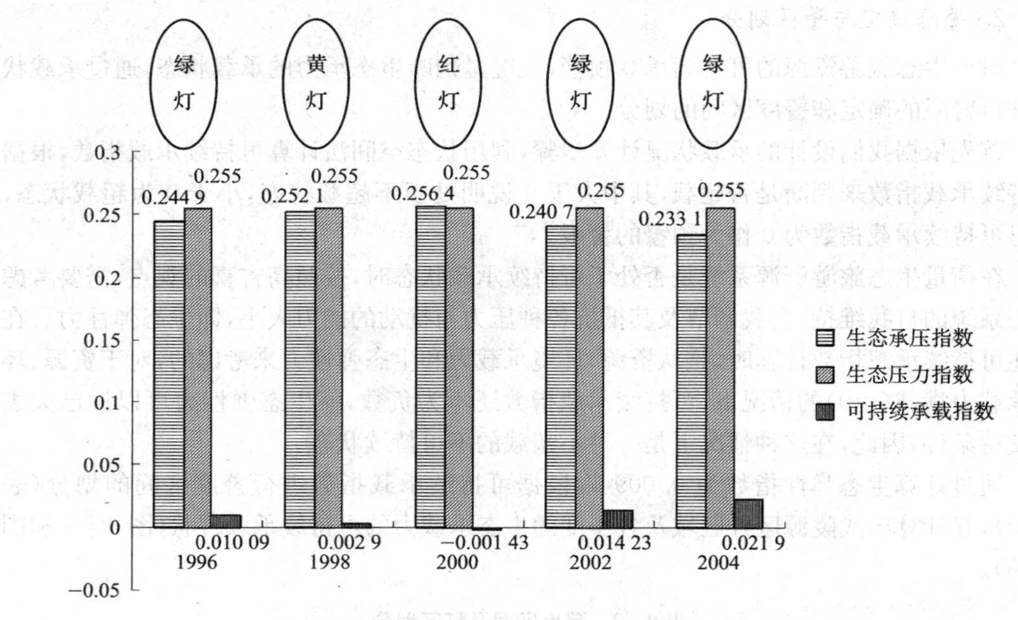


**图 9-6　张家界风景区 1996—2004 年生态承载指数及承载状态**

3. 可持续承载预警的 *BP* 模型实现

首先配置网络模型，由于预警指标为 17 个，即初始节点为 17，输出节点数为 1，在确定隐含节点为 10 时，*BP* 网络模型结构为 17×10×1。以武陵源区 1996 年、1998 年、2002 年、2004 年及各景区 2004 年指标数据作为可持续承载的评价指标为神经网络模型的输入变量的训练样本，基于 *BP* 网络结构，选取动态参数为 0.7，Sigmoid 参数为 0.95，模型输入层与隐层之间的连接权值矩阵为：

$$
\begin{pmatrix}
-0.5597 & -0.5532 & -0.4335 & 0.8632 & -0.2996 & -0.2385 & 0.2181 & 0.6889 & 0.9113 & -0.0913 \\
-0.6593 & -0.8734 & -0.7773 & 2.5000 & 1.3047 & 0.6509 & -2.4079 & 0.43 & 0.6094 & -1.9775 \\
-0.0576 & -0.3245 & 0.1131 & 0.0890 & 1.5705 & -0.7703 & -1.0769 & 0.3296 & -0.8685 & -0.5328 \\
0.4557 & 0.5251 & 0.9957 & -1.1332 & -0.9454 & -0.4059 & 0.5852 & 0.0913 & 0.524 & 1.487 \\
-0.1209 & -0.6466 & 0.0039 & 0.6045 & -0.544 & -0.4395 & 0.5481 & -0.9301 & 0.1494 & -0.4494 \\
-0.6724 & -0.1491 & -0.6968 & -0.1030 & 0.108 & 0.4088 & 0.6154 & -0.8683 & -0.3302 & -0.2208 \\
0.0408 & 0.6563 & 1.0175 & -0.519 & -0.503 & 0.6402 & 0.977 & -0.3025 & -0.9121 & 1.4806 \\
0.3032 & 0.3626 & -0.1815 & -0.45 & 0.6625 & -0.4003 & -0.8409 & -0.7451 & -0.1326 & 0.1214 \\
-0.1076 & -0.1307 & 0.3495 & 0.9198 & 1.2196 & 0.4624 & -1.4248 & -0.6105 & 0.6153 & 0.1242 \\
0.1494 & 0.5477 & -0.7452 & -0.3929 & 0.0738 & -0.7738 & 1.111 & 0.265 & -0.2766 & -0.5157 \\
0.0974 & 0.5418 & 0.0512 & -1.7572 & -1.438 & -0.823 & 2.1628 & 0.3531 & -0.9698 & 1.0818 \\
0.2313 & -0.5788 & 0.2843 & -0.7955 & -0.1881 & -0.584 & 1.9812 & -0.6339 & -0.229 & 1.2607 \\
0.3631 & -0.2396 & -0.8212 & 2.0102 & 1.3463 & -0.4539 & -1.6452 & -0.4308 & 0.5577 & -2.25 \\
0.0944 & 0.2829 & -0.2821 & -0.6007 & -1.2438 & 0.4561 & 0.6749 & 0.2134 & -0.1974 & -0.132 \\
-0.3495 & 0.4654 & 0.2032 & -0.1985 & 0.1967 & -0.4384 & -1.1031 & 0.1932 & 0.1243 & -0.0551 \\
0.2840 & -0.1125 & -0.4117 & -1.191 & -0.7454 & 0.3275 & 1.3324 & -0.2427 & -0.3091 & 0.3159 \\
-0.7828 & 0.3437 & 0.1015 & -0.1002 & 0.6983 & 0.2466 & -1.1848 & 0.3366 & 0.7126 & -0.6617
\end{pmatrix}
$$

隐含层到输出层的权值矩阵为：

$$W_{10\times1}=[0.859\quad 0.3937\quad 1.1923\quad -3.2027\quad -2.4223\quad 0.2887\quad 3.8327\quad 0.229\quad -1.2265\quad 2.9452]$$

4. 承载力预警分析

(1) 系统预警与预测

利用所建模型计算结果与实际值一致(表9-4)，说明了基于*BP*神经网络模型的可持续承载预警，用于预测预报未来的可持续发展的发展状态，对于模型的适用有一定的可靠性。从模型计算的结果来看，每一种景气状态都对应着一种可持续的发展状态，每一种不景气状态都对应着一种不持续的超载状态。同时引用"十一五规划"和风景区总体规划中的各项指标进行预测，模型输出结果表明该年处于可持续承载状态。这一结果体现了区域规划中的经济发展速度合理，环境改善计划有效，资源利用程度适中，也说明了利用*BP*神经网络模型进行可持续承载预警是切实可行的，有一定的有效性。

**表9-4　空间状态法的计算数据与BP模型拟合数据的对比**

| | 中湖乡 | 天子山镇 | 索溪峪林场 | 张家界林场 | 协合乡 | 军地办 | 索溪峪镇 |
|---|---|---|---|---|---|---|---|
| 实际数 | 0.012 42 | 0.010 57 | 0.013 53 | 0.008 92 | −0.000 07 | 0.017 94 | 0.017 61 |
| 拟合数 | 0.012 4 | 0.010 6 | 0.013 5 | 0.008 8 | −0.000 1 | 0.017 8 | 0.018 |
| 信号标志的一致性 | 一致 | 一致 | 一致 | 一致 | 一致 | 一致 | 一致 |

| | 1996 | 1998 | 2000 | 2002 | 2004 | 2010 |
|---|---|---|---|---|---|---|
| 实际数 | 0.010 09 | 0.002 90 | −0.001 43 | 0.014 23 | 0.021 90 | |
| 拟合数 | 0.009 7 | 0.002 8 | −0.000 6 | 0.014 7 | 0.020 6 | 0.244 |
| 信号标志的一致性 | 一致 | 一致 | 一致 | 一致 | 一致 | |

(2) 系统预警与调控

通过模型计算，处于不可持续的超载的年度为2000年，该年度既为总体超载，也有生态保护价值、水环境质量、旅游拥挤度等单项指标超载，也正是由于那一阶段存在风景区性质不明，人工化、城市化、公园化现象严重，建设盲目无序，风景区的核心区范围内城市化现象严重，自然景观破坏严重、环境恶习化加剧等原因造成的。而处于不可持续的超载区域为协和乡，关键在于资源的开发利用上，由于景区面积较小，开发程度又不高，使该景区的承压容量小，又有一定的生态承载的压力，导致了该区域的超载走向不可持续状态。

从图9-7的单项指标超载情况来看，超载指标数与总体超载并无相关关系，协和乡单项超载指标只有3个，但总体处于超载状态，因此，我们无法从各个单项指标警戒线来判定，在无法对各项指标都限制在生态系统允许的承受范围内的前提下，必须以系统的观点来对整个生态旅游资源系统来进行调控，以实现预警的参照功能、纠偏功能和超前调控功能。

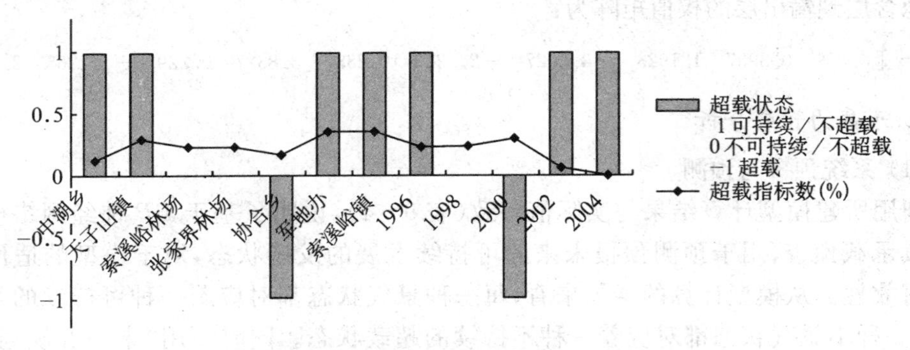


**图 9-7 单项指标超载数与超载状况相关性**

# 实例二 环洞庭湖区生态经济系统的耦合特征

生态经济系统作为复杂耗散结构，表现的非线性耦合协调机制，很难用一般的线性方法加以研究，而人工神经网络通过连接下层节点和上层节点之间的权重矩阵的设定和误差修正，具有自学习和自适应的特征，个体具有的学习、记忆和选择的能力，能够模拟生态经济系统的耦合度动态变化及耦合协调的内部机制与结构关系。本例提出的因子影响度，是生态经济系统耦合或者协调达到理想等级的评价因子重要性，反映某项评价指标对耦合或协调评价的贡献程度，这方面研究较少。同时，洞庭湖区的经济发展与生态环境关系一直是学术界研究热点，在资源开发模式、土地利用、覆被变化、生态经济价值评估、高效生态经济区建设等方面取得了一定进展，但本区域生态经济耦合协调机制有待于进一步探讨。因此，通过构建洞庭湖区生态经济系统评价指标体系，基于耦合度、协调度模型，针对生态经济系统结构与要素的自组织与适应特性，运用人工神经网络模型，分析洞庭湖区生态经济系统达到耦合协调状态的生态经济系统评价因子影响度，探讨系统影响因子对于社会经济与生态环境协调的调控适应机制，构建科学发展的生态经济体系，为洞庭湖区生态系统和社会经济协调的科学合理评价，协调经济发展与生态环境矛盾，推进高效生态经济区建设提供参考。

## 一、应用方法

### 1. 系统耦合协调评价指标体系构建

生态经济系统涉及生态、环境、经济、社会等很多方面。生态经济系统耦合评价指标的设计应从生态环境与经济发展两个子系统出发，既有指示生态环境因子变化与指示经济发展的序参量，能够反映生态子系统与经济子系统的高效协同，同时在选取指标时，应有代表性，注意考虑正向指标与逆向指标，从正反两方面考察耦合状态。具体指标的选取要综合考虑区域现状、生态经济目标、系统要素等方面因素，按照生态环境与经济发展两个子系统进行指标采集(表 9-5)。

**表 9－5 生态经济系统耦合协调指标采集**

| 子系统 | 指 标 |
|---|---|
| 生态环境 | 生物丰度指数 $x_{101}$、植被覆盖指数 $x_{102}$、水网密度指数 $x_{103}$、土地退化指数 $x_{104}$、湿地面积退化指数 $x_{105}$、气候变化指数 $x_{106}$、人均安全水资源拥有量 $x_{107}$、人均耕地面积 $x_{105}$、人均林地面积 $x_{109}$、环境污染治理投资率 $x_{110}$、万元国内生产总值消耗能源 $x_{111}$、废水净排放量 $x_{112}$、土壤侵蚀模数 $x_{113}$、人均生活能源消费量 $x_{114}$、工业污水处理率 $x_{115}$、人口密度 $x_{116}$ |
| 社会经济 | 经济密度 $x_{201}$、城市化率 $x_{202}$、恩格尔系数 $x_{203}$、人均 GDP $x_{204}$、第三产业/GDP $x_{205}$、城镇居民可支配收入 $x_{206}$、农民人均纯收入 $x_{207}$、全社会劳动生产率 $x_{208}$、第一产业增加值/GDP $x_{209}$、第三产业增加值/GDP $x_{210}$、基尼系数 $x_{211}$、社会资本/总资本$_{212}$ |

由于指标数值和方向不同，必须进行指标的正向化和无量纲化处理。逆向指标采用倒数变换法进行正向化处理，用于计算区域生态经济耦合系统中不同指标的功效系数 $d_{ij}$。计算公式为：

$$d_{ij}=\frac{(x_{ij}-x_{ij\min})}{(x_{ij\max}-x_{ij\min})} \qquad \text{正指标}$$

$$d_{ij}=\frac{(x_{ij\max}-x_{ij})}{(x_{ij\max}-x_{ij\min})} \qquad \text{负指标}$$

式中：$d_{ij}$ 为系统 $i$ 指标 $j$ 的功效数；$x_{ij\max}$ 为系统 $i$ 指标 $j$ 的最大值；$x_{ij\min}$ 为系统 $i$ 指标 $j$ 的最小值；$x_{ij}$ 为系统 $i$ 指标 $j$ 的值。$d_{ij}$ 反映目标达成的满意程度，$0\leqslant d_{ij}\leqslant 1$。

利用主成分分析方法对输入数据进行生态经济系统耦合协调评价指标选取。从表 9－6可以看出，变量 $x_{ij}$ 的相关系数矩阵前 13 个特征值比较大，累积贡献率达到了 85%，这说明用前 13 个因子就可以表示原来 8 个变量所能表达的信息。旋转后的正交因子表(表 9－7)，表中空缺项为因子载荷系数绝对值小于 0.1，可忽略不计。

**表 9－6 相关系数矩阵的特征值和贡献率**

| | $Z_{01}$ | $Z_{02}$ | $Z_{03}$ | $Z_{04}$ | $Z_{05}$ | $Z_{06}$ | $Z_{07}$ | $Z_{08}$ | $Z_{09}$ | $Z_{10}$ | $Z_{11}$ | $Z_{12}$ | $Z_{13}$ |
|---|---|---|---|---|---|---|---|---|---|---|---|---|---|
| 特征值 | 4.02 | 3.98 | 3.79 | 3.58 | 3.43 | 3.12 | 2.88 | 2.57 | 2.33 | 2.14 | 1.99 | 1.71 | 1.05 |
| 因子贡献率 | 9.47 | 9.38 | 8.93 | 8.44 | 8.08 | 7.35 | 6.79 | 6.06 | 5.49 | 5.04 | 4.69 | 4.03 | 2.47 |
| 累积贡献率 | 9.5 | 18.9 | 27.8 | 36.2 | 44.3 | 51.6 | 58.4 | 64.5 | 70.0 | 75.0 | 79.7 | 83.7 | 86.2 |

**表 9－7 旋转后的正交因子表**

| 变量 | $Z_{01}$ | $Z_{02}$ | $Z_{03}$ | $Z_{04}$ | $Z_{05}$ | $Z_{06}$ | $Z_{07}$ | $Z_{08}$ | $Z_{09}$ | $Z_{10}$ | $Z_{11}$ | $Z_{12}$ | $Z_{13}$ |
|---|---|---|---|---|---|---|---|---|---|---|---|---|---|
| $x_{101}$ | | 0.13 | −0.12 | | 0.73 | 0.10 | | 0.11 | −0.10 | 0.43 | | | |
| $x_{102}$ | | | 0.14 | | | | | | | −0.25 | 0.23 | | 0.13 |
| $x_{103}$ | 0.17 | 0.20 | 0.12 | | | 0.26 | −0.21 | | 0.37 | −0.30 | | | 0.16 |
| $x_{104}$ | 0.12 | 0.13 | 0.27 | 0.15 | | | 0.86 | | | | −0.12 | | |
| $x_{105}$ | | | | | 0.12 | | | | | | | 0.12 | 0.65 |

（续表）

| 变量 | $Z_{01}$ | $Z_{02}$ | $Z_{03}$ | $Z_{04}$ | $Z_{05}$ | $Z_{06}$ | $Z_{07}$ | $Z_{08}$ | $Z_{09}$ | $Z_{10}$ | $Z_{11}$ | $Z_{12}$ | $Z_{13}$ |
|---|---|---|---|---|---|---|---|---|---|---|---|---|---|
| $x_{106}$ | | | −0.25 | | | | | 0.23 | | 0.27 | | 0.17 | |
| $x_{107}$ | 0.15 | 0.72 | −0.15 | | 0.10 | −0.21 | | | −0.12 | | 0.35 | 0.13 | |
| $x_{108}$ | | 0.54 | 0.33 | | | 0.27 | | −0.19 | | | | 0.21 | |
| $x_{109}$ | 0.99 | 0.11 | | | | | | | 0.65 | −0.12 | | | |
| $x_{110}$ | | | | | | | | 0.79 | | 0.15 | 0.21 | | |
| $x_{111}$ | | 0.89 | −0.14 | 0.23 | | 0.15 | | | | | | | |
| $x_{112}$ | −0.24 | 0.65 | 0.15 | 0.14 | | | 0.11 | | | | | | |
| $x_{113}$ | | | | | | | −0.10 | | | | | | |
| $x_{114}$ | | 0.70 | 0.18 | | −0.11 | | −0.23 | | 0.13 | | 0.59 | | |
| $x_{115}$ | | 0.32 | | | | 0.41 | | 0.21 | 0.16 | 0.17 | | 0.11 | −0.16 |
| $x_{116}$ | 0.33 | | | 0.21 | | | | | 0.11 | | −0.25 | | |
| $x_{201}$ | | 0.11 | 0.47 | | 0.09 | | | −0.16 | −0.10 | 0.21 | 0.14 | 0.62 | |
| $x_{202}$ | | −0.21 | | 0.82 | | −0.21 | | 0.14 | 0.56 | 0.17 | | | |
| $x_{203}$ | | 0.13 | −0.21 | | | | 0.24 | | 0.78 | | | | |
| $x_{204}$ | | | | | | | | | | | | | |
| $x_{205}$ | | | 0.95 | 0.23 | | | 0.15 | | −0.13 | | | | |
| $x_{206}$ | | | 0.17 | | | | | | 0.31 | 0.11 | 0.35 | | 0.11 |
| $x_{207}$ | 0.27 | −0.28 | | | | | | | 0.41 | | 0.33 | 0.12 | −0.17 |
| $x_{208}$ | 0.11 | | 0.70 | | | | | 0.24 | | | | | |
| $x_{209}$ | −0.18 | | | 0.21 | | 0.21 | | | 0.71 | −0.15 | | | −0.21 |
| $x_{210}$ | | | | | 0.20 | | | −0.13 | | 0.53 | | | 0.12 |
| $x_{211}$ | | | −0.10 | | 0.21 | 0.76 | | | 0.71 | 0.12 | | | 0.20 |
| $x_{212}$ | 0.10 | | | | | | 0.17 | | | | 0.22 | | 0.32 |

根据表 9-7 旋转后的正交因子矩阵可以看出，遴选的生态环境指标包括生物丰度指数、土地退化指数、湿地面积退化指数、人均林地面积、环境污染治理投资率、万元国内生产总值消耗能源、人均生活能源消费量等 7 个指标，社会经济发展水平的指标包括经济密度、城市化率、第三产业/GDP、第一产业增加值/GDP、第三产业增加值/GDP、基尼系数等 6 个指标。

以每个主成分所对应的特征值占所提取主成分总的特征值之和的比例，确定为提取的生态经济系统评价指标权重。用各主成分的方差贡献率计算生态经济系统评价指标权重。计算公式为：

$$W_{ij}=\frac{C_{ij}}{\sum_{i=1}^{m}\sum_{j=1}^{n}C_j}$$

式中：$W_{ij}$ 为子系统 $i$ 指标 $j$ 的评价权重；$C_j$ 表示第 $j$ 主成分的贡献率；$m$ 表示主成分个数。通过主成分分析，得到生态经济系统评价指标体系如表 9－8 所示。

**表 9－8　生态经济系统评价指标体系**

| 子系统 | 指标 | 权重 |
| --- | --- | --- |
| 生态环境子系统 | 生物丰度指数 | 0.094 |
| | 土地退化指数 | 0.079 |
| | 湿地面积退化指数 | 0.029 |
| | 人均林地面积 | 0.110 |
| | 环境污染治理投资率 | 0.070 |
| | 万元国内生产总值消耗能源 | 0.109 |
| | 人均生活能源消费量 | 0.054 |
| 社会经济子系统 | 经济密度 | 0.047 |
| | 城市化率 | 0.098 |
| | 第三产业/GDP | 0.104 |
| | 第一产业增加值/GDP | 0.064 |
| | 第三产业增加值/GDP | 0.058 |
| | 基尼系数 | 0.085 |

根据主成分综合模型，在选用所有指标都作为主成分的前提下，利用各主成分的方差值作为权重，进行经济与生态系统功效评价。经济与生态子系统的综合功效是各系统内所有指标对该子系统的贡献的综合，可通过集成方法来实现。其计算公式为：

$$U_i=\sum_{j=1}^{n}w_{ij}\times d_{ij}$$

其中，$w_{ij}\geqslant 0,\sum w_{ij}=1,j=1,2,\cdots,n$。

2. 系统耦合度分析

生态经济系统由无序走向有序的特征与规律，通过耦合度判别社会经济和生态环境两个子系统耦合作用的强度以及作用的时序区间。借助容量耦合系数模型推广的耦合度模型，计算和分析洞庭湖区生态经济系统耦合度。由于本例度量的由社会经济和生态环境两个子系统构成的耦合度模型，得到生态环境子系统与社会经济子系统的耦合度函数表示为：

$$C=\left[\frac{U_1\times U_2}{(U_1+U_2)(U_1+U_2)}\right]^{\frac{1}{2}}$$

式中：$C$ 为耦合度；$U_1$、$U_2$ 为社会经济和生态环境两个子系统的综合功效。根据经济发展与生态环境交互作用的强弱程度，即耦合度的大小，一般可以将其耦合的过程划分如表 9-9 所示。

**表 9-9　生态经济系统耦合度分类及耦合等级**

| 耦合度取值 | 耦合等级 | 耦合特征 | 水平代表值 |
| --- | --- | --- | --- |
| $C=0$ | 最小耦合 | 系统之间或系统内部要素之间处于无关状态，系统将向无序发展 | |
| $0<C\leqslant 0.3$ | 低水平耦合 | 此时经济发展水平低，生态系统承载力强 | Ⅳ：理想状态值×0.25 |
| $0.3<C\leqslant 0.5$ | 拮抗 | 这阶段经济进入快速发展时期，生态承载力下降 | Ⅲ：理想状态值×0.50 |
| $0.5<C\leqslant 0.8$ | 磨合 | 系统开始良性耦合 | Ⅱ：理想状态值×0.75 |
| $0.8<C<1$ | 高水平耦合 | 经济与生态环境相互促进，共同发展 | Ⅰ：理想状态（代表值为 1） |
| $C=1$ | 最大耦合 | 耦合度最大，系统之间或系统内部要素之间达到了良性共振耦合，系统趋向新的有序结构 | |

3. 系统协调度分析

耦合度体现了社会经济与生态环境的互动作用，却很难反映出经济与生态环境建设的整体“功效”与“协同”效应，单纯依靠耦合度判别有可能产生误导。为此，基于耦合度模型构建生态经济系统协调度函数，计算公式可表示为：

$$D=(C\times T)^{\frac{1}{2}}$$

$$T=aU_1+bU_2$$

式中：$D$ 为协调度；$T$ 为生态经济综合调和指数，反映生态环境与社会经济的整体协同效应或贡献；$a$、$b$ 为待定系数，分别为生态经济系统评价指标体系中两个子系统的权重。协调度等级划分见表 9-10。

**表 9-10　生态经济系统的协调度等级与协调特征**

| 协调度 | 协调等级 | 协调特征 | 水平代表值 |
| --- | --- | --- | --- |
| $D=0$ | 不协调 | 不协调，经济环境系统整体呈衰退趋势 | |
| $0<D\leqslant 0.4$ | 低度协调 | 环境勉强保持在承载力范围内 | Ⅳ：理想状态值×0.25 |
| $0.4<D\leqslant 0.5$ | 中度协调 | 资源环境保持在承载力阈值内，短期内可接受 | Ⅲ：理想状态值×0. 50 |
| $0.5<D\leqslant 0.8$ | 良好协调 | 基本协调，经济水平提高速度高于生态环境的改善速度，整体协同效应达到了较高的程度 | Ⅱ：理想状态值×0.75 |
| $8<D<1.0$ | 高度协调 | 较协调，经济与资源环境发展接近均衡，较理想状态 | Ⅰ：理想状态（代表值为 1） |
| $D=1$ | 极度协调 | 社会经济与资源环境发展相互促进，协调共生 | |

4. 耦合协调评价的神经网络模型设计与评价因子影响度计算

人工神经网络具有以任意精度逼近任意非线性连续函数的特性,通过模型中神经元的知识存储和自适应特征,建立各影响因素与目标等级之间的高度非线性映射,通过向输入输出样本学习进行自适应调整。本例以生态经济系统耦合协调等级作为输出,通过样本学习、训练与检测,对网络节点映射的优化目标的调整,确定网络结构和学习参数,建立样本耦合协调值与各因子指标值之间的非线性关系,使该优化目标中得到自适应均衡的节点权重,作为生态经济系统耦合协调达到理想等级的评价因子影响度,反映某项评价指标对评价值的影响程度。

对于系统耦合协调的神经网络模型设计,分别选取2003～2012年的生态经济系统功效数据作为输入因子,将计算得出的耦合度和耦合协调度等级值作为输出因子,输入层节点为13,网络输出层节点数目为1。隐含层节点数的确定在参考输入层节点数与输出层节点数的基础上,利用样本数据检验9、10、11、12个隐含神经元,并根据网络学习的拟合速度来选取,即用试验的方法来确定合适的隐含层为10,传递函数采用对数型Sigmoid激活函数。经过神经网络训练与模拟计算,模拟值与实际值较为吻合,误差较小,模型可行(表9-11)。

表9-11　神经网络检验及误差

| 年度 | | 2003 | 2004 | 2005 | 2006 | 2007 | 2008 | 2009 | 2010 | 2011 | 2012 |
|---|---|---|---|---|---|---|---|---|---|---|---|
| 耦合度 $C$ | 样本值 | 0.5 | 0.5 | 0.5 | 0.5 | 0.5 | 0.5 | 0.5 | 0.5 | 0.75 | 0.5 |
| | 模拟值 | 0.501 | 0.501 | 0.500 | 0.500 | 0.500 | 0.502 | 0.501 | 0.504 | 0.744 | 0.502 |
| | 误差 | 0.001 | 0.001 | 0.000 | 0.000 | 0.000 | 0.002 | 0.001 | 0.004 | −0.006 | 0.002 |
| 协调度 $D$ | 样本值 | 0.25 | 0.25 | 0.25 | 0.25 | 0.25 | 0.25 | 0.25 | 0.25 | 0.25 | 0.5 |
| | 模拟值 | 0.250 | 0.253 | 0.251 | 0.251 | 0.251 | 0.251 | 0.251 | 0.253 | 0.253 | 0.494 |
| | 误差 | 0.000 | 0.003 | 0.001 | 0.001 | 0.001 | 0.001 | 0.001 | 0.003 | 0.003 | −0.006 |

根据构建的网络模型神经元之间的连接权重值计算出各隐含节点对于输出结果的重要性和各个输入因子与各个隐含节点的紧密程度,得出各输入因子对于输出结果的重要性,即评价因子影响度,用于量化输入指标对生态经济系统耦合协调状态的影响程度。具体步骤如下:

(1) 将输入层节点与隐含层节点之间的连接权重值取绝对值求和。$x_i = \sum_i |W_{ij}|$,$i$、$j$分别代表输入层、隐含层节点;

(2) 将隐含层节点与输出层节点之间的连接权重值取绝对值求和。$y_j = \sum_k |W_{ij}|$,$k$代表输出层节点,$y_j$代表各隐含层节点对于输出节点的贡献;

(3) 各输入因子与每个隐含层节点之间紧密程度大小的比较$a_{ij}$,即$a_{ij} = \frac{|W_{ij}|}{x_i}$;

(4) 某个输入因子通过某个隐含层节点对于输出结果的作用,即$b_{ij} = a_{ij} y_j$;

(5) 求和$S_i = \sum_j b_{ij}$,$S_i$表示某个输入因子通过隐含层对于输出结果的作用;

(6) 计算评价因子影响度 $V$。某个输入数据对于仿真值的重要性 $V_i$，即 $V_i = \frac{S_i}{\sum_i S_i}$，累计各子系统的 $V_i$，即为生态环境子系统 $V_1$ 与社会经济子系统的 $V_2$。

## 二、结果应用分析

### 1. 社会经济与生态环境耦合的时序变化

收集 2003 年以来 10 年的相关资料，分别计算出各个年份的社会经济综合序参量、生态环境综合序参量、耦合度和协调度。从图 9－8 可以看出，生态经济系统耦合度大都处在 0.439 与 0.500 之间，表明了社会经济与生态环境的发展关系基本是拮抗状态，其经济发展方式为粗放型，经济发展对生态环境的影响很大。从耦合度变动趋势来看，变化趋势较平稳，社会经济与生态环境交互作用的强度变化不大，但 2006 年与 2008 年之间，耦合度略有稍微下降，2009 年洞庭湖区社会经济与生态环境耦合有所上升，2012 年正在向磨合时期过渡，其原因就是此间不断加大了对生态经济圈建设的力度，导致二者的关系正在进行调整。从社会经济子系统、生态环境子系统两两之间的序参量比较来看，除了 2012 年外，2003 年至 2011 年的社会经济序参量都小于生态环境序参量，说明经济发展的内部结构的不协调是阻碍洞庭湖区人地系统协调发展的关键，也说明了洞庭湖区生态环境是经济发展的主要瓶颈，经济发展主导着社会与生态环境的演变。

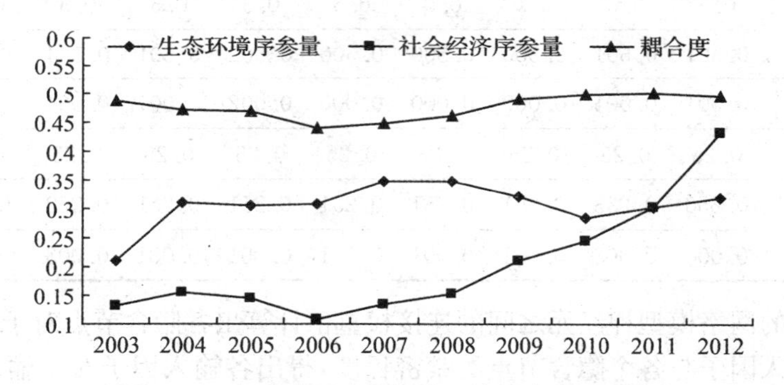


**图 9－8　洞庭湖区生态经济系统耦合度时序变化**

从两个子系统的序参量时序变化来看，总体呈现出明显的上升趋势，说明各个子系统内部结构正由不协调向协调方向调整。从表 9－12 可以看出，经济系统的序参量年平均变化率为 16.01%，平均变化幅度最大，生态系统为 5.79%，一方面说明了经济发展对社会、生态环境的发展具有导向和主宰作用，另一方面在某种程度上体现了洞庭湖区社会经济发展对生态环境的高度依赖。针对各个子系统的序参量年度变化率比较，生态环境子系统除了 2004 年，年度变化都比较平稳，只是个位数的变化，而社会经济子系统变化率起伏较大，最大的为 2012 年的 42.44%，而最小为 2006 年的－25.64%，也说明了具有自然属性的生态环境子系统的自组织特性与变化的滞后性。再从彼此间变化率的相关性可以看出，经济发展与生态环境的发展具有同步性。可能由于生态保护政策执行的不确定性以及产业结构调整带来的冲击，使得生态环境综合序参量出现波动起伏的趋势，特别是在

2009 年至 2011 年间生态环境出现了迅速下降的趋势。

表 9-12　生态经济系统序参量年度变化率

| 年度 | 2004 | 2005 | 2006 | 2007 | 2008 | 2009 | 2010 | 2011 | 2012 | 平均 |
|---|---|---|---|---|---|---|---|---|---|---|
| 生态环境 | 47.26 | −2.36 | 1.06 | 13.06 | −0.06 | −7.54 | −11.48 | 6.13 | 6.01 | 5.79 |
| 社会经济 | 18.10 | −5.81 | −25.64 | 23.74 | 14.47 | 36.44 | 16.33 | 24.04 | 42.44 | 16.01 |

2. 生态经济系统协调性动态

从图 9-9 可以看出，生态经济系统协调度数值处于 0.292 与 0.428 之间，说明 2003 年至 2011 年社会经济与生态环境发展关系处于低度协调，而 2012 年后开始转入中度协调。通过 2003 年至 2012 年生态经济系统耦合度与协调度比较，2003 年至 2005 年生态经济系统耦合度处于较高状态，但协调度却不处于高位，说明此阶段社会经济与生态环境在物质与能量的交换与传输频繁，两个子系统的相互依赖、相互影响程度较大，但由于生态经济系统结构的复杂性，表征了系统互动关系中的相互作用与相互反馈过程，有可能系统中某一子系统的发展背离了其原本演化趋势，影响到系统整体发展，另一子系统会自发调节对其进行反馈与约束，这种作用与反馈并没有形成系统整体的良性发展，导致了生态经济系统结构协调性没有增强的状态。2006 年至 2012 年生态经济系统耦合度与协调度基本上具有相同的变化趋势，说明了经济发展与资源环境的数量关系及其调整过程具有正向作用，正在使系统之间或系统内部朝着要素比例得当、关系和谐、共同促进的互惠互利的状态发展，通过系统物质循环、能量流动、价值流动，表现为生态环境不断改善、经济持续增长和社会发展水平不断上升的状态。

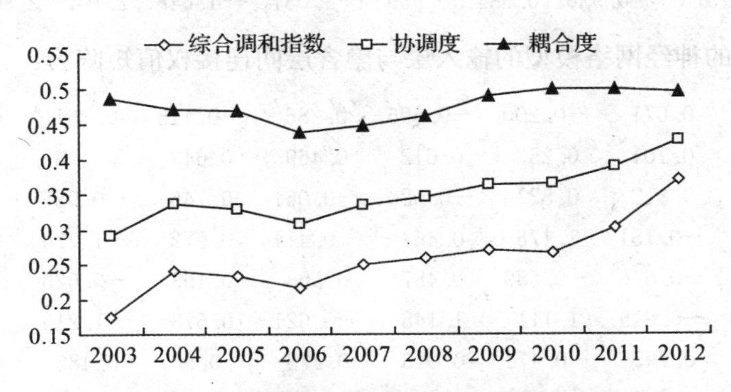


图 9-9　洞庭湖区生态经济系统协调度时序动态

结合社会经济综合序参量与生态环境综合序参量的曲线(图 9-8)还可以看出，洞庭湖区社会经济综合序参量在 2003 年至 2008 年间都是处于较低状态，社会经济发展严重影响生态环境建设，这是导致洞庭湖区社会经济与生态环境耦合协调一直以中低度协调为主的主要原因。2008 年以来，把洞庭湖区作为一个生态经济圈来规划，边发展边治理，山水同治、江湖同治，综合治理与新农村建设相结合，在防洪排涝、生态环境建设采取相应的重大举措，社会经济序参量呈现不断增大趋势，其年平均增长率高达 29.8 %，最高达 42.44%，社会经济的增长对生态环境建设的影响很大。

3. 生态经济系统耦合协调等级的评价因子影响度比较

根据选取的生态经济系统评价指标，设计了相对于系统耦合度与协调度目标的神经网络模型。网络输入层节点为 13，隐含层节点为 10，输出节点为耦合度与协调度等级值，节点数为 1。将 2003～2012 年洞庭湖区社会经济与生态环境数据为输入变量的训练样本，系统耦合度和协调度等级值为输出变量，系统耦合度的神经网络模型的输入层与隐含层间连接权值矩阵为：

$$\begin{bmatrix}
1.291 & -1.045 & 0.240 & -0.601 & 0.555 & -0.292 & 1.017 & 0.948 & 1.372 & -1.573 \\
-0.004 & 0.925 & -0.209 & -0.290 & -0.006 & 0.535 & -0.615 & -0.219 & -0.753 & 0.890 \\
-0.036 & 0.705 & 0.493 & -0.280 & -0.447 & -0.413 & -0.847 & 0.043 & -0.684 & -0.261 \\
0.380 & -0.302 & 0.293 & 0.074 & -0.611 & 0.236 & -0.126 & -0.885 & -0.545 & 0.694 \\
-0.791 & 0.560 & -0.255 & -0.635 & 0.183 & 0.139 & -0.434 & -0.238 & 0.064 & -0.356 \\
0.253 & 0.225 & -0.834 & -0.104 & -0.464 & 0.664 & 0.913 & 0.676 & 1.092 & -1.115 \\
-0.173 & -0.581 & 0.336 & -0.380 & 0.828 & -0.285 & 0.918 & 0.359 & 1.018 & -0.526 \\
1.135 & -0.419 & 0.029 & -0.483 & 0.416 & -0.484 & 1.205 & 1.072 & 1.013 & -0.070 \\
-0.303 & -0.527 & 0.338 & -0.151 & 0.443 & 0.362 & -0.055 & -1.191 & -1.091 & -0.296 \\
-0.562 & 0.546 & 0.532 & -0.517 & -0.103 & 0.871 & 0.068 & 0.013 & 0.011 & 0.671 \\
-1.037 & -0.463 & 0.534 & -0.105 & -0.873 & -0.581 & -0.024 & 0.281 & 0.283 & 0.721 \\
0.929 & -0.026 & -0.950 & -0.479 & 0.848 & 0.680 & -0.288 & 0.947 & 1.086 & 0.248 \\
0.630 & 0.404 & -0.717 & 0.503 & -0.496 & 0.178 & -0.762 & 0.418 & 0.015 & 0.330
\end{bmatrix}$$

隐含层到输出层的权值矩阵为：

$$[-1.816 \quad 1.376 \quad -0.926 \quad 0.534 \quad 0.959 \quad -1.031 \quad -1.648 \quad 2.101 \quad 2.800 \quad 2.493]$$

系统协调度的神经网络模型的输入层与隐含层间连接权值矩阵为：

$$\begin{bmatrix}
-0.762 & 0.541 & 0.071 & -0.200 & -0.596 & 0.286 & -0.115 & 0.361 & 0.559 & 1.039 \\
-0.494 & -0.064 & 0.701 & 0.250 & 0.612 & 0.469 & 0.643 & 0.408 & 0.824 & -0.158 \\
0.446 & 0.312 & 0.312 & 0.537 & -0.080 & -0.061 & 0.746 & -0.985 & -0.364 & -0.228 \\
0.229 & 1.562 & -0.151 & 1.176 & 0.464 & -0.414 & 0.072 & -1.776 & 0.898 & 0.446 \\
-0.400 & 0.264 & -0.646 & -0.589 & 0.487 & 0.503 & 0.198 & -0.625 & -0.123 & -0.205 \\
-0.638 & 1.587 & -0.619 & 1.111 & 1.148 & -0.621 & 0.578 & -1.219 & -0.181 & 1.223 \\
0.412 & -0.972 & 0.795 & -0.471 & 0.013 & 0.278 & -0.907 & 0.485 & 0.343 & -0.734 \\
0.806 & 0.163 & 0.205 & -0.963 & -0.640 & -0.284 & -0.477 & 0.822 & 0.807 & -0.035 \\
-0.668 & -0.728 & -0.713 & 0.285 & 0.224 & 0.476 & -0.780 & 0.393 & 0.726 & -0.553 \\
0.245 & -0.700 & -0.211 & -0.445 & 0.035 & -0.467 & -0.047 & 0.657 & 0.288 & -0.602 \\
-0.599 & -0.421 & 0.731 & -0.247 & -0.262 & 0.351 & 0.117 & 0.464 & 0.035 & -0.439 \\
-0.797 & -0.888 & 0.026 & 0.493 & -0.889 & -0.199 & -0.309 & 0.119 & -0.536 & -0.159 \\
0.846 & 0.288 & -0.284 & -0.211 & -1.060 & 0.398 & -0.677 & -0.245 & -0.076 & 0.166
\end{bmatrix}$$

隐含层到输出层的权值矩阵为：

$$[0.147 \quad -2.689 \quad 0.700 \quad -2.117 \quad -1.690 \quad 1.312 \quad -1.034 \quad 3.016 \quad 0.012 \quad 1.914]$$

根据构建的神经网络模型神经元之间的连接权重值计算出各隐含节点对于输出结果的重要性和各个输入因子与各个隐含节点的紧密程度，得出各输入因子对于输出结果的重要性，即评价因子影响度。

从图 9-10 可以看出，以耦合度等级作为评价标准，使生态经济系统耦合达到高水平耦合，对于评价指标，生态环境子系统因子影响度为 55.6%，社会经济子系统为 44.4%，说明生态经济系统具有较强的互动与反馈作用，对于理想状态的目标，生态环境子系统各项指标具有主导作用，只有在良好的生态环境条件下，社会经济子系统与生态环境子系统具有相互促进、共同发展的耦合作用。从单个因子来看，城市化率对系统耦合的影响度最大，为 0.086，是生态经济系统耦合达到高水平耦合的最重要影响因素。各影响因子的影响度依次为：城市化率＞生物丰度指数＞人均林地面积＞万元国内生产总值消耗能源＞土地退化指数＞经济密度＞人均生活能源消费量＞第三产业增加值/GDP＞第一产业增加值/GDP＞湿地面积退化指数＞环境污染治理投资率＞基尼系数第三产业/GDP。

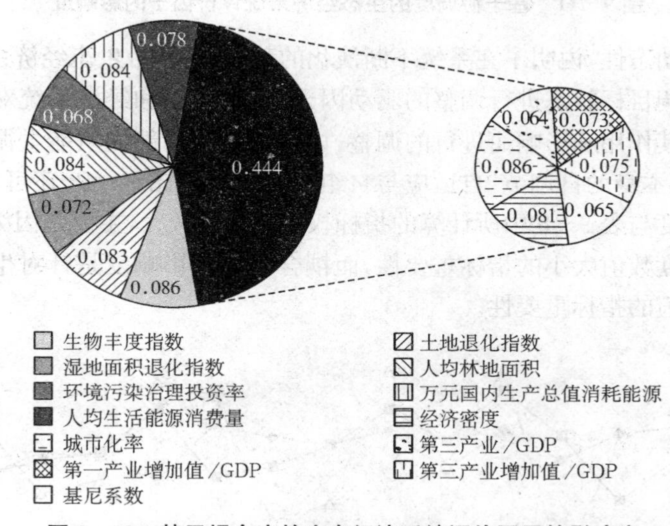


**图 9-10　基于耦合度的生态经济系统评价因子的影响度**

从图 9-11 可以看出，两个子系统对系统协调度的影响度比值与图 9-10 中基于耦合度的影响度比值差异不大，但万元国内生产总值消耗能源指标耦合影响度的最大，为 0.091。各影响因子耦合的影响度依次为：万元国内生产总值消耗能源＞生物丰度指数＞第三产业增加值/GDP＞第三产业/GDP＞人均林地面积＞城市化率＞人均生活能源消费量＞环境污染治理投资率＞基尼系数＞第一产业增加值/GDP＞湿地面积退化指数＞土地退化指数＞经济密度。

生态经济系统耦合协调过程中，评价因子影响度反映了系统在协同变化时所表现出的学习能力与调控弹性，弹性越强，系统的适应能力越高。根据图 9-12 可以看出，生态经济系统耦合协调更多地表现为微观要素变化的关联性与协同性，通过不同耦合协调要素重要性的关联调整，使系统宏观秩序上耦合与协调达到最优。对于生态经济系统耦合与协调的不同目标，影响因子指标的影响度不同，如生物多样性指标，在系统达到最佳耦合时影响度为 0.086，而在系统达到最佳协调状态时影响度为 0.073，这种针对目标所调

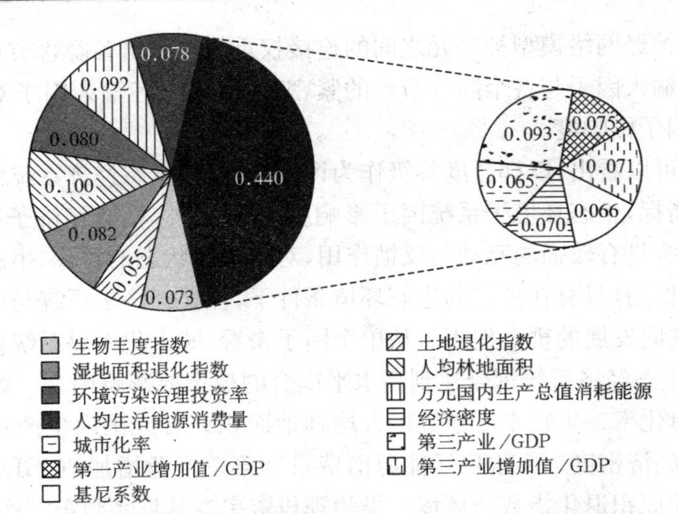


**图 9－11　基于协调度的生态经济系统评价因子的影响度**

整的不同指标的动态性，说明了在系统不断演化的动态过程中，生态经济系统影响因子成为向系统耦合协调目标状态进行调整的驱动因子，是对生态和经济系统对现实和预期的环境变化驱动及其作用和影响而进行的调整，体现了系统内部物质能量循环与自我调节机制，体现了系统本身的自调节、自适应与自组织能力。从图 9－12 还可看出，生态经济系统指标的影响度与表 9－8 中所计算的指标权重差异性较大，主要是因为指标权重是针对耦合度与协调度数值大小的指标重要性，而耦合与协调影响度是针对生态经济系统达到相应目标理想值的指标重要性。

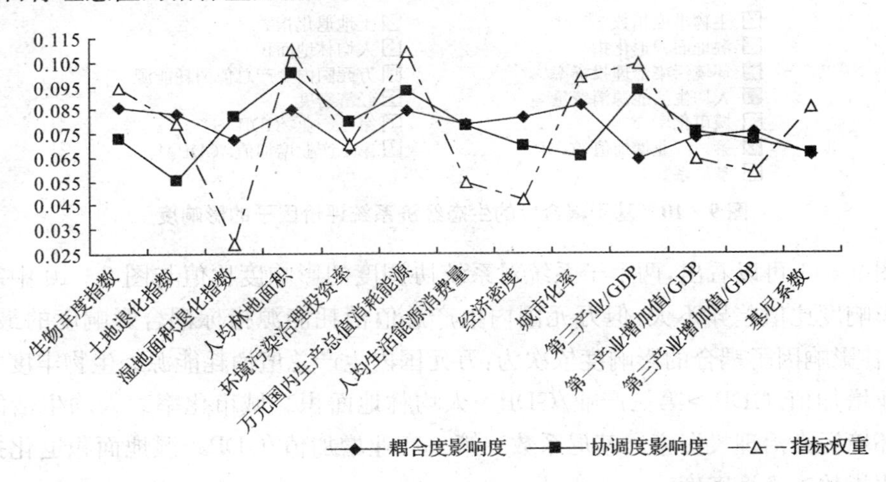


**图 9－12　生态经济系统评价因子的影响度对比**

## 实例三　基于 DEM 的河网水系分形特征研究

数字高程模型(DEM)数据涵含了丰富的地形地貌与水文信息，通过 DEM 可以提取区域网格单元的坡向、坡度以及单元格之间的关系等大量的地表形态信息。不同分辨率的 DEM 数据中蕴涵着大量的地形、地貌特征，如坡度、坡向、格网关系等，只要利用一定的算法，就可以从中提取出我们所关心的河网水系等要素。对于河网水系，纷繁复杂的河网实际上非常有组织性，不同级别的河流之间都遵循幂律关系。水系分维数反映了河网水系发育，甚至代表了水系所处流域的地貌侵蚀发育阶段。本例利用 ArcGis10 扩展模块中的示例模块的水文模块（hydrology）和空间分析模块来进行 DEM 构建与填洼处理，计算水流方向和汇流累积量，从而提取流域河网，最后用水系分维数对提取的水文信息加以比较与分析，可用于评价河网水系的发育程度，为常德市桃源县的流域综合治理实践及理论研究提供基础信息。

## 一、研究方法

1. DEM 模型构建

对地形图等高线采取手工矢量化，同时进行控制点设置，以便能够保证矢量层的准确输出和拼接，为避免产生高程错误，依据实际资料，进行高程判读，为每一条等高线赋上高程值，并转换为. shp 格式保存，以便下一步在 ArcGIS10 下建立数字高程模型。然后在 ArcGIS10 中根据研究区域转换得到的. shp 格式高程点和等高线数据来创建 TIN，再将 TIN 插值成栅格 DEM。

2. 河流网络提取

（1）无洼地 DEM 生成

对原始 DEM 数据进行洼地填充得到无洼地的 DEM，然后运用 Fill 工具的选项“Z limit”确定适宜的填充阈值，该数值将确定要被填平洼地的最深值，当洼地小于该深度才会被填平，而深度超过此数值的洼地将被视作合理存在保留下来。

（2）水流方向计算

水流方向是水流离开每一个栅格单元时的指向，采用单流向算法（SFD）的 D8 法确定水流方向，即假设每个栅格单元中的水流只有 8 种可能的流向，水流方向便可以用其中的某一值确定，并用 1、2、4、8、16、32、64 和 128 等 8 个有效特征码分别表示东、东南、南、西南、西、西北、北和东北 8 个方向，水流流向编码具体情况如图 9－13。水流方向确定是通过计算中心栅格与各相邻栅格间的距离权落差，再取距离权落差最大的栅格为中心栅格的流出格网，该方向即为中心栅格的流向。距离权落差是指中心栅格与邻域栅格的高程差除以两栅格间的距离，其公式为：

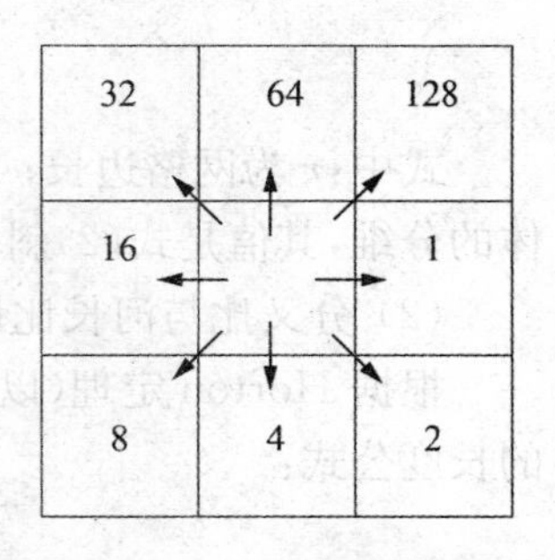

图 9－13　水流流向编码

$$S = A_Z / D_c$$

式中：$A_Z$ 为两个栅格单元之间的高程差值；$D_c$ 为两个栅格单元中心之间的距离。

ArcGIS 10 中计算水流方向的步骤为：

① 在目录中激活 Filled DEM；

② 打开 Spatial Analyst Tools\Hydrology\Flow Direction 工具，并指定输出路径，文件名；

③ 显示新生成的水流方向数据。

(3) 汇流累积量计算

利用 Spatial Analyst Tools\Hydrology\Flow Accumulation 工具，假设规则格网 DEM 每点处有一个单位的水量，自然水流规律从高处流向低处，根据区域地形的水流方向数据矩阵计算每点所流过的水量数值，计算出汇流累积量。可选项"Input weight raster"是用来增加外部因素对径流的影响，本例因无具体数据采用系统默认的权值 1。

(4) 河流网络提取

运用 ArcGIS 的"Raster Calculator"计算工具，采用地表径流漫流模型，确定阈值，将汇流图中栅格的汇流累积量与给定阈值比较，将大于阈值的栅格赋值为 1，否则为 NODATA。将各水道按照有效水流方向生成栅格河网。利用"Stream to Feature"工具，将栅格河网作为输入数据，得到矢量河网。在实际操作中应注意与现实水文资料进行对比，选取不同的阈值，能够得到较为合理的河网数据。

3. 基于 DEM 水系网络分形计算

分形用于描述部分与整体是相似的，水系的分维反映了水系的发育程度。水系分维数采用网络法与分叉比和河长比两种方法进行计算。

(1) 网络法计算分维

网格法基本思路为使用不同边长的正方形网格去覆盖被测水系等线体，当正方形网格边长出现变化时，覆盖被测线体的网格数必然会出现相应的变化。依据分形理论的思想可得：

$$N(r) \propto r^{-D} \tag{1}$$

由式(1)两边取对数可得式(2)。

$$\lg N(r) = -D\lg r + A \tag{2}$$

式中：$r$ 为网格边长；$N(r)$ 为网格数；$L$ 为水系长度；$A$ 表示待定常数；$D$ 表示被测线体的分维，其值是式(2)斜率的绝对值。

(2) 分叉比与河长比计算分维

根据 Horton 定理(以 Strahler 分级原则来进行水系级别的划分)可以得出 $K$ 级河流的长度公式：

$$L(k) = N_k * L_k = L_1 R_L{}^{k-1} R_B{}^{\Omega-k} \tag{3}$$

将河网中各级河流全部相加，便可得整个河网干支流的总长度公式：

$$\sum L = L_1 R_L{}^{\Omega-1} \left| \frac{R_B}{R_L} \right|^{\Omega-1} = L_1 R_B{}^{\Omega-1} \tag{4}$$

其中 $L_1 = L_\Omega (1/R_1)^{\Omega-1}$，将其两边同时取对数，并且代入式(4)得：

$$\sum L = L_1{}^{1-(\lg R_B/\lg R_L)} \tag{5}$$

由于当 $\Omega \to 0$,则 $L_1 \to 0$,这样就可以视 $L_1$ 为量测距离 $r$,而按照分形理论有:

$$L = N * r \sim r^{1-d} \tag{6}$$

比较式(5)和式(6)得:

$$D = \lg R_B / \lg R_L \tag{7}$$

考虑到 $2 \geqslant D \geqslant 1$,则有:

$$D = \min[\max(1, \lg R_B / \lg R_L), 2] \tag{8}$$

河网分形维计算公式反映出河网的分维与河流的分支比及河长比有关。分支比越大,说明支流数目越多,河网河流愈弯曲,发育程度越好,其水系的分维也就越大。在计算时,往往采用河网的平均分支比、平均河长比来进行计算。

## 二、结果综合分析

### 1. 河网水系提取信息对比分析

利用 ARC/INFO 的 Arc Hydro Tools 模块,用 Fill 函数将洼地进行填充,使洼地成为水流能够通过的平坦区域,依据洼地深度选定合理填充阈值,生成无洼地的 DEM(图 9-14),使水流能够畅通流至河口。利用无洼地 DEM 生成的水流方向如图 9-15。

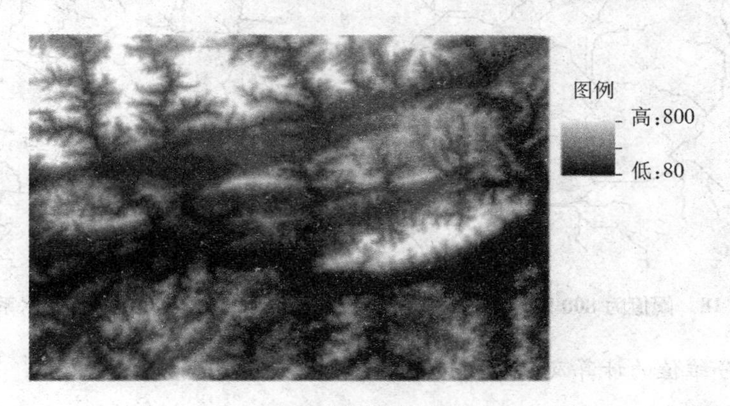


**图 9-14　洼地填充后的 DEM**

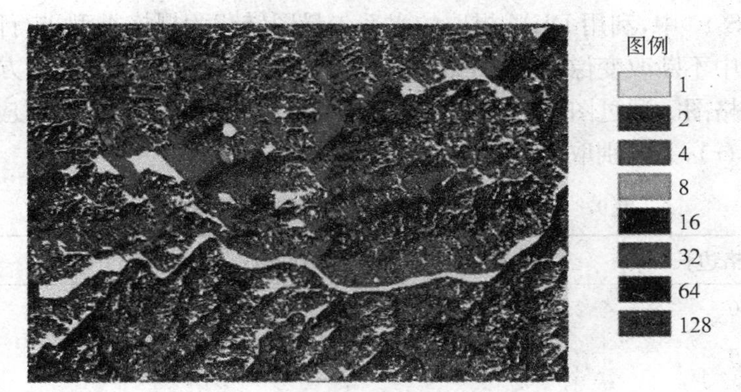


**图 9-15　水流方向**

分别提取了阈值为200、500、800时的河网图(图9－16、图9－17和图9－18),并与原水系图(图9－19)进行对照。从结果可以看出,取阈值为500时提取的河网空间分布与实际的河流水系比较符合。利用ArcGIS 10软件,可以高效率、比较准确地从栅格DEM数据中提取水流方向、河网等水文信息,但由于DEM本身精度的限制对最终生成的河网的精确度会产生显著的影响,受D8法限制,格网大小会引起格网流向的变化,引起河道中部分地区位置发生改变,使河网分布存在一定的差异。总体而言,在适宜的尺度条件下,利用DEM来自动提取流域的水文特征是可行的。

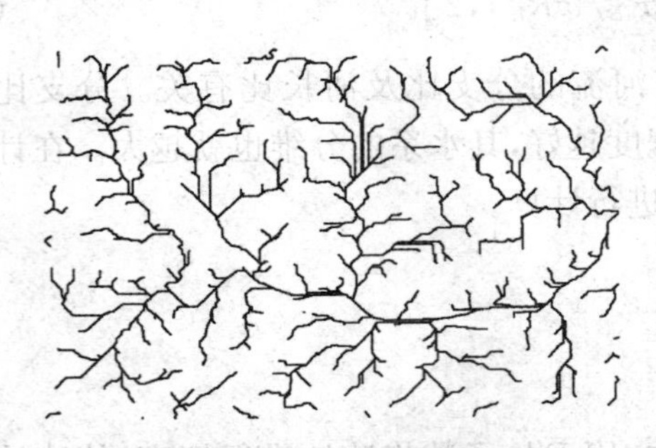

**图9－16　阈值为200时河网水**

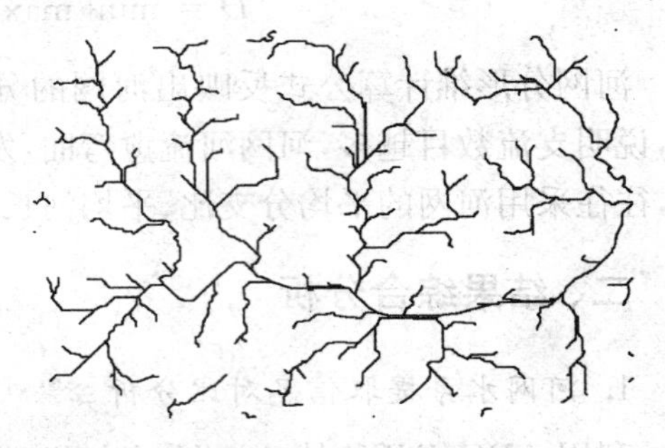

**图9－17　阈值为500时河网水**

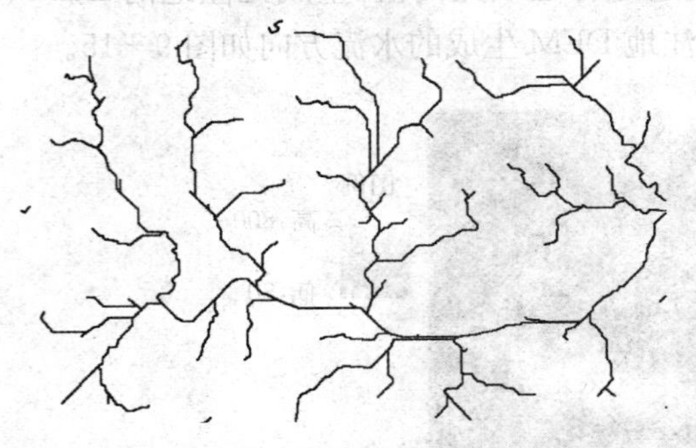

**图9－18　阈值为800时河网水系**

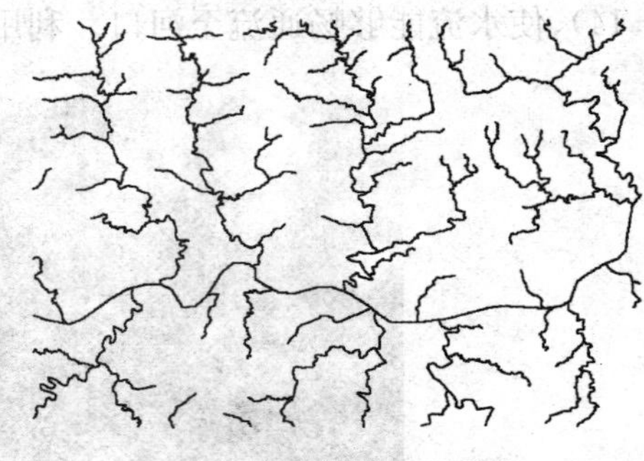

**图9－19　原始水系分布**

2. 水系分维值的计算及分析

(1) 网格计算法

在ArcGIS 10中,利用DEM提取的水系矢量图转化为栅格类型进行网格分析,在输出栅格对话框中不断改变像元大小(正方形网格边长),从而得到不同正方形网格边长所对应的水系栅格图。通过图层的属性表查询不同正方形网格边长$r$相对应的覆盖研究水系的网格数$N(r)$,并分别取对数,得到结果见表9－13。

**表9－13　正方形网格长度及水系所覆盖的网格数**

| 正方形网格边长($r$) | 水系所覆盖的网格数($N(r)$) | lg$r$ | lg$N(r)$ |
|---|---|---|---|
| 10 | 30 707 | 1.00 | 4.49 |
| 20 | 15 322 | 1.30 | 4.19 |
| 40 | 7 637 | 1.60 | 3.88 |

续　表

| 正方形网格边长($r$) | 水系所覆盖的网格数($N(r)$) | lg$r$ | lg$N(r)$ |
|---|---|---|---|
| 80 | 3 767 | 1.90 | 3.58 |
| 100 | 3 008 | 2.00 | 3.48 |
| 150 | 1 967 | 2.18 | 3.29 |
| 200 | 1 476 | 2.30 | 3.17 |
| 800 | 327 | 2.90 | 2.51 |
| 1 000 | 255 | 3.00 | 2.40 |
| 3 000 | 54 | 3.48 | 1.73 |

根据表 9－13 中 lg$r$ 和 lg$N(r)$的数值，利用 Excel 绘制关系曲线(图 9－20)，得二者关系式为 $\lg N(r) = -1.079\,1\lg r + 0.217$，复相关系数为 $R^2 = 0.996\,9$，表明 lg$N(r)$与 lg$r$ 之间线性相关性十分显著。由此得到研究区域基于网格法的水系分维数为 $D = 1.079\,1$。

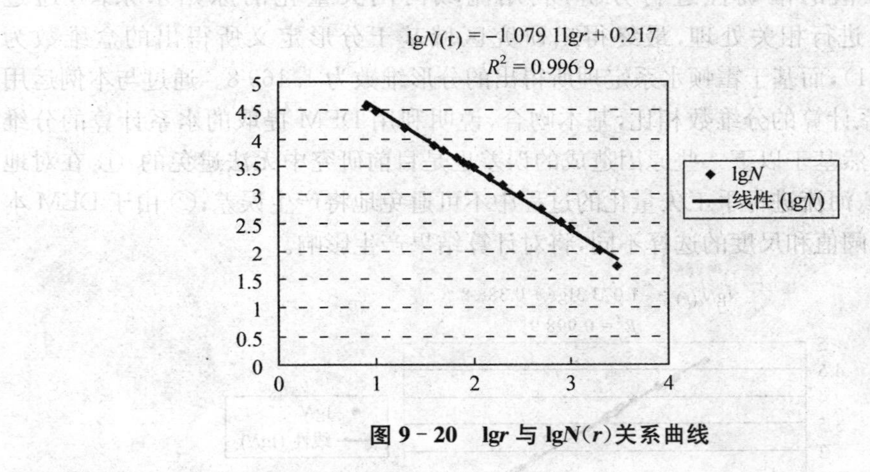


**图 9－20　lg$r$ 与 lg$N(r)$关系曲线**

(2) 基于 Horton 定理计算法

根据河网分维值的计算公式，我们计算了区域河网的平均分支比(表 9－14)和平均长度比(表 9－15)，二者的对数的比值即为河网分维值 $D$。

$$D = \lg R_B / \lg R_L = 1.203\,5$$

**表 9－14　水系平均分支比的计算**

| 河道级别 | 河道数目 | 相邻两级河道分支比 | 相邻两级河道总数 | “第三项”×“第四项” |
|---|---|---|---|---|
| 1 | 83 | | | |
| 2 | 20 | 4.15 | 103 | 427.45 |
| 3 | 6 | 3.33 | 26 | 86.67 |
| 4 | 1 | 6 | 7 | 42 |
| | | | 累计总量 136 | 累计总量 556.12 | 平均分支比 4.09 |

表 9-15　水系平均长度比的计算

| 河道级别 | 河道平均长度 | 相邻两级河道长度比 | 相邻两级河道平均长度和 | "第三项"×"第四项" | |
|---|---|---|---|---|---|
| 1 | 1 394.51 | | | | |
| 2 | 3 015 | 2.16 | 4 409.51 | 9 533.57 | |
| 3 | 4 241.67 | 1.41 | 7 256.67 | 10 209.07 | |
| 4 | 17 200 | 4.06 | 21 441.67 | 86 946.17 | |
| | | | 累计总量 33 107.85 | 累计总量 106 688.8 | 平均长度比 3.22 |

相关研究表明基于霍顿水系定理所得出的分形维数大于基于分形定义所得出的盒维数。本例计算得出的结果符合这一规律。

(3) 分形维数的合理性检验

为了对分维值的准确性进行分析，利用流域河网矢量化的原始水系图，通过ArcGis10、Excel进行相关处理，最终得出研究区域基于分形定义所得出的盒维数为1.073 3(图 9-21)，而基于霍顿水系定理所得出的分形维数为 1.169 8。通过与本例运用DEM提取的水系计算的分维数相比，基本吻合，说明利用 DEM 提取的水系计算的分维数是可行的。当然基于以下一些原因造成的误差也是目前研究中无法避免的：① 在对地形图上的等高线、河流进行手工矢量化的过程中不可避免地将产生误差；② 由于 DEM 本身精度的问题及阈值和尺度的选择不同，将对计算结果产生影响。

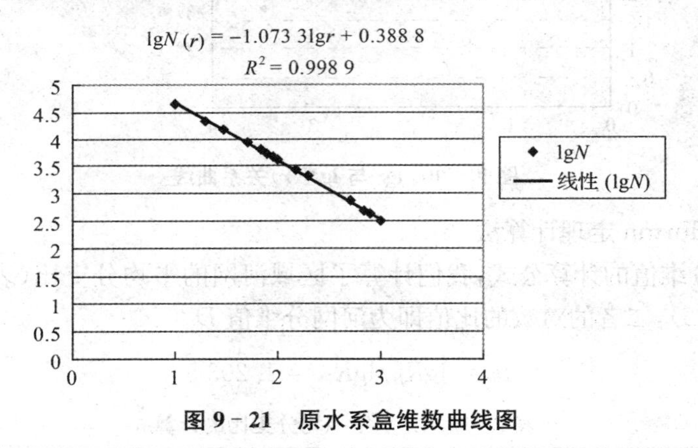


图 9-21　原水系盒维数曲线图

(4) 河网水系分维数分析

水系分维数反映了水系的密布性和河流的弯曲性，何隆华、赵宏等提出了根据水系分维数 $D$ 将流域地貌发育阶段划分为三个时期。基于 DEM 提取的河网水系，利用网格与基于 Horton 定理两种方法计算分别为 1.079 1 与 1.203 5，按以上划分流域地貌发育阶段的原则进行判断，研究区域水系尚处于流域地貌发育的幼年期，水系尚未充分发育，河网密度小，地面比较完整，流域尚有较强的侵蚀。该结果与区域实际情况相符合，区域最高海拔达 800 多米，而在主河道附近海拔仅为 30 米，有众多高于 400 米的山峰，区域地势起伏较大，峰峭深谷的特征明显。

# 附　录

## 1. 正态分布表

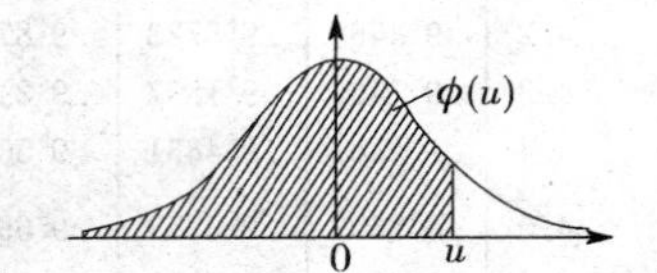


$$\Phi(u)=\frac{1}{\sqrt{2\pi}}\int_{-\infty}^{u}e^{-\frac{x^2}{2}}\mathrm{d}x(u\geqslant 0)$$

| $u$ | 0.00 | 0.01 | 0.02 | 0.03 | 0.04 | 0.05 | 0.06 | 0.07 | 0.08 | 0.09 | $u$ |
|---|---|---|---|---|---|---|---|---|---|---|---|
| 0.0 | 0.5000 | 0.5040 | 0.5080 | 0.5120 | 0.5160 | 0.5199 | 0.5239 | 0.5279 | 0.5319 | 0.5859 | 0.0 |
| 0.1 | .5398 | .5438 | .5478 | .5517 | .5557 | .5596 | .5636 | .5675 | .5714 | .5753 | 0.1 |
| 0.2 | .5793 | .5832 | .5871 | .5910 | .5948 | .5987 | .6026 | .6064 | .6103 | .6141 | 0.2 |
| 0.3 | .6179 | .6217 | .6255 | .6293 | .6331 | .6368 | .6406 | .6446 | .6480 | .6517 | 0.3 |
| 0.4 | .6554 | .6591 | .6628 | .664 | .6700 | .6786 | .6772 | .6808 | .6844 | .6879 | 0.4 |
| 0.5 | .6915 | .6950 | .6986 | .7019 | .7054 | .7088 | .7123 | .7157 | .7190 | .7224 | 0.5 |
| 0.6 | .7257 | .7291 | .7324 | .7357 | .7389 | .7422 | .7454 | .7486 | .7517 | .7549 | 0.6 |
| 0.7 | .7580 | .7611 | .7642 | .7673 | .7703 | .7734 | .7764 | .7794 | .7823 | .7852 | 0.7 |
| 0.8 | .7881 | .7910 | .7939 | .7967 | .7995 | .8023 | .8051 | .8078 | .8106 | .8133 | 0.8 |
| 0.9 | .8159 | .8186 | .8212 | .8238 | .8264 | .8289 | .8315 | .8340 | .8365 | .8389 | 0.9 |
| 1.0 | .8413 | .8438 | .8461 | .8485 | .8508 | .8531 | .8554 | .8577 | .8599 | .8621 | 1.0 |
| 1.1 | .8643 | .8665 | .8686 | .8708 | .8729 | .8749 | .8770 | .8790 | .8810 | .8880 | 1.1 |
| 1.2 | .8849 | .8869 | .8888 | .8907 | .8925 | .8944 | .8962 | .8980 | .8997 | .90147 | 1.2 |
| 1.3 | .90320 | .90499 | .90658 | .90824 | .90988 | .91149 | .91309 | .91466 | .91621 | .91774 | 1.3 |
| 1.4 | .91924 | .92073 | .92220 | .92364 | .92507 | .92647 | .92785 | .92922 | .93056 | .93189 | 1.4 |
| 1.5 | .93319 | .93433 | .93574 | .93699 | .93822 | .93943 | .94062 | .94179 | .94295 | .94403 | 1.5 |
| 1.6 | .94520 | .94630 | .94738 | .94845 | .94950 | .95053 | .95154 | .95254 | .95352 | .95449 | 1.6 |
| 1.7 | 95548. | .95637 | .95728 | .95818 | .95907 | .95994 | .96080 | .96164 | .96246 | .96327 | 1.7 |
| 1.8 | .96407 | .96485 | .96562 | .96638 | .96712 | .96784 | .96856 | .96926 | .96995 | .97062 | 1.8 |
| 1.9 | .97128 | .97193 | .97257 | .97320 | .97381 | .97441 | .97500 | .97558 | .97615 | .97670 | 1.9 |
| 2.0 | .97725 | .97778 | .97831 | .97882 | .97932 | .97982 | .98030 | .98077 | .98124 | .98169 | 2.0 |
| 2.1 | .98214 | .98257 | .98300 | .93341 | .98382 | .96422 | .98461 | .98500 | .98537 | .98574 | 2.1 |
| 2.2 | .98610 | .98645 | .98679 | .98713 | .98745 | .98778 | .98809 | .98840 | .98870 | .98899 | 2.2 |
| 2.3 | .98928 | .93956 | .98988 | $.9^{2}0097$ | $.9^{2}0358$ | $.9^{2}0618$ | $.9^{2}0863$ | $.9^{2}1106$ | $.9^{2}1344$ | $.9^{2}1576$ | 2.3 |
| 2.4 | $.9^{2}1802$ | $.9^{2}2024$ | $.9^{2}2240$ | $.9^{2}2451$ | $.9^{2}2656$ | $.9^{2}2857$ | $.9^{2}3053$ | $.9^{2}3244$ | $.9^{2}3431$ | $.9^{2}3618$ | 2.4 |
| 2.5 | $.9^{2}3790$ | $.9^{2}3963$ | $.9^{2}4132$ | $.9^{2}4297$ | $.9^{2}4457$ | $.9^{2}4614$ | $.9^{2}4766$ | $.9^{2}4915$ | $.9^{2}5060$ | $.9^{2}5201$ | 2.5 |
| 2.6 | $.9^{2}5939$ | $.9^{2}5473$ | $.9^{2}5604$ | $.9^{2}5731$ | $.9^{2}5855$ | $.9^{2}5975$ | $.9^{2}6098$ | $.9^{2}6207$ | $.9^{2}6319$ | $.9^{2}6427$ | 2.6 |
| 2.7 | $.9^{2}6583$ | $.9^{2}6696$ | $.9^{2}6736$ | $.9^{2}6838$ | $.9^{2}6928$ | $.9^{2}7020$ | $.9^{2}7110$ | $.9^{2}7197$ | $.9^{2}7282$ | $.9^{2}7365$ | 2.7 |
| 2.8 | $.9^{2}7445$ | $.9^{2}7523$ | $.9^{2}7599$ | $.9^{2}7673$ | $.9^{2}7744$ | $.9^{2}7814$ | $.9^{2}7882$ | $.9^{2}7948$ | $.9^{2}8012$ | $.9^{2}8074$ | 2.8 |
| 2.9 | $.9^{2}8134$ | $.9^{2}8198$ | $.9^{2}8250$ | $.9^{2}8305$ | $.9^{2}8359$ | $.9^{2}8411$ | $.9^{2}8462$ | $.9^{2}8511$ | $.9^{2}8559$ | $.9^{2}8605$ | 2.9 |
| 3.0 | $.9^{2}8650$ | $.9^{2}8694$ | $.9^{2}878$ | $.9^{2}8777$ | $.9^{2}8817$ | $.9^{2}8856$ | $.9^{2}8893$ | $.9^{2}8930$ | $.9^{2}8965$ | $.9^{2}8999$ | 3.0 |
| 3.1 | $.9^{3}0324$ | $.9^{3}0646$ | $.9^{3}0957$ | $.9^{3}1260$ | $.9^{3}1553$ | $.9^{3}1836$ | $.9^{3}2112$ | $.9^{3}2378$ | $.9^{3}2636$ | $.9^{3}2886$ | 3.1 |
| 3.2 | $.9^{3}3129$ | $.9^{3}3363$ | $.9^{3}3590$ | $.9^{3}3810$ | $.9^{3}4024$ | $.9^{3}4230$ | $.9^{3}4429$ | $.9^{3}4623$ | $.9^{3}4810$ | $.9^{3}4991$ | 3.2 |
| 3.3 | $.9^{3}5166$ | $.9^{3}5335$ | $.9^{3}5499$ | $.9^{3}5658$ | $.9^{3}5811$ | $.9^{3}5959$ | $.9^{3}6103$ | $.9^{3}6242$ | $.9^{3}6376$ | $.9^{3}6505$ | 3.3 |
| 3.4 | $.9^{3}6631$ | $.9^{3}6752$ | $.9^{3}6869$ | $.9^{3}6982$ | $.9^{3}7091$ | $.9^{3}7197$ | $.9^{3}7299$ | $.9^{3}7398$ | $.9^{3}7493$ | $.9^{3}7585$ | 3.4 |
| 3.5 | $.9^{3}7674$ | $.9^{3}7759$ | $.9^{3}7842$ | $.9^{3}7922$ | $.9^{3}7999$ | $.9^{3}8074$ | $.9^{3}8146$ | $.9^{3}8215$ | $.9^{3}8282$ | $.9^{3}8847$ | 3.5 |
| 3.6 | $.9^{3}8109$ | $.9^{3}8469$ | $.9^{3}8527$ | $.9^{3}8583$ | $.9^{3}8687$ | $.9^{3}8689$ | $.9^{3}8739$ | $.9^{3}8787$ | $.9^{3}8884$ | $.9^{3}8879$ | 3.6 |
| 3.7 | $.9^{3}8922$ | $.9^{3}8964$ | $.9^{4}0039$ | $.9^{4}0426$ | $.9^{4}0799$ | $.9^{4}1158$ | $.9^{4}1504$ | $.9^{4}1838$ | $.9^{4}2159$ | $.9^{4}2468$ | 3.7 |

**续 表**

| u | 0.00 | 0.01 | 0.02 | 0.03 | 0.04 | 0.05 | 0.06 | 0.07 | 0.08 | 0.09 | u |
|---|---|---|---|---|---|---|---|---|---|---|---|
| 3.8 | $.9^{4}2765$ | $.9^{4}3052$ | $.9^{4}3327$ | $.9^{4}3598$ | $.9^{4}3848$ | $.9^{4}4094$ | $.9^{4}4331$ | $.9^{4}4558$ | $.9^{4}4777$ | $.9^{4}4988$ | 3.8 |
| 3.9 | $.9^{4}5190$ | $.9^{4}5385$ | $.9^{4}5573$ | $.9^{4}5753$ | $.9^{4}5926$ | $.9^{4}6092$ | $.9^{4}6253$ | $.9^{4}6406$ | $.9^{4}6554$ | $.9^{4}6696$ | 3.9 |
| 4.0 | $.9^{4}6838$ | $.9^{4}6964$ | $.9^{4}7090$ | $.9^{4}7211$ | $.9^{4}7327$ | $.9^{4}7439$ | $.9^{4}7546$ | $.9^{4}7649$ | $.9^{4}7748$ | $.9^{4}7843$ | 4.0 |
| 4.1 | $.9^{4}7934$ | $.9^{4}8022$ | $.9^{4}8106$ | $.9^{4}8186$ | $.9^{4}8268$ | $.9^{4}8338$ | $.9^{4}8409$ | $.9^{4}8477$ | $.9^{4}8542$ | $.9^{4}8605$ | 4.1 |
| 4.2 | $.9^{4}3665$ | $.9^{4}8723$ | $.9^{4}8778$ | $.9^{4}8832$ | $.9^{4}8882$ | $.9^{4}8931$ | $.9^{4}8978$ | $.9^{5}0226$ | $.9^{5}0665$ | $.9^{5}1068$ | 4.2 |
| 4.3 | $.9^{5}1460$ | $.9^{5}1837$ | $.9^{5}2199$ | $.9^{5}2545$ | $.9^{5}2876$ | $.9^{5}3193$ | $.9^{5}3497$ | $.9^{5}3788$ | $.9^{5}4066$ | $.9^{5}4332$ | 4.3 |
| 4.4 | $.9^{5}4587$ | $.9^{5}4831$ | $.9^{5}5065$ | $.9^{5}5288$ | $.9^{5}5502$ | $.9^{5}5706$ | $.9^{5}5902$ | $.9^{5}6089$ | $.9^{5}6268$ | $.9^{5}6439$ | 4.4 |
| 4.5 | $.9^{5}8602$ | $.9^{5}6759$ | $.9^{5}6908$ | $.9^{5}7051$ | $.9^{5}7187$ | $.9^{5}7318$ | $.9^{5}7442$ | $.9^{5}7561$ | $.9^{5}7675$ | $.9^{5}7784$ | 4.5 |
| 4.6 | $.9^{5}7888$ | $.9^{5}7987$ | $.9^{5}8081$ | $.9^{5}8172$ | $.9^{5}8258$ | $.9^{5}8340$ | $.9^{5}8419$ | $.9^{5}8491$ | $.9^{5}8566$ | $.9^{5}8634$ | 4.6 |
| 4.7 | $.9^{5}8699$ | $.9^{5}8761$ | $.9^{5}8821$ | $.9^{5}8877$ | $.9^{5}8931$ | $.9^{5}8983$ | $.9^{6}0320$ | $.9^{6}0789$ | $.9^{6}1235$ | $.9^{6}1661$ | 4.7 |
| 4.8 | $.9^{6}2067$ | $.9^{6}2453$ | $.9^{6}2822$ | $.9^{6}3173$ | $.9^{6}3508$ | $.9^{6}3827$ | $.9^{6}4131$ | $.9^{6}4420$ | $.9^{6}4696$ | $.9^{6}4958$ | 4.8 |
| 4.9 | $.9^{6}5203$ | $.9^{6}5446$ | $.9^{6}5673$ | $.9^{6}5889$ | $.9^{6}6094$ | $.9^{6}6289$ | $.9^{6}6475$ | $.9^{6}6652$ | $.9^{6}6821$ | $.9^{6}6981$ | 4.9 |

## 2. 正态分布的双侧分位数($u_a$)表

$$\alpha = 1 - \frac{1}{\sqrt{2\pi}} \int_{-u_\alpha}^{u_\alpha} e^{-u^2/2} \mathrm{d}u$$

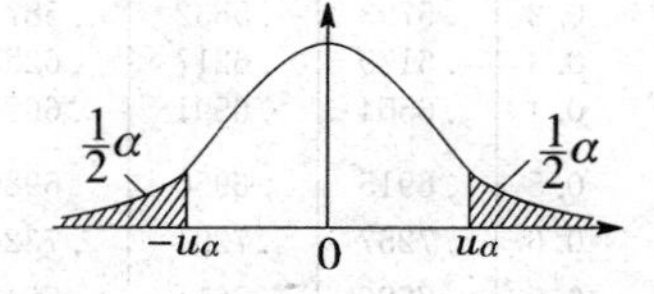


| a | 0.00 | 0.01 | 0.02 | 0.03 | 0.04 | 0.05 | 0.06 | 0.07 | 0.08 | 0.09 | a |
|---|---|---|---|---|---|---|---|---|---|---|---|
| 0.0 | ∞ | 2.575829 | 2.326348 | 2.170090 | 2.053749 | 1.959964 | 1.880794 | 1.811911 | 1.750686 | 1.695398 | 0.0 |
| 0.1 | 1.644854 | 1.598193 | 1.554774 | 1.514102 | 1.475791 | 1.439531 | 1.405072 | 1.372204 | 1.340755 | 1.310579 | 0.1 |
| 0.2 | 1.281552 | 1.253565 | 1.226528 | 1.200359 | 1.174987 | 1.150349 | 1.126391 | 1.103063 | 1.080319 | 1.058122 | 0.2 |
| 0.3 | 1.036433 | 1.015220 | 0.994153 | 0.974114 | 0.954165 | 0.934589 | 0.915365 | 0.896473 | 0.877896 | 0.859617 | 0.0 |
| 0.4 | 0.841621 | 0.823891 | .803431 | .789192 | .772193 | .755415 | .738847 | .722479 | .706803 | .690309 | 0.0 |
| 0.5 | .674490 | .658338 | .648345 | .628006 | .612818 | .597760 | .582841 | .568051 | .553385 | .538886 | 0.5 |
| 0.6 | .524401 | .510073 | .495850 | .481727 | .467699 | .453762 | .439913 | .426148 | .412468 | .398855 | 0.6 |
| 0.7 | .385320 | .371856 | .358459 | .345125 | .331853 | .318639 | .305481 | .292375 | .279319 | .266311 | 0.7 |
| 0.8 | .253347 | .240426 | .227545 | .214702 | .201808 | .189118 | .176874 | .163658 | .150969 | .138304 | 0.8 |
| 0.9 | .125661 | .113039 | .100434 | .087845 | .075270 | .062707 | .050154 | .037608 | .025069 | .012533 | 0.9 |

| a | 0.001 | 0.0001 | 0.00001 | 0.000001 | 0.0000001 | 0.00000001 | a |
|---|---|---|---|---|---|---|---|
| $u_a$ | 3.29053 | 3.89059 | 4.41717 | 4.89164 | 5.32672 | 5.78078 | $u_a$ |

## 3. 学生氏 $t$ 分布表

$$P(t < x) = \frac{1}{\sqrt{f} B\left(\frac{1}{2}、\frac{f}{2}\right)} \int_{-\infty}^{x} \frac{1}{(1+t^2/f)^{\frac{f+1}{2}}} \mathrm{d}t$$

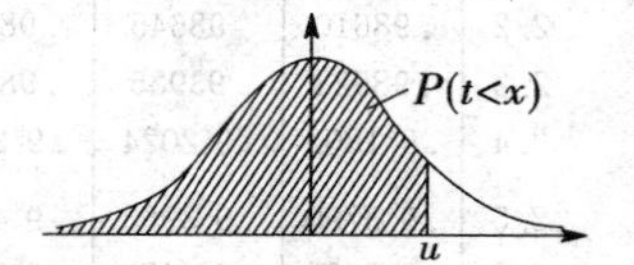


| x \ f | 2 | 3 | 4 | 5 | 6 | 7 | 8 | 9 | 10 | 11 | 12 | 13 | 14 | 15 | 16 | 17 | 18 | 19 | 20 | ∞ | f / x |
|---|---|---|---|---|---|---|---|---|---|---|---|---|---|---|---|---|---|---|---|---|---|
| 0.0 | 0.500 | 0.500 | 0.500 | 0.500 | 0.500 | 0.500 | 0.500 | 0.500 | 0.500 | 0.500 | 0.500 | 0.500 | 0.500 | 0.500 | 0.500 | 0.500 | 0.500 | 0.500 | 0.500 | 0.500 | 0.0 |
| 0.1 | .532 | .535 | .537 | .537 | .538 | .538 | .538 | .539 | .539 | .539 | .539 | .539 | .539 | .539 | .539 | .539 | .539 | .539 | .539 | .540 | 0.1 |
| 0.2 | .563 | .570 | .573 | .574 | .575 | .576 | .576 | .577 | .577 | .577 | .577 | .578 | .578 | .578 | .578 | .578 | .578 | .578 | .578 | .579 | 0.2 |
| 0.3 | .593 | .604 | .603 | .610 | .612 | .613 | .614 | .614 | .614 | .615 | .615 | .615 | .616 | .616 | .616 | .616 | .616 | .616 | .616 | .618 | 0.3 |
| 0.4 | .621 | .636 | .642 | .645 | .647 | .648 | .650 | .650 | .651 | .651 | .652 | .652 | .652 | .652 | .653 | .653 | .653 | .653 | .653 | .655 | 0.4 |
| 0.5 | .648 | .667 | .674 | .678 | .681 | .683 | .684 | .685 | .686 | .686 | .686 | .687 | .687 | .688 | .688 | .688 | .688 | .688 | .689 | .691 | 0.5 |
| 0.6 | .672 | .695 | .705 | .710 | .713 | .715 | .716 | .717 | .718 | .719 | .720 | .720 | .721 | .721 | .721 | .722 | .722 | .722 | .722 | .723 | 0.6 |
| 0.7 | .694 | .722 | .733 | .739 | .742 | .745 | .747 | .748 | .749 | .750 | .751 | .751 | .752 | .752 | .753 | .753 | .753 | .754 | .754 | .758 | 0.7 |
| 0.8 | .715 | .746 | .759 | .766 | .770 | .773 | .775 | .777 | .778 | .779 | .780 | .780 | .781 | .781 | .782 | .782 | .783 | .783 | .783 | .788 | 0.8 |
| 0.9 | .733 | .768 | .783 | .790 | .795 | .799 | .801 | .803 | .804 | .805 | .808 | .807 | .808 | .808 | .809 | .809 | .810 | .810 | .810 | .816 | 0.9 |

续表

| x \ f | 2 | 3 | 4 | 5 | 6 | 7 | 8 | 9 | 10 | 11 | 12 | 13 | 14 | 15 | 16 | 17 | 18 | 19 | 20 | ∞ | f / x |
|---|---|---|---|---|---|---|---|---|---|---|---|---|---|---|---|---|---|---|---|---|---|
| 1.0 | .750 | .789 | .804 | .813 | .818 | .822 | .825 | .827 | .828 | .830 | .831 | .832 | .832 | .833 | .833 | .834 | .834 | .835 | .835 | .841 | 1.0 |
| 1.1 | .765 | .807 | .824 | .834 | .839 | .843 | .846 | .848 | .850 | .851 | .853 | .854 | .854 | .855 | .856 | .856 | .857 | .857 | .857 | .864 | 1.1 |
| 1.2 | .779 | .823 | .842 | .852 | .858 | .862 | .865 | .868 | .870 | .871 | .872 | .873 | .874 | .875 | .876 | .876 | .877 | .877 | .878 | .885 | 1.2 |
| 1.3 | .791 | .838 | .858 | .868 | .875 | .879 | .883 | .885 | .887 | .889 | .890 | .891 | .892 | .893 | .893 | .894 | .894 | .895 | .895 | .903 | 1.3 |
| 1.4 | .805 | .852 | .872 | .883 | .890 | .894 | .898 | .900 | .902 | .904 | .905 | .907 | .908 | .908 | .909 | .910 | .910 | .911 | .911 | .919 | 1.4 |
| 1.5 | .813 | .864 | .885 | .896 | .903 | .908 | .911 | .914 | .916 | .918 | .919 | .920 | .921 | .922 | .923 | .923 | .924 | .924 | .925 | .935 | 1.5 |
| 1.6 | .822 | .875 | .896 | .908 | .915 | .920 | .923 | .926 | .928 | .930 | .931 | .932 | .933 | .934 | .935 | .935 | .936 | .936 | .937 | .945 | 1.6 |
| 1.7 | .831 | .884 | .906 | .918 | .925 | .930 | .934 | .936 | .938 | .940 | .941 | .942 | .944 | .945 | .945 | .946 | .946 | .947 | .947 | .955 | 1.7 |
| 1.8 | .839 | .893 | .915 | .927 | .934 | .939 | .943 | .945 | .947 | .949 | .950 | .952 | .952 | .953 | .954 | .955 | .955 | .956 | .956 | .964 | 1.8 |
| 1.9 | .846 | .901 | .923 | .985 | .942 | .947 | .950 | .953 | .955 | .957 | .958 | .959 | .960 | .961 | .962 | .962 | .963 | .963 | .964 | .971 | 1.9 |
| 2.0 | .852 | .908 | .930 | .942 | .949 | .954 | .957 | .960 | .962 | .963 | .965 | .966 | .967 | .967 | .968 | .969 | .969 | .970 | .970 | .977 | 2.0 |
| 2.2 | .864 | .921 | .942 | .954 | .960 | .965 | .968 | .970 | .972 | .974 | .975 | .976 | .977 | .977 | .978 | .979 | .979 | .979 | .980 | .986 | 2.2 |
| 2.4 | .874 | .931 | .952 | .963 | .969 | .973 | .976 | .978 | .980 | .981 | .982 | .983 | .984 | .985 | .985 | .986 | .986 | .986 | .987 | .992 | 2.4 |
| 2.6 | .883 | .938 | .960 | .970 | .976 | .980 | .982 | .984 | .986 | .987 | .988 | .988 | .989 | .990 | .990 | .990 | .991 | .991 | .991 | .995 | 2.6 |
| 2.8 | .891 | .946 | .966 | .976 | .981 | .984 | .987 | .988 | .990 | .991 | .991 | .992 | .992 | .993 | .993 | .994 | .994 | .994 | .994 | .997 | 2.8 |
| 3.0 | .898 | .952 | .971 | .980 | .985 | .988 | .990 | .992 | .993 | .993 | .994 | .994 | .995 | .995 | .996 | .996 | .996 | .996 | .996 | .999 | 3.0 |
| 3.2 | .904 | .957 | .975 | .984 | .988 | .991 | .992 | .994 | .995 | .995 | .996 | .996 | .997 | .997 | .997 | .997 | .997 | .998 | .998 | .999 | 3.2 |
| 3.4 | .909 | .962 | .979 | .986 | .990 | .993 | .994 | .995 | .996 | .997 | .997 | .997 | .998 | .998 | .998 | .998 | .998 | .998 | .998 | 1.000 | 3.4 |
| 3.6 | .914 | .965 | .982 | .980 | .992 | .994 | .996 | .996 | .997 | .998 | .998 | .998 | .998 | .999 | .999 | .999 | .999 | .999 | .999 | | 3.6 |
| 3.8 | .918 | .969 | .984 | .990 | .994 | .996 | .997 | .997 | .998 | .998 | .999 | .999 | .999 | .999 | .999 | .999 | .999 | .999 | .999 | | 3.8 |
| 4.0 | .922 | .971 | .986 | .992 | .995 | .996 | .997 | .998 | .998 | .999 | .999 | .999 | .999 | .999 | .999 | 1.000 | 1.000 | 1.000 | 1.000 | | 4.0 |
| 4.2 | .926 | .974 | .988 | .993 | .996 | .997 | .998 | .998 | .999 | .999 | .999 | .999 | 1.000 | 1.000 | 1.000 | | | | | | 4.2 |
| 4.4 | .929 | .976 | .989 | .994 | .996 | .998 | .998 | .999 | .999 | .999 | 1.000 | 1.000 | | | | | | | | | 4.4 |
| 4.6 | .932 | .978 | .990 | .995 | .997 | .998 | .999 | .999 | .999 | 1.000 | | | | | | | | | | | 4.6 |
| 4.8 | .935 | .980 | .991 | .996 | .998 | .998 | .999 | .999 | 1.000 | | | | | | | | | | | | 4.8 |
| 5.0 | .937 | .981 | .992 | .996 | .998 | .999 | .999 | 1.000 | | | | | | | | | | | | | 5.0 |
| 5.2 | .910 | .982 | .993 | .997 | .998 | .999 | .999 | | | | | | | | | | | | | | 5.2 |
| 5.4 | .942 | .984 | .994 | .997 | .998 | .999 | 1.000 | | | | | | | | | | | | | | 5.4 |
| 5.6 | .944 | .985 | .994 | .998 | .999 | .999 | | | | | | | | | | | | | | | 5.6 |
| 5.8 | .946 | .986 | .995 | .998 | .999 | .999 | | | | | | | | | | | | | | | 5.6 |
| 6.0 | .947 | .987 | .995 | .998 | 1.000 | | | | | | | | | | | | | | | | 6.0 |

## 4. 学生氏 $t$ 分布的双侧分位数($t_\alpha$)表

$$P(|t| > t_\alpha) = \alpha$$

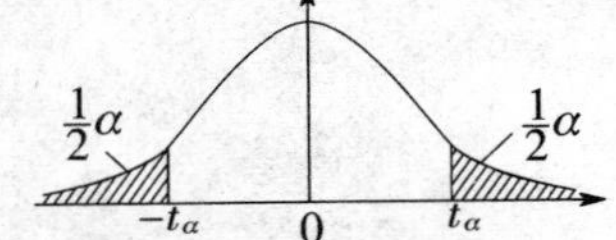


| f \ α | 0.9 | 0.8 | 0.7 | 0.6 | 0.5 | 0.4 | 0.3 | 0.2 | 0.1 | 0.05 | 0.02 | 0.01 | 0.001 | α / f |
|---|---|---|---|---|---|---|---|---|---|---|---|---|---|---|
| 1 | 0.158 | 0.325 | 0.510 | 0.727 | 1.000 | 1.376 | 1.936 | 3.078 | 6.314 | 12.706 | 31.821 | 63.657 | 636.619 | 1 |
| 2 | .142 | .289 | .445 | .617 | 0.816 | 1.061 | 1.386 | 1.886 | 2.920 | 4.303 | 6.965 | 9.925 | 31.598 | 2 |
| 3 | .137 | .277 | .424 | .584 | .765 | 0.978 | 1.250 | 1.638 | 2.353 | 3.182 | 4.541 | 5.841 | 12.924 | 3 |
| 4 | .134 | .271 | .414 | .569 | .741 | .941 | 1.190 | 1.533 | 2.132 | 2.776 | 3.747 | 4.604 | 8.610 | 4 |
| 5 | .132 | .267 | .408 | .559 | .727 | .920 | 1.156 | 1.476 | 2.015 | 2.571 | 3.365 | 4.032 | 6.859 | 5 |
| 6 | .131 | .265 | .404 | .553 | .718 | .906 | 1.134 | 1.440 | 1.943 | 2.447 | 3.143 | 3.707 | 5.959 | 6 |
| 7 | .130 | .236 | .402 | .549 | .711 | .896 | 1.119 | 1.415 | 1.895 | 2.365 | 2.998 | 3.499 | 5.405 | 7 |
| 8 | .130 | .262 | .399 | .546 | .706 | .889 | 1.108 | 1.397 | 1.860 | 2.306 | 2.896 | 3.355 | 5.041 | 8 |
| 9 | .129 | .261 | .398 | .543 | .703 | .883 | 1.100 | 1.383 | 1.833 | 2.262 | 2.821 | 3.250 | 4.781 | 9 |
| 10 | .129 | .260 | .397 | .542 | .700 | .879 | 1.093 | 1.372 | 1.812 | 2.228 | 2.764 | 3.169 | 4.587 | 10 |

续 表

| α / f | 0.9 | 0.8 | 0.7 | 0.6 | 0.5 | 0.4 | 0.3 | 0.2 | 0.1 | 0.05 | 0.02 | 0.01 | 0.001 | α / f |
|---|---|---|---|---|---|---|---|---|---|---|---|---|---|---|
| 11 | .129 | .260 | .396 | .540 | .697 | .876 | 1.088 | 1.363 | 1.796 | 2.201 | 2.718 | 3.106 | 4.437 | 11 |
| 12 | .128 | .259 | .395 | .539 | .695 | .873 | 1.083 | 1.356 | 1.782 | 2.179 | 2.681 | 3.055 | 4.318 | 12 |
| 13 | .128 | .259 | .394 | .538 | .694 | .870 | 1.079 | 1.350 | 1.771 | 2.160 | 2.650 | 3.012 | 4.221 | 13 |
| 14 | .128 | .258 | .393 | .537 | .692 | .868 | 1.076 | 1.345 | 1.761 | 2.145 | 2.624 | 2.977 | 4.140 | 14 |
| 15 | .128 | .258 | .393 | .536 | .691 | .866 | 1.074 | 1.341 | 1.753 | 2.131 | 2.602 | 2.947 | 4.073 | 15 |
| 16 | .128 | .258 | .392 | .535 | .690 | .865 | 1.071 | 1.337 | 1.746 | 2.120 | 2.583 | 2.921 | 4.015 | 16 |
| 17 | .128 | .257 | .392 | .534 | .689 | .863 | 1.069 | 1.333 | 1.740 | 2.110 | 2.567 | 2.898 | 3.965 | 17 |
| 18 | .127 | .257 | .392 | .534 | .688 | .862 | 1.067 | 1.330 | 1.734 | 2.101 | 2.552 | 2.878 | 3.922 | 18 |
| 19 | .127 | .257 | .391 | .533 | .688 | .861 | 1.060 | 1.328 | 1.729 | 2.093 | 2.539 | 2.861 | 3.883 | 19 |
| 20 | .127 | .257 | .391 | .533 | .687 | .860 | 1.064 | 1.325 | 1.725 | 2.086 | 2.528 | 2.845 | 3.850 | 20 |
| 21 | .127 | .257 | .391 | .532 | .686 | .859 | 1.063 | 1.323 | 1.721 | 2.080 | 2.518 | 2.831 | 3.819 | 21 |
| 22 | .127 | .256 | .390 | .532 | .686 | .858 | 1.061 | 1.321 | 1.717 | 2.074 | 2.508 | 2.819 | 3.792 | 22 |
| 23 | .127 | .256 | .390 | .532 | .685 | .858 | 1.060 | 1.319 | 1.714 | 2.069 | 2.500 | 2.807 | 3.767 | 23 |
| 24 | .127 | .256 | .390 | .531 | .685 | .857 | 1.059 | 1.318 | 1.711 | 2.064 | 2.492 | 2.797 | 3.745 | 24 |
| 25 | .127 | .256 | .390 | .531 | .684 | .856 | 1.058 | 1.316 | 1.708 | 2.060 | 2.485 | 2.787 | 3.725 | 25 |
| 26 | .127 | .256 | .390 | .531 | .634 | .856 | 1.058 | 1.315 | 1.706 | 2.056 | 2.479 | 2.779 | 3.707 | 26 |
| 27 | .127 | .256 | .389 | .531 | .684 | .855 | 1.057 | 1.314 | 1.703 | 2.052 | 2.473 | 2.771 | 3.690 | 27 |
| 28 | .127 | .256 | .389 | .530 | .683 | .855 | 1.056 | 1.313 | 1.701 | 2.048 | 2.467 | 2.763 | 3.674 | 28 |
| 29 | .127 | .256 | .389 | .530 | .683 | .854 | 1.055 | 1.311 | 1.699 | 2.045 | 2.462 | 2.756 | 3.659 | 29 |
| 30 | .127 | .256 | .389 | .530 | .683 | .854 | 1.055 | 1.310 | 1.697 | 2.042 | 2.457 | 2.750 | 3.646 | 30 |
| 40 | .126 | .255 | .383 | .529 | .681 | .851 | 1.050 | 1.303 | 1.684 | 2.021 | 2.423 | 2.704 | 3.551 | 40 |
| 60 | .126 | .254 | .387 | .527 | .679 | .848 | 1.046 | 1.296 | 1.671 | 2.000 | 2.390 | 2.660 | 3.460 | 60 |
| 120 | .126 | .254 | .386 | .526 | .677 | .845 | 1.041 | 1.289 | 1.658 | 1.980 | 2.358 | 2.617 | 3.373 | 120 |
| ∞ | .126 | .253 | .385 | .524 | .674 | .842 | 1.036 | 1.282 | 1.645 | 1.960 | 2.326 | 2.576 | 3.291 | ∞ |

## 5. $F$ 检验的临界值($F_\alpha$)表

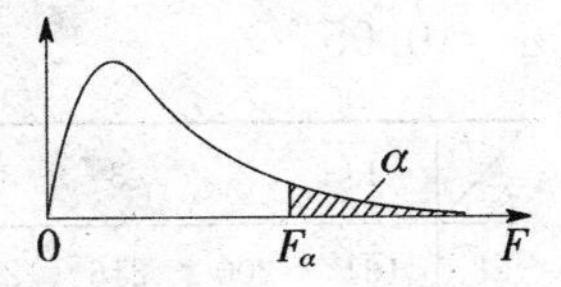


$$P(F > F_\alpha) = \alpha$$

$\alpha = 0.10$

| $f_2$ \ $f_1$ | 1 | 2 | 3 | 4 | 5 | 6 | 7 | 8 | 9 | 10 | 15 | 20 | 30 | 50 | 100 | 200 | 500 | ∞ | $f_1$ / $f_2$ |
|---|---|---|---|---|---|---|---|---|---|---|---|---|---|---|---|---|---|---|---|
| 1 | 39.9 | 49.5 | 53.6 | 55.8 | 67.2 | 58.2 | 53.9 | 59.4 | 59.9 | 60.2 | 61.2 | 61.7 | 62.3 | 62.7 | 63.0 | 63.2 | 63.3 | 63.3 | 1 |
| 2 | 8.53 | 9.00 | 9.16 | 9.24 | 9.29 | 9.33 | 9.35 | 9.37 | 9.38 | 9.39 | 9.42 | 9.44 | 9.46 | 9.47 | 9.48 | 9.49 | 9.49 | 9.49 | 2 |
| 3 | 5.54 | 5.46 | 5.39 | 5.34 | 5.31 | 5.28 | 5.27 | 5.25 | 5.24 | 5.23 | 5.20 | 5.18 | 5.17 | 5.15 | 5.14 | 5.14 | 5.14 | 5.13 | 3 |
| 4 | 4.54 | 4.32 | 4.19 | 4.11 | 4.05 | 4.01 | 3.98 | 3.95 | 3.94 | 3.92 | 3.87 | 3.84 | 3.82 | 3.80 | 3.78 | 3.77 | 3.76 | 3.76 | 4 |
| 5 | 4.06 | 3.78 | 3.62 | 3.52 | 3.45 | 3.40 | 3.37 | 3.34 | 3.32 | 3.30 | 3.24 | 3.21 | 3.17 | 3.15 | 3.13 | 3.12 | 3.11 | 3.10 | 5 |
| 6 | 3.78 | 3.46 | 3.29 | 3.18 | 3.11 | 3.05 | 3.01 | 2.98 | 2.96 | 2.94 | 2.87 | 2.84 | 2.80 | 2.77 | 2.75 | 2.73 | 2.73 | 2.72 | 6 |
| 7 | 3.59 | 3.26 | 3.07 | 2.96 | 2.88 | 2.83 | 2.78 | 2.75 | 2.72 | 2.70 | 2.63 | 2.59 | 2.56 | 2.52 | 2.50 | 2.48 | 2.48 | 2.47 | 7 |
| 8 | 3.46 | 3.11 | 2.92 | 2.81 | 2.73 | 2.67 | 2.62 | 2.59 | 2.56 | 2.54 | 2.46 | 2.42 | 2.38 | 2.35 | 2.32 | 2.31 | 2.30 | 2.29 | 8 |
| 9 | 3.36 | 3.01 | 2.81 | 2.69 | 2.61 | 2.55 | 2.51 | 2.47 | 2.44 | 2.42 | 2.34 | 2.30 | 2.25 | 2.22 | 2.19 | 2.17 | 2.17 | 2.16 | 9 |
| 10 | 3.28 | 2.92 | 2.73 | 2.61 | 2.52 | 2.46 | 2.41 | 2.38 | 2.35 | 2.32 | 2.24 | 2.20 | 2.16 | 2.12 | 2.09 | 2.07 | 2.06 | 2.06 | 10 |
| 11 | 3.23 | 2.86 | 2.66 | 2.54 | 2.45 | 2.39 | 2.34 | 2.30 | 2.27 | 2.25 | 2.17 | 2.12 | 2.08 | 2.04 | 2.00 | 1.99 | 1.93 | 1.97 | 11 |
| 12 | 3.18 | 2.81 | 2.61 | 2.48 | 2.39 | 2.33 | 2.28 | 2.24 | 2.21 | 2.19 | 2.10 | 2.06 | 2.01 | 1.97 | 1.94 | 1.92 | 1.91 | 1.90 | 12 |
| 13 | 3.14 | 2.76 | 2.56 | 2.43 | 2.35 | 2.28 | 2.23 | 2.20 | 2.16 | 2.14 | 2.05 | 2.01 | 1.96 | 1.92 | 1.88 | 1.86 | 1.85 | 1.85 | 13 |
| 14 | 3.10 | 2.73 | 2.52 | 2.39 | 2.31 | 2.24 | 2.19 | 2.15 | 2.12 | 2.10 | 2.01 | 1.96 | 1.91 | 1.87 | 1.83 | 1.82 | 1.80 | 1.80 | 14 |
| 15 | 3.07 | 2.70 | 2.49 | 2.36 | 2.27 | 2.21 | 2.16 | 2.12 | 2.09 | 2.06 | 1.97 | 1.92 | 1.87 | 1.83 | 1.79 | 1.77 | 1.76 | 1.76 | 15 |
| 16 | 3.05 | 2.67 | 2.46 | 2.33 | 2.24 | 2.18 | 2.13 | 2.09 | 2.06 | 2.03 | 1.94 | 1.89 | 1.84 | 1.79 | 1.76 | 1.74 | 1.73 | 1.72 | 16 |
| 17 | 3.03 | 2.64 | 2.44 | 2.31 | 2.22 | 2.15 | 2.10 | 2.06 | 2.03 | 2.00 | 1.91 | 1.86 | 1.81 | 1.76 | 1.73 | 1.71 | 1.69 | 1.69 | 17 |
| 18 | 3.01 | 2.62 | 2.42 | 2.29 | 2.20 | 2.13 | 2.08 | 2.04 | 2.00 | 1.98 | 1.89 | 1.84 | 1.78 | 1.74 | 1.70 | 1.68 | 1.67 | 1.66 | 18 |
| 19 | 2.99 | 2.61 | 2.40 | 2.27 | 2.18 | 2.11 | 2.06 | 2.02 | 1.98 | 1.96 | 1.86 | 1.81 | 1.76 | 1.71 | 1.67 | 1.65 | 1.64 | 1.63 | 19 |
| 20 | 2.97 | 2.59 | 2.38 | 2.25 | 2.16 | 2.09 | 2.04 | 2.00 | 1.96 | 1.94 | 1.84 | 1.79 | 1.74 | 1.69 | 1.65 | 1.63 | 1.62 | 1.61 | 20 |
| 22 | 2.95 | 2.56 | 2.35 | 2.22 | 2.13 | 2.06 | 2.01 | 1.97 | 1.93 | 1.90 | 1.81 | 1.76 | 1.70 | 1.65 | 1.61 | 1.59 | 1.53 | 1.57 | 22 |
| 24 | 2.93 | 2.54 | 2.33 | 2.19 | 2.10 | 2.04 | 1.98 | 1.94 | 1.91 | 1.88 | 1.78 | 1.73 | 1.67 | 1.62 | 1.58 | 1.56 | 1.54 | 1.53 | 24 |
| 26 | 2.91 | 2.52 | 2.31 | 2.17 | 2.03 | 2.01 | 1.96 | 1.92 | 1.83 | 1.86 | 1.76 | 1.71 | 1.65 | 1.59 | 1.55 | 1.53 | 1.51 | 1.50 | 26 |
| 28 | 2.89 | 2.50 | 2.29 | 2.16 | 2.06 | 2.00 | 1.94 | 1.90 | 1.87 | 1.84 | 1.74 | 1.69 | 1.63 | 1.57 | 1.53 | 1.50 | 1.49 | 1.48 | 28 |
| 30 | 2.88 | 2.49 | 2.28 | 2.14 | 2.05 | 1.98 | 1.93 | 1.86 | 1.85 | 1.82 | 1.72 | 1.67 | 1.61 | 1.55 | 1.51 | 1.48 | 1.47 | 1.46 | 30 |
| 40 | 2.84 | 2.44 | 2.23 | 2.09 | 2.00 | 1.93 | 1.87 | 1.83 | 1.79 | 1.76 | 1.66 | 1.61 | 1.54 | 1.48 | 1.43 | 1.41 | 1.39 | 1.38 | 40 |
| 50 | 2.81 | 2.41 | 2.20 | 2.06 | 1.97 | 1.90 | 1.84 | 1.80 | 1.76 | 1.73 | 1.63 | 1.57 | 1.50 | 1.44 | 1.39 | 1.36 | 1.34 | 1.33 | 50 |
| 60 | 2.79 | 2.39 | 2.18 | 2.04 | 1.95 | 1.87 | 1.82 | 1.77 | 1.74 | 1.71 | 1.60 | 1.54 | 1.48 | 1.41 | 1.36 | 1.33 | 1.31 | 1.29 | 60 |
| 80 | 2.77 | 2.37 | 2.15 | 2.02 | 1.92 | 1.85 | 1.79 | 1.75 | 1.71 | 1.63 | 1.57 | 1.51 | 1.44 | 1.38 | 1.32 | 1.28 | 1.26 | 1.24 | 80 |
| 100 | 2.76 | 2.36 | 2.14 | 2.00 | 1.91 | 1.83 | 1.78 | 1.73 | 1.70 | 1.66 | 1.56 | 1.49 | 1.42 | 1.35 | 1.29 | 1.26 | 1.23 | 1.21 | 100 |
| 200 | 2.73 | 2.33 | 2.11 | 1.97 | 1.88 | 1.80 | 1.75 | 1.70 | 1.66 | 1.63 | 1.52 | 1.46 | 1.38 | 1.31 | 1.24 | 1.20 | 1.17 | 1.14 | 200 |
| 500 | 2.72 | 2.31 | 2.10 | 1.96 | 1.86 | 1.79 | 1.73 | 1.63 | 1.64 | 1.61 | 1.50 | 1.44 | 1.36 | 1.28 | 1.21 | 1.16 | 1.12 | 1.09 | 500 |
| ∞ | 2.71 | 2.30 | 2.03 | 1.94 | 1.85 | 1.77 | 1.72 | 1.67 | 1.63 | 1.60 | 1.49 | 1.42 | 1.34 | 1.26 | 1.18 | 1.13 | 1.08 | 1.00 | ∞ |

$\alpha=0.05$ **续 表**

| $f_2$ \ $f_1$ | 1 | 2 | 3 | 4 | 5 | 6 | 7 | 8 | 9 | 10 | 12 | 14 | 16 | 18 | 20 | $f_1$ / $f_2$ |
|---|---|---|---|---|---|---|---|---|---|---|---|---|---|---|---|---|
| 1 | 161 | 200 | 216 | 225 | 230 | 234 | 237 | 239 | 241 | 242 | 244 | 245 | 246 | 247 | 248 | 1 |
| 2 | 18.5 | 19.0 | 19.2 | 19.2 | 19.3 | 19.3 | 19.4 | 19.4 | 19.4 | 19.4 | 19.4 | 19.4 | 19.4 | 19.4 | 19.4 | 2 |
| 3 | 10.1 | 9.55 | 9.28 | 9.12 | 9.01 | 8.94 | 8.89 | 8.85 | 8.81 | 8.79 | 8.74 | 8.71 | 8.69 | 8.67 | 8.66 | 3 |
| 4 | 7.71 | 6.94 | 6.59 | 6.39 | 6.26 | 6.16 | 6.09 | 6.04 | 6.00 | 5.96 | 5.91 | 5.87 | 5.84 | 5.82 | 5.80 | 4 |
| 5 | 6.61 | 5.79 | 5.41 | 5.19 | 5.05 | 4.95 | 4.88 | 4.82 | 4.77 | 7.74 | 4.68 | 4.64 | 4.60 | 4.58 | 4.58 | 5 |
| 6 | 5.99 | 5.14 | 4.76 | 4.53 | 4.39 | 4.28 | 4.21 | 4.15 | 4.10 | 4.06 | 4.00 | 3.96 | 3.92 | 3.90 | 3.87 | 6 |
| 7 | 5.59 | 4.74 | 4.35 | 4.12 | 3.97 | 3.87 | 3.79 | 3.73 | 3.68 | 3.64 | 3.57 | 3.53 | 3.49 | 3.47 | 3.44 | 7 |
| 8 | 5.32 | 4.46 | 4.07 | 3.84 | 3.69 | 3.58 | 3.50 | 3.44 | 3.39 | 3.35 | 3.28 | 3.24 | 3.20 | 3.17 | 3.15 | 8 |
| 9 | 5.12 | 4.26 | 3.86 | 3.63 | 3.48 | 3.37 | 3.29 | 3.23 | 3.18 | 3.14 | 3.07 | 3.03 | 2.99 | 2.96 | 2.84 | 9 |
| 10 | 4.93 | 4.10 | 3.71 | 3.48 | 3.33 | 3.22 | 3.14 | 3.07 | 3.02 | 2.98 | 2.91 | 2.86 | 2.83 | 2.80 | 2.77 | 10 |
| 11 | 4.84 | 3.98 | 3.59 | 3.36 | 3.20 | 3.09 | 3.01 | 2.95 | 2.90 | 2.85 | 2.79 | 2.74 | 2.70 | 2.67 | 2.65 | 11 |
| 12 | 4.75 | 3.89 | 3.49 | 3.26 | 3.11 | 3.00 | 2.91 | 2.85 | 2.80 | 2.75 | 2.69 | 2.64 | 2.60 | 2.57 | 2.54 | 12 |
| 13 | 4.67 | 3.81 | 3.41 | 3.18 | 3.03 | 2.92 | 2.83 | 2.77 | 2.71 | 2.07 | 2.60 | 2.55 | 2.51 | 2.48 | 2.46 | 13 |
| 14 | 4.60 | 3.74 | 3.34 | 3.11 | 2.96 | 2.85 | 2.76 | 2.70 | 2.65 | 2.60 | 2.53 | 2.48 | 2.44 | 2.41 | 2.39 | 14 |
| 15 | 4.54 | 3.68 | 3.29 | 3.06 | 2.90 | 2.79 | 2.71 | 2.64 | 2.59 | 2.54 | 2.48 | 2.42 | 2.38 | 2.35 | 2.33 | 15 |
| 16 | 4.49 | 3.63 | 3.24 | 3.01 | 2.85 | 2.74 | 2.66 | 2.59 | 2.54 | 2.49 | 2.42 | 2.37 | 2.33 | 2.30 | 2.23 | 16 |
| 17 | 4.45 | 3.59 | 3.20 | 2.96 | 2.81 | 2.70 | 2.61 | 2.55 | 2.49 | 2.45 | 2.38 | 2.33 | 2.29 | 2.23 | 2.23 | 17 |
| 18 | 4.41 | 3.55 | 3.16 | 2.93 | 2.77 | 2.66 | 2.58 | 2.51 | 2.46 | 2.41 | 2.34 | 2.29 | 2.25 | 2.22 | 2.10 | 18 |
| 19 | 4.38 | 3.52 | 3.13 | 2.90 | 2.74 | 2.63 | 2.54 | 2.48 | 2.42 | 2.38 | 2.31 | 2.26 | 2.21 | 2.13 | 2.16 | 19 |
| 20 | 4.35 | 3.49 | 3.10 | 2.87 | 2.71 | 2.60 | 2.51 | 2.45 | 2.39 | 2.35 | 2.28 | 2.22 | 2.13 | 2.15 | 2.12 | 20 |
| 21 | 4.32 | 3.47 | 3.07 | 2.84 | 2.68 | 2.57 | 2.49 | 2.42 | 2.37 | 2.32 | 2.25 | 2.20 | 2.16 | 2.12 | 2.10 | 21 |
| 22 | 4.30 | 3.44 | 3.05 | 2.82 | 2.68 | 2.55 | 2.46 | 2.40 | 2.34 | 2.30 | 2.23 | 2.17 | 2.13 | 2.10 | 2.07 | 22 |
| 23 | 4.28 | 3.42 | 3.03 | 2.80 | 2.64 | 2.53 | 2.44 | 2.37 | 2.32 | 2.27 | 2.20 | 2.15 | 2.11 | 2.07 | 2.03 | 23 |
| 24 | 4.26 | 3.40 | 3.01 | 2.78 | 2.62 | 2.51 | 2.42 | 2.36 | 2.30 | 2.25 | 2.18 | 2.18 | 2.09 | 2.05 | 2.03 | 24 |
| 25 | 4.24 | 3.39 | 2.99 | 2.76 | 2.60 | 2.49 | 2.40 | 2.34 | 2.28 | 2.24 | 2.16 | 2.11 | 2.07 | 2.04 | 2.01 | 25 |
| 26 | 4.23 | 3.37 | 2.98 | 2.74 | 2.59 | 2.47 | 2.39 | 2.32 | 2.27 | 2.22 | 2.15 | 2.09 | 2.05 | 2.02 | 1.99 | 26 |
| 27 | 4.21 | 3.35 | 2.96 | 2.73 | 2.57 | 2.46 | 2.37 | 2.31 | 2.25 | 2.20 | 2.13 | 2.08 | 2.04 | 2.00 | 1.97 | 27 |
| 28 | 4.20 | 3.34 | 2.95 | 2.71 | 2.56 | 2.45 | 2.36 | 2.29 | 2.24 | 2.19 | 2.12 | 2.06 | 2.02 | 1.99 | 1.96 | 28 |
| 29 | 4.18 | 3.33 | 2.93 | 2.70 | 2.55 | 2.43 | 2.35 | 2.23 | 2.22 | 2.18 | 2.10 | 2.05 | 2.01 | 1.97 | 1.94 | 29 |
| 30 | 4.17 | 3.32 | 2.92 | 2.69 | 2.53 | 2.42 | 2.33 | 2.27 | 2.21 | 2.16 | 2.09 | 2.04 | 1.99 | 1.96 | 1.93 | 30 |
| 32 | 4.15 | 3.29 | 2.90 | 2.67 | 2.51 | 2.40 | 2.31 | 2.24 | 2.19 | 2.14 | 2.07 | 2.01 | 1.97 | 1.94 | 1.91 | 32 |
| 34 | 4.13 | 3.23 | 2.88 | 2.65 | 2.49 | 2.38 | 2.29 | 2.23 | 2.17 | 2.12 | 2.05 | 1.99 | 1.95 | 1.92 | 1.89 | 34 |
| 36 | 4.11 | 3.26 | 2.87 | 2.63 | 2.48 | 2.36 | 2.28 | 2.21 | 2.15 | 2.11 | 2.03 | 1.98 | 1.98 | 1.90 | 1.87 | 36 |
| 38 | 4.10 | 3.24 | 2.85 | 2.62 | 2.46 | 2.35 | 2.26 | 2.19 | 2.14 | 2.09 | 2.02 | 1.96 | 1.92 | 1.88 | 1.85 | 38 |
| 40 | 4.08 | 3.23 | 2.84 | 2.61 | 2.45 | 2.34 | 2.25 | 2.18 | 2.12 | 2.08 | 2.00 | 1.95 | 1.90 | 1.87 | 1.84 | 40 |
| 42 | 4.07 | 3.22 | 2.83 | 2.59 | 2.44 | 2.32 | 2.24 | 2.17 | 2.11 | 2.06 | 1.99 | 1.93 | 1.89 | 1.83 | 1.83 | 42 |
| 44 | 4.06 | 3.21 | 2.82 | 2.58 | 2.43 | 2.31 | 2.23 | 2.16 | 2.10 | 2.05 | 1.98 | 1.92 | 1.88 | 1.84 | 1.81 | 44 |
| 46 | 4.05 | 3.20 | 2.81 | 2.57 | 2.42 | 2.30 | 2.22 | 2.15 | 2.09 | 2.04 | 1.97 | 1.91 | 1.87 | 1.83 | 1.80 | 46 |
| 48 | 4.04 | 3.19 | 2.80 | 2.57 | 2.41 | 2.29 | 2.21 | 2.14 | 2.08 | 2.08 | 1.96 | 1.90 | 1.86 | 1.82 | 1.79 | 48 |
| 50 | 4.03 | 3.18 | 2.79 | 2.56 | 2.40 | 2.29 | 2.20 | 2.13 | 2.07 | 2.03 | 1.95 | 1.89 | 1.85 | 1.81 | 1.78 | 50 |
| 60 | 4.00 | 3.15 | 2.76 | 2.53 | 2.37 | 2.25 | 2.17 | 2.10 | 2.04 | 1.99 | 1.92 | 1.86 | 1.82 | 1.78 | 1.75 | 60 |
| 80 | 3.96 | 3.11 | 2.72 | 2.49 | 2.33 | 2.21 | 2.13 | 2.06 | 2.00 | 1.95 | 1.88 | 1.82 | 1.77 | 1.73 | 1.70 | 80 |
| 100 | 3.94 | 3.09 | 2.70 | 2.46 | 2.31 | 2.19 | 2.10 | 2.03 | 1.97 | 1.93 | 1.85 | 1.79 | 1.75 | 1.71 | 1.68 | 100 |
| 125 | 3.92 | 3.07 | 2.68 | 2.44 | 2.29 | 2.17 | 2.08 | 2.01 | 1.96 | 1.91 | 1.83 | 1.77 | 1.72 | 1.69 | 1.65 | 125 |
| 150 | 3.90 | 3.06 | 2.68 | 2.43 | 2.27 | 2.16 | 2.07 | 2.00 | 1.94 | 1.89 | 1.82 | 1.76 | 1.71 | 1.67 | 1.64 | 150 |
| 200 | 3.89 | 3.04 | 2.65 | 2.42 | 2.26 | 2.14 | 2.06 | 1.98 | 1.98 | 1.88 | 1.80 | 1.74 | 1.69 | 1.66 | 1.62 | 200 |
| 300 | 3.87 | 3.03 | 2.63 | 2.40 | 2.24 | 2.13 | 2.04 | 1.97 | 1.91 | 1.86 | 1.78 | 1.72 | 1.68 | 1.64 | 1.61 | 300 |
| 500 | 3.86 | 3.01 | 2.62 | 2.39 | 2.23 | 2.12 | 2.03 | 1.96 | 1.90 | 1.85 | 1.77 | 1.71 | 1.66 | 1.62 | 1.59 | 500 |
| 1000 | 3.85 | 3.00 | 2.61 | 2.38 | 2.22 | 2.11 | 2.02 | 1.95 | 1.89 | 1.84 | 1.76 | 1.70 | 1.65 | 1.61 | 1.58 | 1000 |
| ∞ | 3.84 | 3.00 | 2.60 | 2.37 | 2.21 | 2.10 | 2.01 | 1.94 | 1.88 | 1.83 | 1.75 | 1.69 | 1.64 | 1.60 | 1.57 | ∞ |

$\alpha = 0.05$　　　　**续　表**

| $f_2$ \ $f_1$ | 22 | 24 | 26 | 28 | 30 | 35 | 40 | 45 | 50 | 60 | 80 | 100 | 200 | 500 | ∞ | $f_1$ / $f_2$ |
|---|---|---|---|---|---|---|---|---|---|---|---|---|---|---|---|---|
| 1 | 249 | 249 | 249 | 250 | 250 | 251 | 251 | 251 | 252 | 252 | 252 | 253 | 254 | 254 | 254 | 1 |
| 2 | 19.5 | 19.5 | 19.5 | 19.5 | 19.5 | 19.5 | 19.5 | 19.5 | 19.5 | 19.5 | 19.5 | 19.5 | 19.5 | 19.5 | 19.5 | 2 |
| 3 | 8.65 | 8.64 | 8.63 | 8.62 | 8.62 | 8.60 | 8.59 | 8.59 | 8.58 | 8.57 | 8.56 | 8.55 | 8.54 | 8.53 | 8.53 | 3 |
| 4 | 5.79 | 5.77 | 5.76 | 5.75 | 5.75 | 5.73 | 5.72 | 5.71 | 5.70 | 5.69 | 5.67 | 5.66 | 5.65 | 5.64 | 5.63 | 4 |
| 5 | 4.54 | 4.53 | 4.52 | 4.50 | 4.50 | 4.48 | 4.46 | 4.45 | 4.44 | 4.43 | 4.41 | 4.41 | 4.39 | 4.37 | 4.37 | 5 |
| 6 | 3.86 | 3.84 | 3.83 | 3.82 | 3.81 | 3.79 | 3.77 | 3.76 | 3.75 | 3.74 | 3.72 | 3.71 | 3.69 | 3.68 | 3.67 | 6 |
| 7 | 3.43 | 3.41 | 3.40 | 3.39 | 3.38 | 3.36 | 3.34 | 3.33 | 3.32 | 3.30 | 3.29 | 3.27 | 3.25 | 3.24 | 3.23 | 7 |
| 8 | 3.13 | 3.12 | 3.10 | 3.09 | 3.08 | 3.06 | 3.04 | 3.03 | 3.02 | 3.01 | 2.99 | 2.97 | 2.95 | 2.94 | 2.93 | 8 |
| 9 | 2.92 | 2.90 | 2.89 | 2.87 | 2.86 | 2.84 | 2.83 | 2.81 | 2.80 | 2.79 | 2.77 | 2.76 | 2.73 | 2.72 | 2.71 | 9 |
| 10 | 2.75 | 2.74 | 2.72 | 2.71 | 2.70 | 2.68 | 2.66 | 2.65 | 2.64 | 2.62 | 2.60 | 2.59 | 2.56 | 2.55 | 2.54 | 10 |
| 11 | 2.63 | 2.61 | 2.59 | 2.58 | 2.57 | 2.55 | 2.53 | 2.52 | 2.51 | 2.49 | 2.47 | 2.46 | 2.43 | 2.42 | 2.40 | 11 |
| 12 | 2.52 | 2.51 | 2.49 | 2.48 | 2.47 | 2.44 | 2.43 | 2.41 | 2.40 | 2.38 | 2.36 | 2.35 | 2.32 | 2.31 | 2.30 | 12 |
| 13 | 2.44 | 2.42 | 2.41 | 2.39 | 2.38 | 2.36 | 2.34 | 2.33 | 2.31 | 2.30 | 2.27 | 2.26 | 2.23 | 2.22 | 2.21 | 13 |
| 14 | 2.37 | 2.35 | 2.33 | 2.32 | 2.31 | 2.28 | 2.27 | 2.25 | 2.24 | 2.22 | 2.20 | 2.19 | 2.16 | 2.14 | 2.13 | 14 |
| 15 | 2.31 | 2.29 | 2.27 | 2.26 | 2.25 | 2.22 | 2.20 | 2.19 | 2.18 | 2.16 | 2.14 | 2.12 | 2.10 | 2.08 | 2.07 | 15 |
| 16 | 2.25 | 2.24 | 2.22 | 2.21 | 2.19 | 2.17 | 2.15 | 2.14 | 2.12 | 2.11 | 2.08 | 2.07 | 2.04 | 2.02 | 2.01 | 16 |
| 17 | 2.21 | 2.19 | 2.17 | 2.16 | 2.15 | 2.12 | 2.10 | 2.09 | 2.08 | 2.06 | 2.03 | 2.02 | 1.99 | 1.97 | 1.96 | 17 |
| 18 | 2.17 | 2.15 | 2.13 | 2.12 | 2.11 | 2.08 | 2.06 | 2.05 | 2.04 | 2.02 | 1.99 | 1.98 | 1.95 | 1.93 | 1.92 | 18 |
| 19 | 2.13 | 2.11 | 2.10 | 2.08 | 2.07 | 2.05 | 2.03 | 2.01 | 2.00 | 1.98 | 1.96 | 1.94 | 1.91 | 1.89 | 1.88 | 19 |
| 20 | 2.10 | 2.08 | 2.07 | 2.05 | 2.04 | 2.01 | 1.99 | 1.98 | 1.97 | 1.95 | 1.92 | 1.91 | 1.88 | 1.86 | 1.84 | 20 |
| 21 | 2.07 | 2.05 | 2.04 | 2.02 | 2.01 | 1.98 | 1.96 | 1.95 | 1.94 | 1.92 | 1.89 | 1.88 | 1.84 | 1.82 | 1.81 | 21 |
| 22 | 2.05 | 2.03 | 2.01 | 2.00 | 1.98 | 1.96 | 1.94 | 1.92 | 1.91 | 1.89 | 1.86 | 1.85 | 1.82 | 1.80 | 1.78 | 22 |
| 23 | 2.02 | 2.00 | 1.99 | 1.97 | 1.96 | 1.93 | 1.91 | 1.90 | 1.88 | 1.86 | 1.84 | 1.82 | 1.79 | 1.77 | 1.76 | 23 |
| 24 | 2.00 | 1.98 | 1.97 | 1.95 | 1.94 | 1.91 | 1.89 | 1.88 | 1.86 | 1.84 | 1.82 | 1.80 | 1.77 | 1.75 | 1.73 | 24 |
| 25 | 1.98 | 1.96 | 1.95 | 1.93 | 1.92 | 1.89 | 1.87 | 1.86 | 1.84 | 1.82 | 1.80 | 1.78 | 1.75 | 1.73 | 1.71 | 25 |
| 26 | 1.97 | 1.95 | 1.93 | 1.91 | 1.90 | 1.87 | 1.85 | 1.84 | 1.82 | 1.80 | 1.78 | 1.76 | 1.73 | 1.71 | 1.69 | 26 |
| 27 | 1.95 | 1.93 | 1.91 | 1.90 | 1.88 | 1.86 | 1.84 | 1.82 | 1.81 | 1.79 | 1.76 | 1.74 | 1.71 | 1.69 | 1.67 | 27 |
| 28 | 1.93 | 1.91 | 1.90 | 1.88 | 1.87 | 1.84 | 1.82 | 1.80 | 1.79 | 1.77 | 1.74 | 1.73 | 1.69 | 1.67 | 1.65 | 28 |
| 29 | 1.92 | 1.90 | 1.88 | 1.87 | 1.85 | 1.83 | 1.81 | 1.79 | 1.77 | 1.75 | 1.73 | 1.71 | 1.67 | 1.65 | 1.64 | 29 |
| 30 | 1.91 | 1.89 | 1.87 | 1.85 | 1.84 | 1.81 | 1.79 | 1.77 | 1.76 | 1.74 | 1.71 | 1.70 | 1.66 | 1.64 | 1.62 | 30 |
| 32 | 1.88 | 1.86 | 1.85 | 1.83 | 1.82 | 1.79 | 1.77 | 1.75 | 1.74 | 1.71 | 1.69 | 1.67 | 1.63 | 1.61 | 1.59 | 32 |
| 34 | 1.86 | 1.84 | 1.82 | 1.80 | 1.80 | 1.77 | 1.75 | 1.73 | 1.71 | 1.69 | 1.66 | 1.65 | 1.61 | 1.59 | 1.57 | 34 |
| 36 | 1.85 | 1.82 | 1.81 | 1.79 | 1.78 | 1.75 | 1.73 | 1.71 | 1.69 | 1.67 | 1.64 | 1.62 | 1.59 | 1.56 | 1.55 | 36 |
| 38 | 1.83 | 1.81 | 1.79 | 1.77 | 1.76 | 1.73 | 1.71 | 1.69 | 1.68 | 1.65 | 1.62 | 1.61 | 1.57 | 1.54 | 1.53 | 38 |
| 40 | 1.81 | 1.79 | 1.77 | 1.76 | 1.74 | 1.72 | 1.69 | 1.67 | 1.66 | 1.64 | 1.61 | 1.59 | 1.55 | 1.53 | 1.51 | 40 |
| 42 | 1.80 | 1.78 | 1.76 | 1.74 | 1.73 | 1.70 | 1.63 | 1.66 | 1.65 | 1.62 | 1.59 | 1.57 | 1.53 | 1.51 | 1.49 | 42 |
| 44 | 1.79 | 1.77 | 1.75 | 1.73 | 1.72 | 1.69 | 1.67 | 1.65 | 1.63 | 1.61 | 1.58 | 1.56 | 1.52 | 1.49 | 1.48 | 44 |
| 46 | 1.78 | 1.76 | 1.74 | 1.72 | 1.71 | 1.68 | 1.65 | 1.64 | 1.62 | 1.60 | 1.57 | 1.55 | 1.51 | 1.48 | 1.46 | 46 |
| 48 | 1.77 | 1.75 | 1.73 | 1.71 | 1.70 | 1.67 | 1.64 | 1.62 | 1.61 | 1.59 | 1.56 | 1.54 | 1.48 | 1.46 | 1.44 | 50 |
| 50 | 1.76 | 1.74 | 1.72 | 1.70 | 1.69 | 1.66 | 1.63 | 1.61 | 1.60 | 1.58 | 1.54 | 1.52 | 1.48 | 1.46 | 1.44 | 50 |
| 60 | 1.72 | 1.70 | 1.68 | 1.66 | 1.65 | 1.62 | 1.59 | 1.57 | 1.56 | 1.53 | 1.50 | 1.48 | 1.44 | 1.41 | 1.39 | 60 |
| 80 | 1.68 | 1.65 | 1.63 | 1.62 | 1.60 | 1.57 | 1.54 | 1.52 | 1.51 | 1.48 | 1.45 | 1.43 | 1.38 | 1.35 | 1.32 | 80 |
| 100 | 1.65 | 1.63 | 1.61 | 1.59 | 1.57 | 1.54 | 1.52 | 1.49 | 1.48 | 1.45 | 1.41 | 1.39 | 1.34 | 1.31 | 1.28 | 100 |
| 125 | 1.63 | 1.60 | 1.58 | 1.57 | 1.55 | 1.52 | 1.49 | 1.47 | 1.42 | 1.39 | 1.36 | 1.31 | 1.27 | 1.25 | 1.25 | 125 |
| 150 | 1.61 | 1.59 | 1.57 | 1.55 | 1.53 | 1.50 | 1.48 | 1.45 | 1.44 | 1.41 | 1.37 | 1.34 | 1.29 | 1.25 | 1.22 | 150 |
| 200 | 1.60 | 1.57 | 1.55 | 1.53 | 1.52 | 1.48 | 1.46 | 1.43 | 1.41 | 1.39 | 1.35 | 1.32 | 1.26 | 1.22 | 1.19 | 200 |
| 300 | 1.58 | 1.55 | 1.53 | 1.51 | 1.50 | 1.46 | 1.43 | 1.41 | 1.39 | 1.36 | 1.32 | 1.30 | 1.23 | 1.19 | 1.15 | 300 |
| 500 | 1.56 | 1.54 | 1.52 | 1.50 | 1.48 | 1.45 | 1.42 | 1.40 | 1.38 | 1.34 | 1.30 | 1.28 | 1.21 | 1.16 | 1.11 | 500 |
| 1000 | 1.55 | 1.53 | 1.51 | 1.49 | 1.47 | 1.44 | 1.41 | 1.38 | 1.36 | 1.33 | 1.29 | 1.26 | 1.19 | 1.13 | 1.08 | 1000 |
| ∞ | 1.54 | 1.52 | 1.50 | 1.48 | 1.46 | 1.42 | 1.39 | 1.37 | 1.35 | 1.32 | 1.27 | 1.24 | 1.17 | 1.11 | 1.00 | ∞ |

# 参考文献

[1] 徐建华. 计量地理学(第二版)[M]. 高等教育出版社,2014.

[2] 于洪彦主编. Excel 统计分析与决策[M]. 高等教育出版社,2001.

[3] 张超,杨秉赓. 计量地理学基础(第 2 版)[M]. 高等教育出版社,2002.

[4] 朱显海. 概率论与数理统计[M]. 东北师范大学出版社,1990.

[5] 林炳耀. 计量地理学基础[M]. 高等教育出版社,1985.

[6] 王洪芬. 计量地理学概论[M]. 山东教育出版社,2001.

[7] 张超. 计量地理学概论[M]. 高等教育出版社,1984.

[8] 阮桂海. 数据统计与分析——SPSS 实用教程[M]. 北京大学出版社,2005.

[9] 陈彦光. 地理数学方法:从计量地理到地理计算[J]. 华中师范大学学报(自然科学版),2005,39(1): 113 - 119.

[10] 廖小官. SPSS 统计分析:应用案例教程[M]. 南京大学出版社,2016.

[11] 刘坤. 概率论与数理统计[M]. 南京大学出版社,2009.

[12] 施金龙. 应用统计学(第 3 版)[M]. 南京大学出版社,2012.

[13] 徐建华. 现代地理学中的数学方法(第三版)[M]. 高等教育出版社,2017.

[14] 刘湘南,黄方,王平. GIS 空间分析原理与应用(第二版)[M]. 科学出版社,2005.

[15] 唯美科技,孙志刚,杨聪. Excel 在经济与数理统计中的应用[M]. 中国电力出版社,2004.

[16] 唐五湘,程桂枝. Excel 在管理决策中的应用[M]. 电子工业出版社,2001.

[17] 牟乃夏,刘文宝,王海银,等. ArcGIS 10 地理信息系统教程——从初学到精通[M]. 测绘出版社,2012.

[18] 汤国安,杨昕. ArcGIS 地理信息系统空间分析实验教程(第二版)[M]. 科学出版社,2018.

[19] 陈端吕,彭保发. 熊建新. 环洞庭湖区生态经济系统的耦合特征研究[J]. 地理科学,2013,(11): 1338 - 1346.

[20] 蒋甜,陈端吕. 基于 DEM 的河网水系分形特征研究——以常德市桃源县为例[J]. 中国农学通报,2013,(1):166 - 171.

[21] 董成森,陈端吕,董明辉,等. 武陵源风景区生态承载力预警[J]. 生态学报,2017,(1): 4766 - 4776.